山西地学研学之旅

SHANXI DIXUE YANXUE ZHI LÜ

主　编　雷　勇
副主编　杨永胜　李志军

图书在版编目(CIP)数据

山西地学研学之旅 /雷勇主编. —武汉：中国地质大学出版社，2024.11. —ISBN 978-7-5625-6001-2

Ⅰ.P

中国国家版本馆 CIP 数据核字第 2024MR2470 号

山西地学研学之旅	雷 勇 主 编
	杨永胜 李志军 副主编

责任编辑：王 敏	选题策划：王 敏	责任校对：何澍语
出版发行：中国地质大学出版社(武汉市洪山区鲁磨路388号)		邮编：430074
电 话：(027)67883511	传 真：(027)67883580	E-mail:cbb@cug.edu.cn
经 销：全国新华书店		http://cugp.cug.edu.cn
开本：787mm×1092mm 1/16	字数：490千字	印张：19.25
版次：2024年11月第1版	印次：2024年11月第1次印刷	
印刷：武汉精一佳印刷有限公司		
ISBN 978-7-5625-6001-2		定价：98.00元

如有印装质量问题请与印刷厂联系调换

《山西地学研学之旅》
编委会

山西农业大学　山西省林业和草原局

主　　编：雷　勇
副 主 编：杨永胜　李志军
编写人员：赵　亮　温梦月　闫冰华　石　辉

目录 CONTENTS

第1章 绪论	(1)
1.1 研究目标与研究内容	(3)
1.2 研究背景和意义	(3)
1.3 相关概念与国内外研究进展	(5)
第2章 山西省地学研学资源概述	(9)
2.1 区域地理概况	(11)
2.2 区域地质概况	(16)
2.3 山西省自然保护地概况	(23)
2.4 山西省地质遗迹概况	(24)
第3章 地学研学路线规划	(25)
3.1 指导思想	(27)
3.2 基本原则	(27)
3.3 路线规划流程	(27)
3.4 思政融入	(28)
3.5 总体路线规划	(29)
第4章 山西省短期地学研学路线设计	(33)
4.1 大同市地学研学路线	(36)
4.2 朔州市地学研学路线	(57)
4.3 忻州市地学研学路线	(64)
4.4 太原市地学研学路线	(97)
4.5 吕梁市地学研学路线	(114)
4.6 阳泉市地学研学路线	(123)

4.7　晋中市地学研学路线 ………………………………………………………（132）
　　4.8　长治市地学研学路线 ………………………………………………………（149）
　　4.9　临汾市地学研学路线 ………………………………………………………（183）
　　4.10　晋城市地学研学路线 ………………………………………………………（207）
　　4.11　运城市地学研学路线 ………………………………………………………（240）

第5章　山西省深度地学研学路线设计 ……………………………………………（253）
　　路线一：大同火山群—北岳恒山地学研学路线 ………………………………（255）
　　路线二：忻州五台山—芦芽山地学研学路线 …………………………………（259）
　　路线三：太行山中段嶂石岩地貌地学研学路线 ………………………………（263）
　　路线四：太行山南段峡谷地学研学路线 ………………………………………（267）
　　路线五：山西沿黄地学研学路线 ………………………………………………（272）

第6章　山西省地学研学可持续发展建议 …………………………………………（283）
　　6.1　山西省地学研学重点工作建议 ……………………………………………（285）
　　6.2　山西省地学研学管理系统支撑建议 ………………………………………（288）
　　6.3　山西省地学研学旅游发展制度保障 ………………………………………（289）

第7章　结　论 ………………………………………………………………………（291）

主要参考文献 …………………………………………………………………………（295）

第 1 章
绪 论

1.1 研究目标与研究内容

1.1.1 研究目标

根据国家对黄河流域高质量发展的顶层设计和山西省政府提出的山西省三大板块旅游发展思路,按照全省地质遗迹、地质公园、人文景观资源和其他自然资源的分布,开展重要地质旅游资源调查,进而编制山西省地学研学路线规划,为合理开发利用全省重要地质旅游资源提供必备资料和科学依据,并为全省开展地学研学旅游奠定基础。

1.1.2 研究内容

调查山西省重要地质遗迹和地质公园的特征与分布规律,结合其他自然资源,从全省角度进行顶层设计,推出21条短期(3~4天)和5条深度(7~10天)精品地学研学路线,为山西省地学研学工作可持续开展及相关系统管理提供科学建议。

1.2 研究背景和意义

1.2.1 研究背景

1.2.1.1 研学旅游是现代旅游发展的重要趋势,受重视程度日益提升

新时代背景下,我国经济发展水平不断提高,人们对美好生活的向往不再仅仅停留在物质享受上,而是更多地开始追求精神上的富足,出现了对科学旅游、科学知识普及和科学素质提升需求激增的现象,地学研学旅游随之产生。国家大力推行研学旅游政策,加上其自身独特的旅游方式,研学旅游成为了现代旅游发展的重要趋势。国务院办公厅2013年印发的《国民旅游休闲纲要(2013—2020年)》提出"逐步推行中小学生研学旅行"。中华人民共和国教育部、中华人民共和国国家发展和改革委员会(简称国家发改委)、中华人民共和国公安部(简称公安部)、中华人民共和国财政部(简称财政部)、中华人民共和国交通运输部(简称交通运输部)、中华人民共和国文化部(简称文化部)和中华人民共和国国家旅游局(简称国家旅游局)等部门于2016年开始推行以中小学生为主体的研究性学习和旅游体验相结合的教育旅游活动(段玉山等,2019)。近年来,国家对研学旅游的重视程度不断上升,并将其作为中小学必修课纳入学校教育课程体系之中。

1.2.1.2 研学旅行需要建立人与地学知识间的联系

中国旅行社协会于2019年2月26日发布了《研学旅行指导师(中小学)专业标准》。该标准指出:研学旅行是以中小学生为主体对象,以集体旅行生活为载体,以提升学生素质为教学目的,依托旅游吸引物等社会资源,进行体验式教育和研究性学习的一种教育旅游活动。

地学研学旅行从根本上说就是一种体验学习,它具备体验学习的特征:①地学研学旅行是一种过程,而不是结果;②地学研学旅行是以体验为基础的持续过程;③地学研学旅行是运用辩证方法不断解决冲突的过程,研学者在地学旅游过程中不断地获得新的知识信息;④地学研学旅行是一个适应世界的完整过程,在活动中既体验了团体内部的小社会环境,也认识了自然环境;⑤地学研学旅行是个体与环境之间连续不断的交互作用过程,是研学者与地质遗迹、科教体验产品、游戏活动等之间的互动过程;⑥地学研学旅行是一个创造知识的过程,根据习得、专门化、完整三阶段的人类学习发展观进行地学知识体系的塑造、人格的培养、科学思维的提高等(黄雪丹,2019)。

1.2.1.3 地学研学将成为带动地学旅游的新引擎

地学研学利用地质遗迹资源开展地学科普,它将成为带动地学旅游的新引擎(李俊磊等,2023)。地学研学以具有科学价值或旅游价值的地质遗迹和人类活动留下的文化遗址为对象,寓教于乐、融学于趣、化教于心的研学方式深受公众的喜爱,具有广泛的参与度(陈安泽,2020;矫炎瑾等,2021)。作为"科普+旅游"的新兴载体,地学研学的参与者并不仅限于中小学生,还包括"纸上得来终觉浅"、志在"行万里路"的广大民众(李俊磊等,2023)。目前地学研学得到了地质公园、地质文化村等相关部门的关注和重视(董婷婷等,2019),张家界、龙虎山、克什克腾、丹霞山等联合国教科文组织世界地质公园通过开展地学研学活动已取得了一定的行业反响和经济效益(何瑶瑶等,2023;李俊磊等,2023;石玉颖,2023;孙国念,2021;杨佳丽和姜勇彪,2022)。

1.2.2 研究意义

1.2.2.1 理论意义

现阶段国内专门针对地区地学研学旅游进行研究的文献相对较少,笔者在本书中对山西省地学研学路线规划进行实证研究,以期进一步丰富大空间研学旅游的相关理论与方法、扩充地学研学旅游产品开发研究的成果。

地学研学旅游的理论目标是建立起研学者之间,研学者与其体验学习、研学旅行目的地之间的深刻认知和感情。从发生行为得到具体经验,到思考观察,再到概括假设,以及最后的反复验证,研学者对学习目的地有了体验、认知,在实践验证过程中,刺激研学者对体验学习目的地进行行为的再次发生,体验学习在不断地进行过程中,加深研学者对目的地的认知,从而建立了感情,激发研学者兴趣,刺激研学者对研学旅行的体验需求。建立人地的共生关系、共同命运,需要达成共同的意愿、共同的思想、共同的价值观。这些共同知识是大家有共识的知识，而非只是"知道"的知识(黄雪丹，2019)。

1.2.2.2 实践意义

在微观层面上，无论对于地质遗迹、地质公园或旅游景区等研学资源客体，还是对于以学生为主体的研学参与者，以及研学地区经济和研学资料软件产品等，地学研学路线规划具有多方面的实践意义(张金萍，2018)，如有利于提高研学效益，有利于发挥研学点功能，有利于发展沿线经济，有利于提升研学指导教师能力，有利于丰富旅游产品等。

宏观层面上，从全省角度认识山西省地学旅游资源的特征有利于进行省级地学研学旅游发展的宏观决策和指导实际开发工作。地学旅游资源是进行地球科学知识科普教育的天然载体和良好场所，而地学研学旅游是开发利用地学旅游资源的一种方式，同时也是地学旅游活动中的重要主题之一。地学知识蕴含于各种地学旅游资源中，其展示与传播需将地学相关科研成果转化为适应社会和市场需求的地学研学旅游产品，研学者通过研究性与体验性学习，才能建立同知识之间的对话，即研学是旅游的目的，旅游是研学的载体，这也正是地学研学旅游的核心之处。同时，地学知识的传播也离不开地学研学旅游活动的开展(郭贞梅，2022)。

研学旅游在旅游产品的教育性、体验度、丰富性等方面，对原有旅游行业提出了更高、更新的要求。研学旅游的出现为旅游产业的转型升级带来了机遇，同时也带来了经济价值与社会价值。地学研学路线规划在满足学校地学教育要求的基础上，能强化学生的综合素养，提高学生的地学实践能力，激发其探究地理问题的兴趣和动机，养成求真、求实的科学态度，增强其对资源、环境的保护意识，提升其社会责任感，实现立德树人的基本要求(郭贞梅，2022)。

笔者从山西全省角度认识地学旅游资源特征及其研学产品开发，研究和规划真正能体现山西特色，在中国乃至全球有竞争力的路线，有利于进行全省地学研学旅游发展的宏观决策和指导实际开发工作。

1.3 相关概念与国内外研究进展

1.3.1 地学旅游

地学旅游(geotourism)最早在英国被定义和研究，随后在旅游地学学科理论的指导下逐渐发展壮大，成为旅游行业不可或缺的一部分。自 20 世纪 80 年代以来，国外学者在旅游地学方面取得了一系列意义重大的研究成果，对地球遗产价值的认识和重视程度不断提高。经济社会不断发展，人们的闲暇时间增多，于是出现了对游憩地理的研究，以 *Recreation Geography：Theoretical and Empirical Approaches* (Smith，1992) 为代表，它分别从描述研究、阐述研究、规范研究 3 个方面综合分析了区位和旅行。随着研究成果越来越多，旅游地学被推向了更广的领域，地学旅游也不断发展。中国旅游地学学科创始人陈安泽(2020)将地学旅游定义为："地学旅游是包括地质旅游与地理旅游的大地球科学旅游，是以地质地理景观为载体,以其所承载的地球科学、历史文化信息为内涵,以旅游地学理论为基本理论,以寓教于游、提高游客科学素质、满足游客身心愉悦为宗旨,以开展观光游览、研学旅行、科学考察、寻奇探险、养生康体、休闲娱乐为主题的益智、益身旅游活动。"

地学旅游是地球科学为服务旅游行业而产生的一种旅游活动。地学旅游主体不同于其他旅游活动,主要包括中小学生、地学相关专业学生、进行考察研究的专家团队、普通游客和自然爱好者等。地学旅游的客体即地学旅游资源,包括地层剖面、古生物古人类遗址遗迹、矿产地质、地质构造、环境地质、水体景观、地质灾害及地貌景观等。地学旅游媒介中导游人员的构成也不同于其他旅游活动。地学旅游注重地学知识的传播,要求导游团队有一定的地学知识储备。地学旅游的发展,在科学素质提升、自然遗产保护、生态文明建设、旅游产品质量提升、带动区域经济发展及推动旅游业转型等方面都意义非凡。

近年来,地学旅游发展迅猛,尤以 2013 年《旅游地学大辞典》的出版为代表,这表明旅游地学学科建设进入了新层次,关于各地区地学旅游发展研究的文章大量涌现。

地学旅游资源是旅游地学的研究对象之一。对于地学旅游资源,不同学者采用不同的定义方式。总的来说,地学旅游资源是旅游资源中富有地学特色,兼具地学科普研究价值、旅游观赏价值和旅游开发价值的那一部分资源(郭贞梅,2022)。

1.3.2 研学旅游

国外研学旅行发展早于中国,并累积了极其丰富的经验,如英国大陆游学、日本修学旅行、美国探险之旅等,而韩国教育部则将毕业旅行作为学生的一门必修课并纳入学分管理。研学旅行可以追溯到 16 世纪的英国,它曾经是英国贵族青年成长历程中的一门必修课。近代早期,英国贵族青年需要去欧洲大陆游历,增长见识,去感受意大利、法国的艺术……因而研学旅行被称为大陆游学(the grand tour)。大陆游学到 18 世纪走向了鼎盛阶段。从目前研学旅行的发展来看,研学都强调了游学融合的特点。

2013 年,我国《国民休闲旅游纲要》颁布以后,学术界才开始使用"研学旅游"一词,但并未对研学旅游进行统一概念界定。鉴于旅游主体的不同,目前主要采用广义和狭义两种界定方式。广义上认为研学旅游是一种专项旅游,是旅游者以文化求知为目的,于异地开展的研究性、探究性旅游活动。狭义上认为研学旅游是由学校组织的,以在校中小学生为主体,依托旅游吸引物等资源,为了提升学生素质、锻炼学生自理能力和实践能力而开展的体验式教育和研究性学习结合的一种教育旅游活动。笔者在本书中将中小学生、大学生等学生群体及普通社会群体定为研学旅游主体,采用广义的研学旅游概念(郭贞梅,2022)。

根据教育部发布的《2017 年全国教育事业发展统计公报》,2017 年我国从幼儿园至高中阶段的在园在校生共计 2.15 亿人,研学旅行潜在市场规模较大。依托当地的自然和文化遗产资源、红色旅游资源和标志性公共基础建筑等,联合知名大学、科研组织、研究机构和实践基地等开展研学旅行活动,建立研学旅行基地和场所,结合中小学生和亲子家庭的特点和需求,寓教于游,对促进人才培养和人的全面发展具有重要意义(黄雪丹,2019)。

国内学术界对研学旅游采用"研学旅游""研学旅行""教育旅游"和"修学旅行"等相关表述,各表述在不同用词背后存在一定差异,但主体表达内容相同。因此,笔者在本书中统一用

"研学旅游"进行表述。国内学者主要是从教育和旅游两个学科对研学旅游进行研究,涉及了研学旅游发展历程、研学旅游者的动机与体验、研学旅游资源特征、研学旅游市场及产品开发、研学旅游存在的问题与提升方式等研究内容。从古代孔子周游列国,到近代陶行知带领学生开展全国性修学旅游,再到2013年国家层面提出逐步推进中小学生研学旅行为止,我国研学旅游发展经历了从古代游学,到近代修学,再到现代研学的演变(郭贞梅,2022)。

1.3.3 地学研学旅游

近年来,地学研学旅游持续升温,受到了家长和学生的重视。2021年,中国地质学会决定授予"龙虎山丹霞地貌探秘"等14条路线为第一批精品地学研学路线,推动了地学研学旅游市场的创新发展。面对蓬勃发展的地学研学市场,思想政治教育的融入也逐渐成为教育从业者的共识,探讨地学研学旅游的内涵及其在学生思想政治教育中的育人优势和实施策略,对提升思想政治教育的针对性、时代性都有重要的作用(王雪莹和李玉萍,2022)。

地学研学旅游是地学旅游的一个有机组成部分,也是研学旅游的重要类型之一,是依托地学旅游资源开展的研学活动,以地质地貌景观与环境为目的物,具有突出的教育功能。地学研学旅游以学习地球科学知识、传播地学文化为主题,以满足研学者对地球发展演化规律和地质遗产形成原因及过程的好奇心、兴趣与求知欲为目的,通过"寓教于游"的方式让研学者走近自然,激发其探究、了解自然的兴趣,引导研学者认识和思考地球演化的历程,进一步提升国民素质,促进区域旅游发展,进而推动地方经济发展。地学研学旅游市场广阔,主要受众为大学生、中小学生等学生群体和普通社会群体(郭贞梅,2022)。

1.3.4 研学路线规划

教育部等11部门印发的《关于推进中小学生研学旅行的意见》强调,要以(研学旅行)基地为重要依托,积极推动资源共享和区域合作,打造一批示范性研学旅行精品线路,逐步形成布局合理、互联互通的研学旅行网络。

研学旅行路线的设计是研学旅行的重要基础,也是教育部研学旅行推广计划实施的重要保障,合理的线路规划是高效开展研学旅行活动的重要保障,因此,具有极其重要的实践意义(张向格等,2018)。

当前,各地设计的研学旅行路线多存在资源数量不够多、资源整合力度不够强、资源与学科知识融合不紧密、设计不合理、缺少专门针对地学研学旅行的精品线路、未建立线路规划的长效机制等问题。因此,就地学研学旅行路线规划进行研究,以方便研学旅行活动为目的,以研学旅行基地资源为依托,结合区域资源特色、学生年龄特点和地学教学内容,应本着节约成本、提高效率的原则,依据区域位置或研学旅行主题进行研学旅行路线设计(张金萍,2018)。

关于研学旅行路线规划的研究也相对较少,主要有研学旅行路线规划的实际意义、遵循原则、技术流程及方法技巧方面的研究(张金萍,2018);针对地质公园中的景区设计研学旅行路线(张向格等,2018);就区域地质遗迹资源禀赋,从指导思想、科学问题、配套设置方面探讨设计思路,并具体提出地学旅行规划路线和设计方法(李俊磊等,2023)。侧重研学旅游规划的理论性研究和具体旅游景区相对微观尺度的路线规划的研究相对较多,但就中观尺度省市范围层面,从顶层设计,统筹考虑整个地方地质遗迹特征,包括集中程度、空间分布范围、研学价值、可观赏性及研学旅游需求,综合设计路线组成、研学主题、研学内容、科学问题、教学方案等内容的地方性、指导性地学研学路线规划研究尚存在空缺。

1.3.5 地学研学实践与研究中存在的主要问题

目前国内的地质公园、博物馆也注意到了地学旅游"自带"的教育功能,有意识地在园内、博物馆开展研学活动,但是实际效果不佳。具体表现为:青少年在地质公园中未能真正地、深入广泛地、有效地收获地学知识;地质公园中活动性、体验性产品的匮乏,展示方式和科普教育旅游产品的单一,使地质公园的研学教育功能收效不高,导致青少年游客在博物馆中往往只是简单地参观浏览,走马观花(黄雪丹,2019)。

原因在于对"如何建立人与遥远陌生的地学知识间的联系"的认识还不够,研学者在旅游过程中没有契合地与地学知识建立联系,导致其难以理解生涩的地学知识,对地学旅游失去兴趣,进而使地质公园、博物馆等研学场所常常缺乏吸引力。因此,有必要在研学旅行中去探讨解决如何建立起"人"与"地"的密切关系等问题(黄雪丹,2019)。

由于缺少课程设计的理论指导,地学研学普遍存在着研学对象局限、课程内容较浅、科学探究性不足、重游轻学等问题,阻碍了科普工作的深度推进和地学研学的高质量发展。因此,为了充分认识和精准把握研学旅行这一新机遇,急需对山西省地学研学路线规划开展研究(李俊磊等,2023)。

通过野外地质调查,全面搜集已有相关区域地学资料,笔者对山西省地质遗迹的类型、特征、分布进行了系统研究,对地质遗迹的科学价值进行了深入挖掘。在此基础上规划出 21 条短期地学研学路线和 5 条深度地学研学旅行路线,并提出山西省地学资源持续开发和地学研学旅行发展的建议和具体措施。本书不仅可为山西省地学研学旅游和地学资源开发提供科学依据,对其他地区地学研学的开展也具有较高的参考价值。

第2章
山西省地学研学资源概述

2.1 区域地理概况

2.1.1 地理位置与行政区划

山西省(图2-1)简称晋,因地处太行山之西而得名。其东西位于太行山与黄河峡谷之间,南北位于阴山与秦岭之间,东以太行山脉为界,与河北省、河南省为邻;西隔黄河与陕西省相望;南隔黄河与河南省相望;北以外长城为界与内蒙古自治区接壤。全省南起北纬34°35′,北至40°45′,南北长约682km;西自东经110°15′,东至114°35′,东西宽约385km,整个轮廓略呈由东北斜向西南的平行四边形。全省总面积156 700km²。山西省共辖11个地级市,117个县级行政区划单位。2023年底,山西省常住人口为3 465.99万人。

2.1.2 交通

近年来山西省交通运输飞速发展,铁路线在原有同蒲线、石太线、京包线、邯长线、大秦线、神黄线的基础上,形成了全省从北而南的三大铁路运输通道和"十"字形快速铁路客运系统;构建了纵贯南北、承东启西、覆盖全省、通达四邻的三纵十二横十二环高速公路网,与干线公路网、农村公路网共同构成现代化的公路基础设施网络。2020年总里程达到7258km。对外山西省可以通过33条高速公路出省通道与周围的省份快速相通相连,对内117个县(市、区)达到县县通高速公路,实现省会到相邻省会、省会到地级市、相邻地级市之间高速公路直接连通。

山西省的3条一号旅游公路分别是太行一号旅游公路、长城一号旅游公路和黄河一号旅游公路。其中,太行一号旅游公路约4853km,连接122个A级及以上景区和239个非A级重要旅游资源点。长城一号旅游公路建设主要突出长城沿线烽火台特色、边塞景观,建设融风景与历史文化于一体的精品旅游公路和屯堡型服务驿站,彰显特色。黄河一号旅游公路则以黄河风光为主线,贯穿多个旅游景点。雄忻高铁是连接山西省忻州市与河北省雄安新区的高速铁路,全长约342km,设计时速350km/h。雄忻高铁的建设将进一步完善山西省的高铁网络,提高区域间的交通便捷性。

这3条一号旅游公路和雄忻高铁的建设,作为新增优质基础设施网络,对山西省地学研学路线的沟通连接作用显著。它们将各个旅游景点、旅游资源点,以及沿线服务区、旅游景区、汽车营地等项目紧密串联,为游客提供便捷的交通服务,同时也带动了山西省旅游产业的发展。通过这些项目的建设,山西省实现了交通旅游融合向纵深发展,为经济社会高质量发展注入了生机与活力。

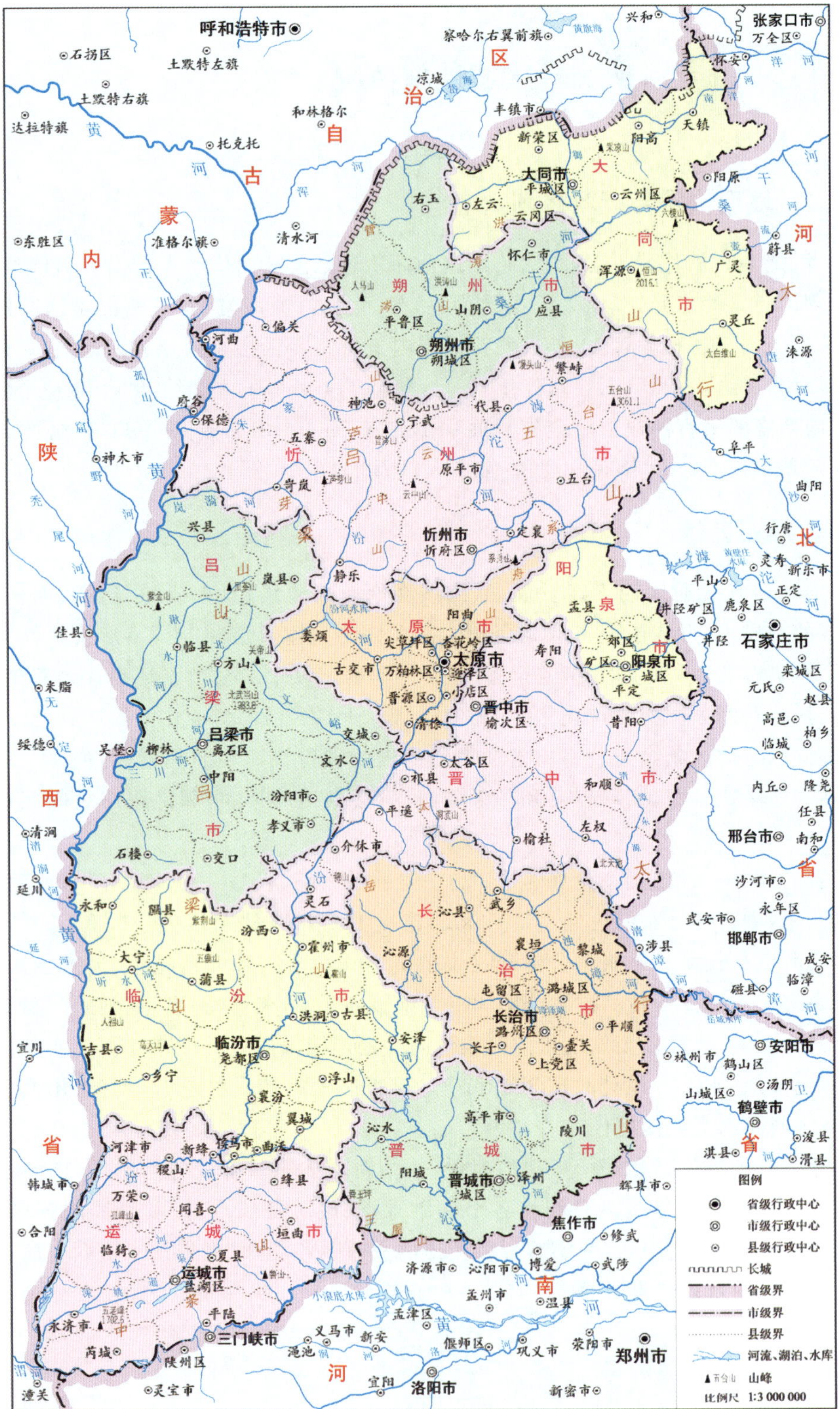

图 2-1　山西省行政区划图

2.1.3 地貌

受区域地质构造的控制,山西是一个整体隆起、广泛覆盖黄土的山地性高原(图2-2),属于华北山地与高原的一部分。总的地势是东北高、西南低,地形高低起伏悬殊,最高点为五台山主峰北台叶斗峰,也是华北最高峰,海拔3061m,最低点为垣曲县黄河谷地,海拔245m,相对高差2816m。地形地貌较为复杂,有山地、丘陵、高原、盆地、台地等,其中山地约占全省总面积的60%,黄土高原及丘陵占总面积的21%,盆地面积(包括平原、台地)约占19%。

山西地貌特征表现为东部山地、西部高原和中部裂陷盆地。东部山地以太行山脉为主,由北向南主要有六棱山、恒山、五台山、系舟山、太行山、太岳山和中条山脉及其所属的历山、析城山等,除太行山、太岳山呈北北东走向外,其余山脉为北东走向,海拔均在1500m以上。这些山地间发育山间盆地,如广灵、灵丘、阳泉、长治、晋城等盆地;西部高原以吕梁山为主干,总体走向呈北北东,自北而南有采凉山、洪涛山、黑陀山、管涔山、云中山、芦芽山、关帝山、吕梁山、紫荆山、龙门山等,长约300km,海拔均在1500m以上,吕梁山主峰关帝山海拔2831m。吕梁山脉以西至黄河谷间为黄土覆盖的高原低山区,海拔在800~1000m之间,亦有大于1400m的中高山,主体为黄土高原丘陵、塬、梁、峁等地貌,通称"晋西黄土高原";以东大都以断层与盆地相接,高出盆地700~1500m,山坡陡直;中部裂陷盆地几乎纵贯全省,由南向北依次有大同盆地、忻定盆地、太原盆地、临汾盆地、运城盆地,构成了一系列北高南低呈雁行排列的断陷堆积盆地。诸盆地呈北东-南西向雁行排列,部分地段呈北北东-南南西向。盆地底面平坦,高程由北东向南西逐渐降低,海拔依次为1000~1100m、800~100m、700~800m、400~600m、330~450m。与周围山地多以断层相接,大同盆地与河北的泥河湾盆地相接,运城盆地渡河与陕西的渭河盆地连为一体。盆地地势平坦、交通便利、气候温和、物产丰富、经济发达,粮油产量和国内生产总值占全省的大部。

2.1.4 气候

山西省地处中纬度地带的内陆,在气候类型上属于温带大陆性季风气候。南北地跨温带、暖温带两个气候带,由北向南渐次过渡,恒山、内长城以南属暖温带大陆性季风气候,以北属温带大陆性季风气候。具有四季分明、雨热同步、光照充足、南北气候差异显著、冬夏气温悬殊、昼夜温差大的特点。全省年平均气温在4~14℃之间,气温随海拔增高而降低;水平分布由南向北、由盆地向高山区递减,南暖北凉。全省月平均气温以1月最低,一般在−14.8~−0.5℃之间,7月气温最高,一般在19.3~27.3℃之间。各地无霜期一般在120~210天之间,且由北向南逐渐延长。全省各地年降水量在400~600mm之间,季节分布不均,夏季6—8月降水相对集中,占全年降水量的50%~60%,冬季仅占2%~3%,降水量的分布具有由东南向西北递减、山区大于盆地的特点。

2.1.5 水文

山西河流分属海河和黄河两大水系(图2-3)。黄河流域控制面积9.72万km²,占全省面积的62%;海河流域控制面积5.91万km²,占全省面积的38%;流域面积大于1000km²的河

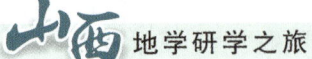

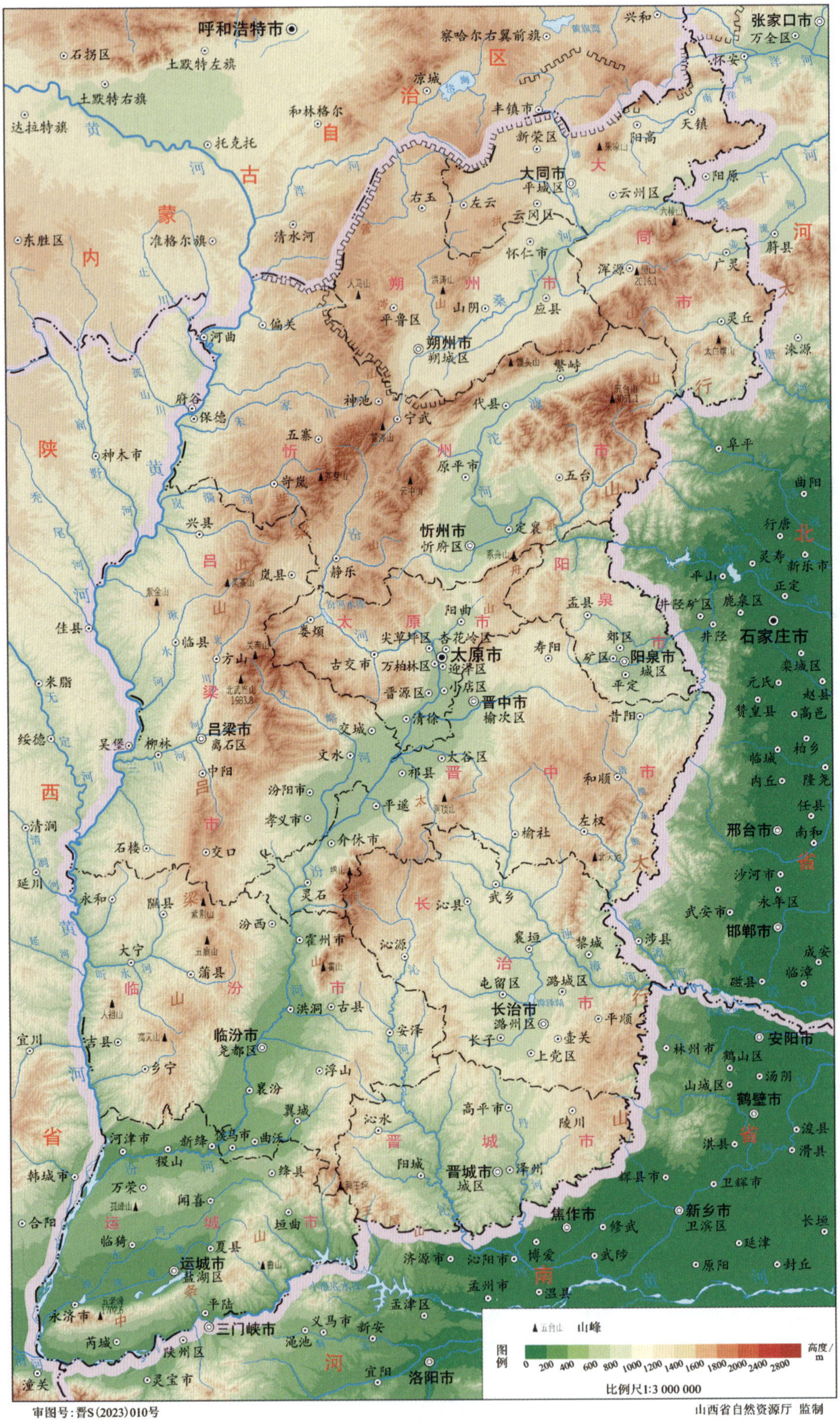

图 2-2 山西省地形地貌图

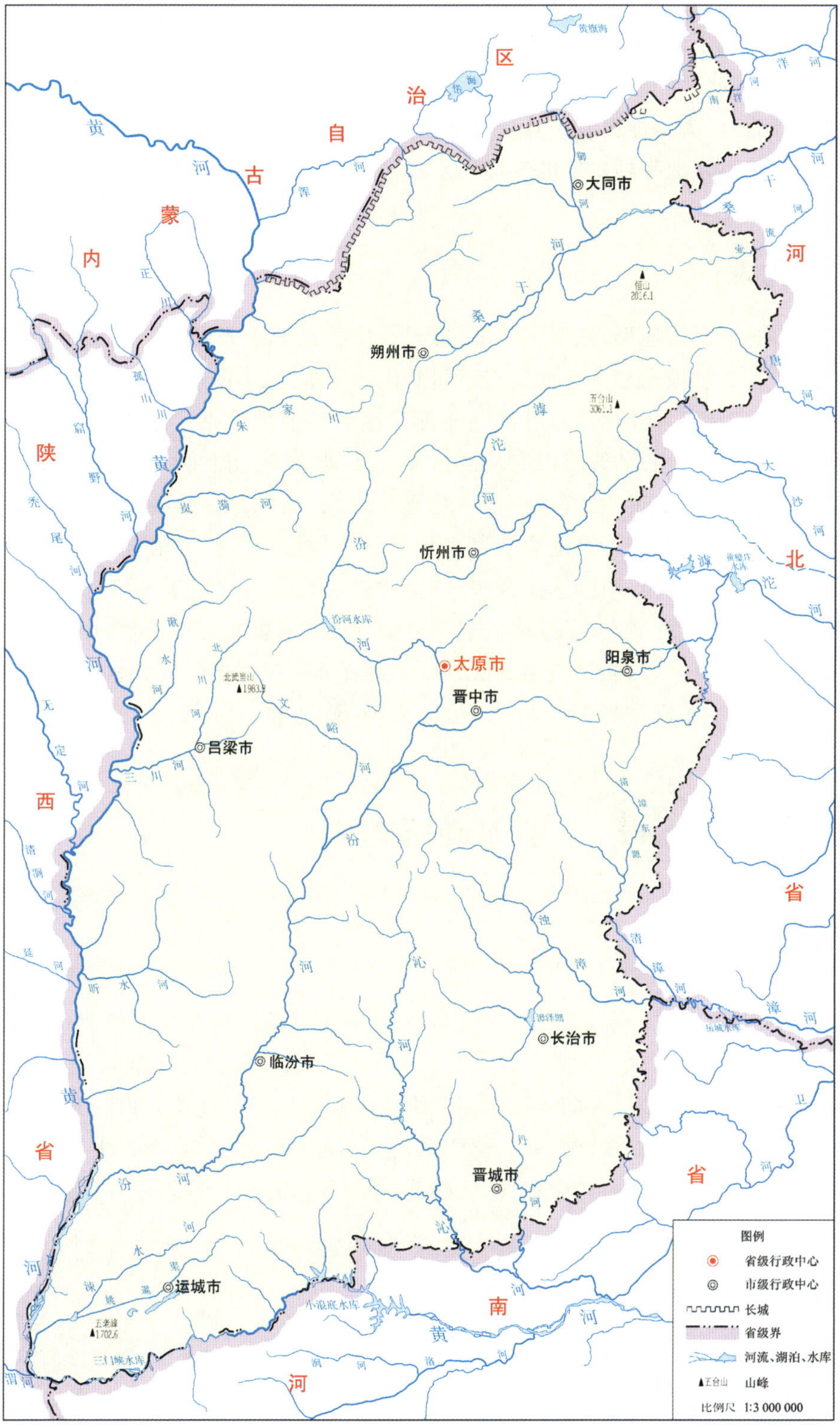

第 2 章　山西省地学研学资源概述

图 2-3　山西省水系图

流有40条。汇水面积大于3000km²的河流有汾河、涑水河、朱家川河、三川河、昕水河、沁水河、丹河、滹沱河、桑干河和漳河10条。前7条归黄河水系,后3条归海河水系。黄河沿山西境界流程968km,汾河是黄河的第二大支流,是山西境内第一大河,发源于北部宁武县管涔山,流经太原、临汾两大盆地至万荣县荣河镇流入黄河,全长713km,流域面积39 721km²,全年流量变化很大,洪水期和枯水期的流量相差百倍以上,含沙量大,具有黄土高原河流的一般特点。

2.1.6 植被

山西省境内受气候、地形、土壤和水文,以及人类活动能力不断增强的影响,植被的分布和类型在水平、垂直和坡向等方面均呈现不同变化。从东部、东南部→中部→北部、西部植被依次更替为落叶阔林→针叶林及落叶灌丛→灌草丛和半干旱草原。森林和草地在山西省占有主导地位,在山西省分布的管涔山、关帝山、太岳山、中条山、五台山、黑茶山、吕梁山和太行山八大林区中,管涔山、关帝山、五台山的单位蓄积率高,是山西省经济价值最大的林区。近年来,山西省政府有计划、有步骤地采取了植树造林、退耕还林、扩大植被覆盖面积等一系列措施,对改变山西气候干旱、减少水土流失、防止洪涝灾害及美化城市环境起到了重要作用。2023年末,全省森林面积322.8万 hm²(1hm²=10 000m²),森林覆盖率20.6%。但境内植被仍是森林稀少、灌木草丛较多,覆盖率偏低。耕地主要分布于中部的五大盆地,以及山间河谷和若干山间盆地。主要农作物为小麦、谷子、玉米、高粱、水稻、马铃薯、大豆、棉花等。

2.2 区域地质概况

2.2.1 地层

山西省地处华北板块中部,地层发育较为齐全,发育特点与华北板块的演化息息相关,多数地层可作为研究华北板块的典型代表(图2-4)。地层总体具有稳定陆块区"二元结构"特征,即由下部的变质基底和上部的盖层两部分组成。基底地层包括新太古界和古元古界两部分,盖层包括中元古界(长城系、蓟县系、待建系)、新元古界(震旦系)、下古生界(寒武系、奥陶系)、上古生界(石炭系、二叠系)、中生界(三叠系、侏罗系、白垩系)和新生界(古近系、新近系、第四系)。

2.2.1.1 山西地层分区

山西地层分区为山西地层的主体部分,发育有除志留系、泥盆系以外的各时代地层。新太古代地层在吕梁山区发育有界河口岩群,五台山—太行山区发育有阜平岩群、五台岩群、高凡群,太行山区发育有赞皇岩群。古元古代地层在吕梁山区发育有吕梁群、野鸡山群、岚河群、黑茶山群,五台山区发育有滹沱群,太行山区发育有甘陶河群。中元古代在吕梁山区沉积

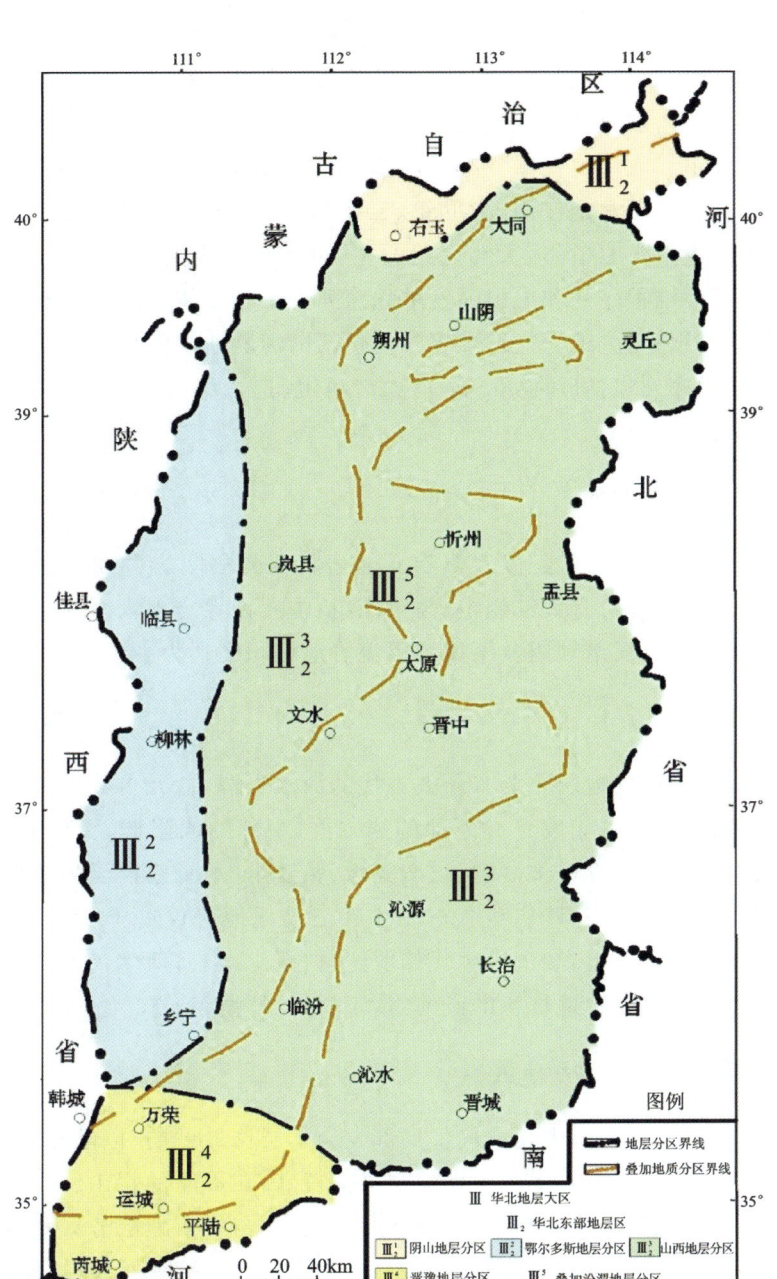

图 2-4　山西省综合地层区划图

了以陆相河湖相沉积为主,夹中、酸性火山岩系的汉高山群,五台—恒山地区发育有以白云岩为主的高于庄组、杨庄组和雾迷山组,太行山区发有以碎屑岩为主的长城群。早古生代发育了一套陆表海的沉积地层,其中在吕梁—霍山地区底部为霍山组砂岩,其上依次发育有馒头组、张夏组、三山子组和马家沟组;五台—恒山地区底部为馒头组,其上依次为张夏组、崮山组、炒米店组、冶里组、亮甲山组及较薄的三山子组和马家沟组;太行山区底部为馒头组,其上依次为张夏组、较薄的崮山组及三山子组和马家沟组。晚古生代—中生代三叠纪发育一套海陆交互相—内陆河湖相沉积地层,包括海陆交互相的太原组、山西组,近海三角洲平原相的石盒子组一、二段及大型内陆河湖相盆地的石盒子组三段—五段、孙家沟组、刘家沟组、和尚沟组、二马营组及延长组。晚中生代侏罗纪—白垩纪主要发育有内陆河湖相沉积和火山沉积两大序列,前者包括侏罗纪的永定庄组、大同组、云岗组、天池河组及左云组、助马堡组;后者包括髫髻山组、土城子组及张家口组、大北沟组、义县组。新生代主要发育有土状堆积序列、盆地堆积序列、河流阶地堆积序列和火山喷发堆积序列。土状堆积序列包括芦子沟组、保德组、静乐组、午城组、离石组、马兰组。盆地堆积序列包括漳河盆地中的任家垴组、张村组、楼则峪组等。河流阶地堆积序列包括匼河组、丁村组、峙峪组、选仁组、沱阳组等。火山喷发堆积序列包括汉诺坝组、雪花山组等。

2.2.1.2　阴山地层分区

阴山地层分区地层早前寒武纪发育具有孔兹岩特征的集宁岩群和含基性火山岩及硅铁建造阳高岩组;中元古代发育有大红峪组、高于庄组;中元古界之上大多直接覆以白垩纪的左云组、助马堡组;新生界以汉诺坝组及第四系河流阶地堆积序列为主。

2.2.1.3　晋豫地层分区

该区发育的早前寒武纪地层主要有新太古代的涑水岩群,古元古代的降县群、中条群、宋家山群和担山石群;中新元古代发育有下部的熊尔群,中部的汝阳群,上部的洛峪口组;早古生代在完整的馒头组之下发育有朱砂洞组、辛集组、张夏组(本身已白云岩化而不全),之上发育了较厚的三山子(白云岩)组;晚古生代—中生代三叠纪地层仅见于断陷小盆地中,且只保留有太原组、山西组、石盒子组;缺失中生代侏罗纪、白垩纪地层;新生代发育有早期山间盆地河湖相堆积的平陆群与河流阶地堆积的匼河组、丁村组、峙峪组、选仁组、沱阳组等。

2.2.1.4　鄂尔多斯地层分区

前长城系几乎全部未出露,中元古代仅局部发育了层位最低的、以陆相河湖相沉积为主,夹中、酸性火山岩系的汉高山群;早古生代地层极为特殊,在不厚的霍山组砂岩之上直接覆以三山子组和马家沟组;晚古生代—中生代三叠纪地层基本与山西地层分区一致;侏罗纪、白垩纪沉积已被侵蚀殆尽,未见保留;新生代仅发育了一套土状堆积序列,包括保德(红土)组、静乐(红土)组、午城(黄土)组、离石(黄土)组、马兰(黄土)组。

2.2.1.5　叠加汾渭地层分区

该区形成于晚新生代时期,呈近南北向贯穿于山西中部,叠加于上述3个分区,主要发育有土状堆积序列、盆地堆积序列、河流阶地堆积序列和火山喷发堆积序列。土状堆积序列包括保德组、静乐组、午城组、离石组、马兰组。盆地堆积序列包括下土河组、小白组、大沟组、木瓜组、泥河湾组、汾河组。河流阶地堆积序列包括匼河组、丁村组、峙峪组、选仁组、沱阳组等。火山喷发堆积序列包括繁峙组、汉诺坝组、册田玄武岩、阁老山玄武岩等。

2.2.2 岩石

山西省境内岩浆岩、沉积岩、变质岩三大岩类齐全,各类岩石的露头丰富且出露良好,岩石的结构与构造均有明显呈现,形成了风格迥异的风景地貌,便于观察与展示。

2.2.2.1 沉积岩

山西省的沉积岩种类多、分布广,约占全省面积的90%。沉积岩主要发育于新元古代的长城纪,古生代的寒武纪、奥陶纪、石炭纪、二叠纪和中生代。新生代以来的沉积物大多未固结成岩,覆盖于不同时代的沉积岩之上或构成各个盆地内的新生代充填沉积物。主要类型为碎屑岩类(包括火山碎屑岩)、黏土质岩(泥质岩)类、碳酸盐岩类、其他岩类(包括硅质岩、铝质岩、磷质-磷块岩)。

(1)碎屑岩类。即由三大岩类的碎屑经沉积、成岩作用形成的沉积岩石,按粒度、物源大小分为砾(角砾)岩、粗砂岩、中砂岩、细砂岩、粉砂岩。砾(角砾)岩所占比例不大,但具有重要的地质意义,常常出现在沉积地层的底部成为底砾岩,如广灵、灵丘一带青白口系望狐组燧石质角砾岩,中条山南部的震旦系罗圈组冰碛砾岩,太行山中段奥陶系马家沟组的底部砾岩,左云县、右玉县一带的左云组巨砾岩等。火山碎屑岩常见于山西东北部的中生代地层中。碎屑岩中所占比例最大的是多成因、不同粒度的砂岩,如海相成因的长城系常州沟组、云梦山组、北大尖组、大河组,寒武系的霍山砂岩,石炭系—二叠系的三角洲、河流相砂岩,三叠系—侏罗系—白垩系中的内陆河、湖相砂岩和河漫滩相粉砂岩。其中长城系的红色砂岩常常形成壮美的嶂石岩地貌。

(2)碳酸盐岩类。主要产自长城系高于庄组,蓟县系、寒武系、奥陶系及石炭系太原组广泛出露,主要有灰岩(内碎屑灰岩、鲕粒灰岩、生物碎屑灰岩、藻灰岩、泥晶灰岩、白云岩化灰岩等)、白云岩(内碎屑白云岩、隐藻白云岩、鲕粒白云岩、残余生物碎屑白云岩、晶粒白云岩)两大系列成因不同的碳酸盐岩类。

长城系、蓟县系的白云岩及其共生岩类常构成碳酸盐岩石柱、峰丛地貌;寒武系—奥陶系的内碎屑灰岩、鲕粒灰岩、藻灰岩、生物碎屑灰岩等常构成方山、断崖、岩溶(溶洞、石芽、峰丛)、峡谷等地貌形态,构成山西省重要的地貌类地质遗迹点。

(3)黏土质岩(泥质岩)类。包括碎屑成因的泥岩、页岩、砂质泥岩、砂质页岩,与化学和生物成因有关的铁质页岩、硅质页岩、碳质页岩、白云质页岩、白云质泥岩、钙质泥岩、钙质页岩、高岭石岩、蒙脱石黏土岩、凹凸棒石黏土岩等两种成因类型。该类岩石在沉积岩中分布最为广泛,中新元古代—中生代地层均有产出,不会单独构成地貌景观,但有的可形成具有特殊用途的矿产,如凹凸棒石黏土岩。

(4)其他岩类。包括硅质岩、铝质岩、磷质-磷块岩、可燃有机岩等。此类岩石不构成风景地貌,只构成重要岩矿石产地,如广灵式铁矿、孝义的铝土矿、平陆县—垣曲县一带的磷矿、硅藻土矿等。

2.2.2.2 岩浆岩

山西省境内中新太古代、元古宙、晚古生代、中生代、新生代均有岩浆岩出露,其中以新太古代(五台期)、古元古代(吕梁期)、中生代(燕山期)的岩浆活动最为强烈,中晚太古代的岩浆岩已遭受变质。

从类型看,超基性岩、基性岩、中性岩、中酸性岩、酸性岩、碱性岩、偏碱性岩均有发育。

从岩浆岩活动的特点和岩浆岩的产状上看,有呈岩基、岩株、岩脉(岩枝、岩墙、岩床)产出的侵入岩,有呈岩席(被)、岩垄、岩舌、枕状熔岩、岩颈、火山锥、熔岩锥等产出的喷出岩。

从岩浆岩成因看,主要有三大系列,即壳源改造-壳源重熔型岩浆岩(五台期、吕梁期、中生代早期的花岗闪长岩-花岗岩),幔-壳源同熔型岩浆岩(印支期、燕山期的中酸性岩),幔源型岩浆岩(喜马拉雅期的玄武岩,中生代的碱性岩、偏碱性岩,五台期和吕梁期的基性和超基性岩等)。

山西省岩浆岩出露面积约 10 000km^2,大多分布于山区,少数分布于盆地内,时空分布规律如下:吕梁期之前的岩浆岩出露于前长城系出露区内;晋宁期的花岗岩仅出露于中条山南坡,基性岩墙则分布较广;海西期、印支期侵入岩主要分布在大同市、朔州(部分)地区;燕山期的碱性、偏碱性岩分布于山西的中部,中酸性、酸性岩主要分布于山西的东北部和西南部;喜马拉雅期玄武岩分布于山西的北部,部分分布于中东部。

2.2.2.3 变质岩

山西省是我国北方重要的变质岩出露省份之一,前长城系均为变质岩地层,出露面积约 13 000km^2,占全省面积逾 8%。类型以区域变质岩和混合岩为主,另有少量的热接触、交代变质岩,动力变质岩和烧变岩。

1)前五台期变质岩

前五台期变质岩分布于朔州市的右玉县、大同天镇一带的集宁群,吕梁山区的界河口群,云中山—恒山地区的云中山—恒山杂岩,太行山区中北段的阜平群,中条山区的涑水岩群,太岳山区的霍县群、太岳山群。变质程度较深,为高角闪岩相—麻粒岩相。

2)五台期变质岩

五台期变质岩分布于五台山、恒山、云中山、太行山区的五台群,中条山区的绛县群,吕梁山区的吕梁群。变质程度为绿片岩相—低角闪岩相。

3)吕梁期变质岩

吕梁期变质岩主要分布于五台山区的滹沱群,吕梁山区的岚河群、野鸡山群、黑茶山群,中条山区的中条群,太行山区的甘陶河群。变质程度为绿片岩相。

4)热接触、交代变质岩

热接触变质岩有古交西部的狐偃山石盒子组的角岩、阳高县—广灵县的大理岩。交代变质岩较常见的有分布于恒山、五台山、太行山北段的接触交代型铁矿的围岩-矽卡岩,分布在临汾的塔儿山—二峰山、古交的狐偃山、长治东部的西安里的钠化矽卡岩,分布在代县的蛇纹岩、盂县的蛇纹石化大理岩等,均形成于中生代。

2.2.3 地质构造

2.2.3.1 大地构造位置

山西省行政区划上位于我国华北中部,地貌上处于我国二级阶梯之上、华北克拉通解体后的山西盆岭区,大地构造位置上属于中朝陆块(曾称"华北陆块")中部,省域内大部分属中朝陆块中部的二级构造单元"晋冀陆块"(曾称"山西台背斜"或"山西断隆");北部的右玉县—大同市北部—阳高县北部属大青山-冀北古湖盆系;西部的黄河东岸一带属鄂尔多斯陆块;南部的中条山区属豫皖陆块。

2.2.3.2 大地构造分区

根据山西省构造岩浆岩图的构造划分方案,山西省存在一级构造单元1个、二级构造单元5个、三级构造单元15个,具体见表2-1。

表2-1 山西省大地构造单元

一级	二级	三级	四级
华北板块	Ⅱ1:华北北缘板内活动带	Ⅱ1-1:和林格尔-丰镇板隆	Ⅱ1-1.1:右玉块凹
			Ⅱ1-1.2:天镇-阳高块凸
	Ⅱ2:鄂尔多斯板内坳陷带	Ⅱ2-1:鄂尔多斯东缘板坳	Ⅱ2-1.1:保德-临县南北向块凹
			Ⅱ2-1.2:柳林鼻状块凸
			Ⅱ2-1.3:石楼南北向块凹
			Ⅱ2-1.4:乡宁北东向块凹
	Ⅱ3:山西板内造山带	Ⅱ3-1:晋西北板坳	Ⅱ3-1.1:云冈-平鲁块凹
			Ⅱ3-1.2:洪涛山块凸
			Ⅱ3-1.3:偏关-五寨块坪
		Ⅱ3-2:五台山-吕梁山块凸	Ⅱ3-2.1:芦芽山-关帝山块凸
			Ⅱ3-2.2:宁武-静乐块凹
			Ⅱ3-2.3:雁门关块凸
			Ⅱ3-2.4:云中山块凸
			Ⅱ3-2.5:北台块凸
			Ⅱ3-2.6:系舟山块凹
			Ⅱ3-2.7:阜平-西烟块凸
			Ⅱ3-2.8:离石块凹
			Ⅱ3-2.9:青阳山"多"字形块凸
		Ⅱ3-3:汾西-尉庄板坳	Ⅱ3-3.1:灵石-汾西块凹
			Ⅱ3-3.2:罗云块凸
			Ⅱ3-3.3:黑龙关块凹
			Ⅱ3-3.4:云丘山块凸

续表 2-1

一级	二级	三级	四级
华北板块	Ⅱ3:山西板内造山带	Ⅱ3-4:太岳山板隆	Ⅱ3-4.1:霍山块凸
		Ⅱ3-5:沁水板坳	Ⅱ3-5.1:太原西山-盂县块坪
			Ⅱ3-5.2:娘子关-阳城北北东向块凹
			Ⅱ3-5.3:安泽-庄儿上南北向块凹
			Ⅱ3-5.4:析城山块坪
		Ⅱ3-6:太行山板隆	Ⅱ3-6.1:赞皇块凸
			Ⅱ3-6.2:虹梯关块凸
			Ⅱ3-6.3:陵川北东向块凹
		Ⅱ3-7:灵丘-怀来板坳	Ⅱ3-7.1:广灵-蔚县块凹
			Ⅱ3-7.2:唐河块凸
	Ⅱ4:汾渭裂谷带	Ⅱ4-1:大同盆地	Ⅱ4-1.1:怀仁块凹
			Ⅱ4-1.2:黄花梁块凸
			Ⅱ4-1.3:后所块凹
			Ⅱ4-1.4:浑源断阶
			Ⅱ4-1.5:朔州断阶
		Ⅱ4-2:忻定盆地	Ⅱ4-2.1:代县-原平块凹
			Ⅱ4-2.2:金山块凸
			Ⅱ4-2.3:定襄块凹
		Ⅱ4-3:晋中盆地	Ⅱ4-3.1:太原断阶
			Ⅱ4-3.2:清徐块凹
			Ⅱ4-3.3:孝义断阶
			Ⅱ4-3.4:阳邑-北贾断阶
		Ⅱ4-4:临汾-运城盆地	Ⅱ4-4.1:霍州断阶
			Ⅱ4-4.2:临汾块凹
			Ⅱ4-4.3:塔儿山块凸
			Ⅱ4-4.4:河津块凹
			Ⅱ4-4.5:稷王山块凸
			Ⅱ4-4.6:运城块凹
		Ⅱ4-5:芮城盆地	
	Ⅱ5:华北南缘板内活动带	Ⅱ5-1:中条山-焦作板隆	Ⅱ5-1.1:中条山块凸
			Ⅱ5-1.2:王屋山块凹

2.2.4 矿产资源

山西省是全国重要的能源化工基地，分布有丰富的矿产资源，也是资源开发利用大省，在全国矿业开发中占有重要的地位。山西省已发现的矿种达 120 种，其中探明资源储量的矿产有 62 种，全省查明资源储量的矿产地 1453 处，已开发利用的有 818 处。资源储量居中国第一位的矿产有煤层气、铝土矿、耐火黏土、镁矿、冶金用白云岩 5 种。保有资源储量居全国前十位的主要矿产为煤、煤层气、铝土矿、铁矿、金红石等 32 种。其中，煤炭保有资源储量 2 709.01 亿 t，占全国保有资源储量的 17.3%，居全国第三位；煤层气剩余经济可采储量 2 304.09 亿 m³，居全国第一位；铝土矿资源保有储量 15.27 亿 t（矿石量），居全国第一位，占全国保有资源储量的 32.44%；铁矿保有资源储量 39.37 亿 t，居全国第八位；铜矿集中分布于山西省中条山区，保有资源储量 229.94 万 t（金属量）；金红石保有资源储量 426.38 万 t，居全国第二位。煤、铝土矿等沉积矿产分布广泛，铁矿、铜矿等重要矿产分布相对集中。此外，锰、银、金、石墨、膨润土、高岭岩、石英岩、含钾岩石、花岗岩、沸石 10 种矿产也有良好的勘查、开发前景。但是重要金属矿产贫矿多、富矿少，共伴生矿多、单一矿少。

2.3 山西省自然保护地概况

根据山西省林业和草原局最新统计数据，自 1980 年山西省建立第一个自然保护地以来，经过 40 多年的不懈努力，目前全省已建立各类自然保护地共 274 个，其中：自然保护区 46 处（国家级 8 处、省级 38 处），风景名胜区 49 处（国家级 6 处、省级 43 处），森林公园 83 处（国家级 26 处、省级 57 处），湿地公园 63 处（国家级 20 处、省级 43 处），地质公园 19 处（国家级 11 处、省级 8 处），沙漠公园 12 处（国家级 12 处），草原公园（试点）2 处，保护地总面积 243.52 万 hm²。通过监测，山西省现有野生植物 2743 种、陆生野生动物 541 种，分布在全省各类自然保护地范围内，而且受到有效保护。其中 30 余种植物、17 种鸟类有了新分布记录，2023 年到运城湿地自然保护区越冬的大天鹅达 1.6 万余只，旗舰物种华北豹分布范围一路北扩，从太行山南段延伸到吕梁山中部，种群数量在全国居于首位；褐马鸡由吕梁山北部的芦芽山、庞泉沟保护区一路南进至中条山区，成为真正的"省鸟"。全省各自然保护地生物多样性保护成效逐步显现，特别是在南部太行山区形成了自然保护地群，为建立国家公园奠定了深厚基础，为完善山西省以国家公园为主体的自然保护地体系建设提供了强劲动力。同时，众多的自然保护地也为山西省进行自然研学提供了强有力的支撑。

2.4 山西省地质遗迹概况

截至2022年,山西省已查明三大类、11类、29亚类地质遗迹504处,其中:世界级14处、国家级147处、省级166处、省级以下177处。国家级和世界级地质遗迹共计161处,约占地质遗迹总数的1/3,表明山西省重要地质遗迹数量较为可观。目前,大多数世界级和国家级地质遗迹位于地质公园范围内,不在地质公园范围内的省级及以上地质遗迹也已经划定了保护范围,为下一步开展地学研学奠定了基础。

第3章 地学研学路线规划

3.1 指导思想

地学研学路线规划是开展研学活动的基础。遵循科学的指导思想，不仅可以保证地学研学的有序推进，还能提高地学研学的教育和科普效果。地学研学的独特之处在于其应围绕地球科学展开，课程内容涉及地球上大气圈、水圈、土壤圈、岩石圈、生物圈等多个圈层的联系和相互作用。由于人类对地球各圈层系统有着不可忽视的改变，因此还需要建立人与自然和谐共生的指导理念。

3.2 基本原则

（1）典型性原则。地学研学沿线的相关地学遗迹景观要真实典型。

（2）可行性原则。地学研学沿线的景观点要与研学主题相适应，应有必要的基础设施和配套设施，且有一定的接待能力。

（3）经济性原则。在保证研学旅游效果的前提下，路线设计还应考虑所选地学相关景观的位置和距离，短线的研学旅游，尽量选分布集中的研学点，长线的尽量选呈环线分布的研学点，以节约研学成本。

（4）兼容性原则。地学研学旅游路线应主题鲜明（以一个主题为主），也可以兼顾其他研学内容。

（5）最优性原则。研学点的选取和路线的设计要力争最优，同时要考虑恰当的出行时机，使研学效果最优化。

（6）安全性原则。要确保开展地学研学旅游活动的地点没有安全隐患，要密切关注当地的天气预报，尽可能地避开危险地段。

3.3 路线规划流程

3.3.1 搜集信息、初选资源

首先，将山西省范围内的地学及相关研学资源纳入初选范围，包括地质遗迹景观、自然景观（保护区、草原、森林公园、湿地公园等）、人文景观（水库、长城、古村落、抗战旧址、革命遗址、历史遗迹、植树造林成果、古建筑、纪念馆等）。

其次，依据地学研学基本要求进行初选，初选标准是能够开展基本的地学研学旅游活动，安全性有保障。为保障信息的真实可靠，在初选地学研学资源时需要多方搜集信息。

(1)从地方地学资料管理或勘查机构搜集相关地学基础资料。
(2)通过网络数据库文献搜集获取各初选资源的基本情况。
(3)联系当地的旅行社、研学机构、博物馆的管理者、导游或讲解员,听取他们的建议。
(4)听取山西省各地市一线地质工作者或地方院校地学教师的意见。
(5)征求资深"驴友"的意见。

经过信息的搜集、汇总,文献阅读,基本可确定适合开展地学研学的景点和基地。

3.3.2 融合教材、定点建库

在初选地学相关研学资源的基础上,进一步精选研学路线中的"点",研学点的选取主要依托已开发的地质遗迹旅游景点,但又不仅仅局限于此,选取的主要标准如下。

(1)与地学研学教材的融合度较高。
(2)利于学生核心素养的培养。
(3)相关信息准确可靠,特别是对还没有开发成熟的地质遗迹旅游景点,路线设计者必须先进行实地考察。
(4)在精选地学相关研学点的基础上,建立路线素材资源库。依据资源特点,梳理山西省的地学研学点对应的教材结合点。

3.3.3 串点成线、初定路线

将地学相关研学点进行合理的串联、组合是规划地学研学路线的核心。不同研学点的功能、风格、游览价值和教学价值各异,要依据研学主题和目标、研学主体的身心特点,合理安排研学点空间顺序。

3.3.4 实地考察、完善路线

初步确定路线后,先进行实地考察,以便发现问题并及时修正,对活动内容和方式进行完善,如有必要也可以调整研学点。

3.3.5 交流推广、共享路线

山西省地学研学资源丰富,研学路线众多,但限于时间和精力,选择性价比较高的研学路线尤为重要。随着本地区研学路线规划、实践的不断成熟,参与规划、带队的教师要注意搜集、整理、完善各个研学点的研学资源,加强地区间的交流,同时要努力把自己培养成合格的研学导师,为校际间、地区间交流合作打下坚实的基础。

3.4 思政融入

近年来,地学研学旅游逐渐进入大众的视野,思想政治教育的融入也受到教育工作者的重视。面对快速发展的地学研学旅游市场，思想政治教育的贯彻融入不仅是教学内容的题中之义，更是行业内应该自觉形成的建设标准。学生是国家未来建设的主力军，是民族未来的希望。思想政治教育能够帮助学生建立起正确的世界观、人生观和价值观，对学生的未来发展具有深刻影响，是教育的重要内容。研学旅游是针对学生群体的、体验式的新兴旅游产品，正处于快速发展时期。思想政治教育工作也应与时代同步，注重教育内容和教学形式的多样性。

习近平总书记指出，一种价值观要真正发挥作用，必须融入社会生活，让人们在实践中感知它、领悟它。要注意把我们所提倡的与人们日常生活紧密联系起来，在落细、落小、落实上下功夫（党史文苑纪实版编辑部，2014）。以地学研学旅游为载体，融入思想政治教育内容，可以丰富与学生交流的形式，在潜移默化中对学生的思想产生触动，在实践中巩固思想政治教育的成果，增强思想政治教育的实际教学效果。

旅游地学文化包括山水文化、历史文化等众多内涵，属于广义文化范畴。旅游地学文化早已植根于中国传统文化之中，蕴含着丰富的社会价值，是进行道德教化的重要文化资源。依据旅游地学自身的特点和"德育"内容的多元性，可以从"地球历史文化""红色文化""历史遗迹文化""民俗文化""优秀传统文化"等方面充分挖掘旅游地学文化中所蕴含的思政教育内容，以拓展地学研学旅游德育实施途径（张慧娟等，2021；图3-1）。

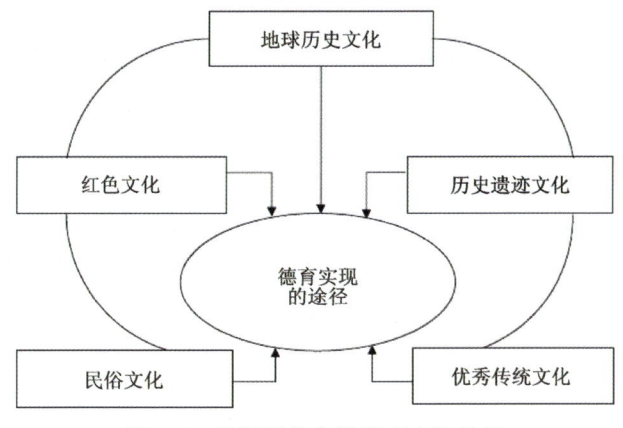

图3-1　地学研学旅游德育实施途径

3.5　总体路线规划

根据重要地质遗迹分布的集中程度、分布范围、重要价值、可观赏性和公众的研学旅游需求，针对山西省全域设计了26条地学研学路线，其中包括短期研学路线（1～2天）21条（表3-1）和深度研学路线（7～10天）5条（表3-2）。地学研学路线中还融合了地质遗迹周边的其他自然景观、人文景观，使地学研学旅游兼具科学性、景观性、通达性和趣味性，切实为山西省地学研学旅游事业发展提供助力。

表 3-1 山西省短期地学研学路线

序号	路线名称	地质遗迹景观	其他自然文化景观	位置
1	大同市云州区—阳高县地学研学路线	大同火山群—大同阁老山剖面—大同杜庄土林—阳高六棱山汉白玉石林—阳高黄羊尖夷平面—阳高甸顶山夷平面	桑干河国家级湿地公园—阳高黄羊尖和阳高甸顶山亚高山草甸	大同市云州区—阳高县
2	大同市浑源县地学研学路线	浑源恒山碳酸盐岩地貌—浑源悬空寺剖面—浑源千佛岭花岗岩地貌	悬空寺	大同市浑源县
3	朔州市右玉县地学研学路线	右玉火山颈群	杀虎口、右玉植树造林成果	朔州市右玉县
4	忻州市五台山地学研学路线1	五台明月池平卧褶皱—五台山东台夷平面—五台山北台夷平面（冰缘地貌）—繁峙太平沟柏枝岩组剖面—繁峙茶坊角度不整合面（高于庄组剖面）	佛教文化、佛母洞、东台植被垂直分带	忻州市五台山繁峙县
5	忻州市五台山地学研学路线2	五台铁堡不整合面—五台回龙底村河边村组叠层石—五台班老窑滹沱群剖面—五台香炉石崩塌	清凉石（清凉寺）	忻州市五台山
6	忻州市宁武县地学研学路线	宁武冰洞—宁武芦芽山花岗岩地貌—五寨荷叶坪夷平面—宁武天池高山湖群—宁武雷鸣寺泉	马仑草原（亚高山草甸）—荷叶坪亚高山草甸—汾河源头	忻州市宁武县
7	太原市汾河蛇曲地学研学路线	太原汾河蛇曲地貌—太原王封一线天—太原七里沟太原组剖面	崛围山、汾河二库	太原市
8	太原市西山地学研学路线	晋源柳子沟山西组剖面—晋源北岔沟石盒子组剖面—太原蒙山砂岩地貌—天龙山砂岩风化地貌	晋祠、蒙山大佛	太原市
9	吕梁市临县—方山县地学研学路线	临县碛口黄河画廊—临县冯家会黄土林—临县霍家塌黄土地貌—方山北武当山花岗岩地貌	碛口古镇、北武当山	吕梁市临县—方山县

续表 3-1

序号	路线名称	地质遗迹景观	其他自然文化景观	位置
10	阳泉市盂县地学研学路线	盂县藏山碳酸盐岩地貌—盂县燕子崖碳酸盐岩地貌—盂县十八盘峡谷	藏山	阳泉市盂县
11	阳泉市地学研学路线	阳泉太原组木化石—娘子关泉群—娘子关瀑布	固关长城、娘子关村	阳泉市、平定县
12	晋中市左权县—昔阳县地学研学路线	左权麻田嶂石岩地貌—左权龙泉瀑布—昔阳龙岩大峡谷	麻田八路军总部旧址、龙泉森林公园	晋中市左权县、昔阳县
13	晋中市灵石县—介休市—榆社县地学研学路线	灵石石膏山碳酸盐岩地貌—介休绵山碳酸盐岩地貌—榆社动物群	绵山、石膏山、云竹湖、榆社古生物化石博物馆	晋中市灵石县—介休市—榆社县
14	长治市黎城县—武乡县地学研学路线	黎城金鸡寨嶂石岩地貌—黎城洗耳河嶂石岩地貌—黎城彭庄赵家庄组—常州沟组剖面—黎城黄崖洞嶂石岩地貌—板山碳酸盐岩地貌—武乡太行龙洞	黄崖洞	长治市黎城县、武乡县
15	长治市壶关县地学研学路线	壶关八泉峡—壶关大河村青龙峡—壶关大河组剖面—壶关鹅屋天生桥—壶关红豆峡		长治市壶关县
16	长治市平顺县地学研学路线	平顺虹梯关通天峡—平顺霓虹瀑布—平顺天脊山天泉瀑布—平顺神龙湾天瀑峡—平顺张家凹碳酸盐岩地貌		长治市平顺县
17	临汾市永和—隰县地学研学路线	乾坤湾黄河蛇曲地貌—隰县黄土地貌—午城组剖面	小西天—晋西革命纪念馆	临汾市永和县、隰县
18	临汾市吉县—乡宁县地学研学路线	黄河壶口瀑布—十里龙槽—人祖山碎屑岩地貌	云丘山农耕文化—克难坡遗址—人祖山人文景观—人祖山森林—道教文化、冰洞、塔尔坡古村落	临汾市吉县、乡宁
19	晋城市陵川县地学研学路线	陵川王莽岭碳酸盐岩地貌—锡崖沟峡谷—陵川黄围灵湫洞—陵川红豆杉峡谷—陵川门河大峡谷—棋子山棋子石	挂壁公路、棋子山国家森林公园	晋城市陵川县

续表3-1

序号	路线名称	地质遗迹景观	其他自然文化景观	位置
20	晋城市沁水县—阳城县地学研学路线	沁水舜王坪夷平面—沁水历山白云洞—阳城析城山杨柏大峡谷—阳城析城山岩溶洼地—阳城红砂岭碎屑岩地貌	蟒河自然保护区	晋城市阳城县、沁水县
21	运城市地学研学路线	永济五老峰—永济水峪口神潭大峡谷—永济水幽汝阳群剖面—运城盐湖		运城市盐湖区、永济市

表3-2 山西省深度地学研学路线

序号	路线名称	地质遗迹景观	其他景观	位置
一	大同火山群—北岳恒山地学研学路线	路线1、2、3的串联	云冈石窟、悬空寺、灵丘草原	大同市云州区、浑源县、广灵县、阳高县、灵丘县,朔州市右玉县
二	忻州五台山—芦芽山地学研学路线	路线4、5、6的有机串联,并根据受众的情况,选择相应的地质内容深度。可以分为地质科考路线,普通游客路线		五台县、繁峙县五台山地区,宁武县芦芽山地区
三	太行山中段嶂石岩地貌地学研学路线	路线10、11、12、14的有机串联		晋中市左权县、昔阳县,长治市黎城县、武乡县,阳泉市、平定县、盂县
四	太行山南段峡谷地学研学路线	路线15、16、19、20的有机串联		长治市平顺县、壶关县,晋城市陵川县、阳城县、沁水县
五	山西沿黄地学研学路线	路线9、17、18、21,以及增加石楼马家畔蛇曲地貌		偏关县、临县、石楼县、永和县、隰县、吉县、永济市、盐湖区等

第4章

山西省短期地学研学路线设计

笔者根据山西省重要地质遗迹的分布规律、重要价值和地质遗迹类型，以及前文的规划思路等内容，为全省设计了 21 条短期研学路线（图 4-1），涉及 11 个地市，为全省各地市开展短期地学研学旅游提供了丰富的选择。短期地学研学路线游览周期为 1～4 天，所包含的地质遗迹及其他景观相对集中，路线较短。

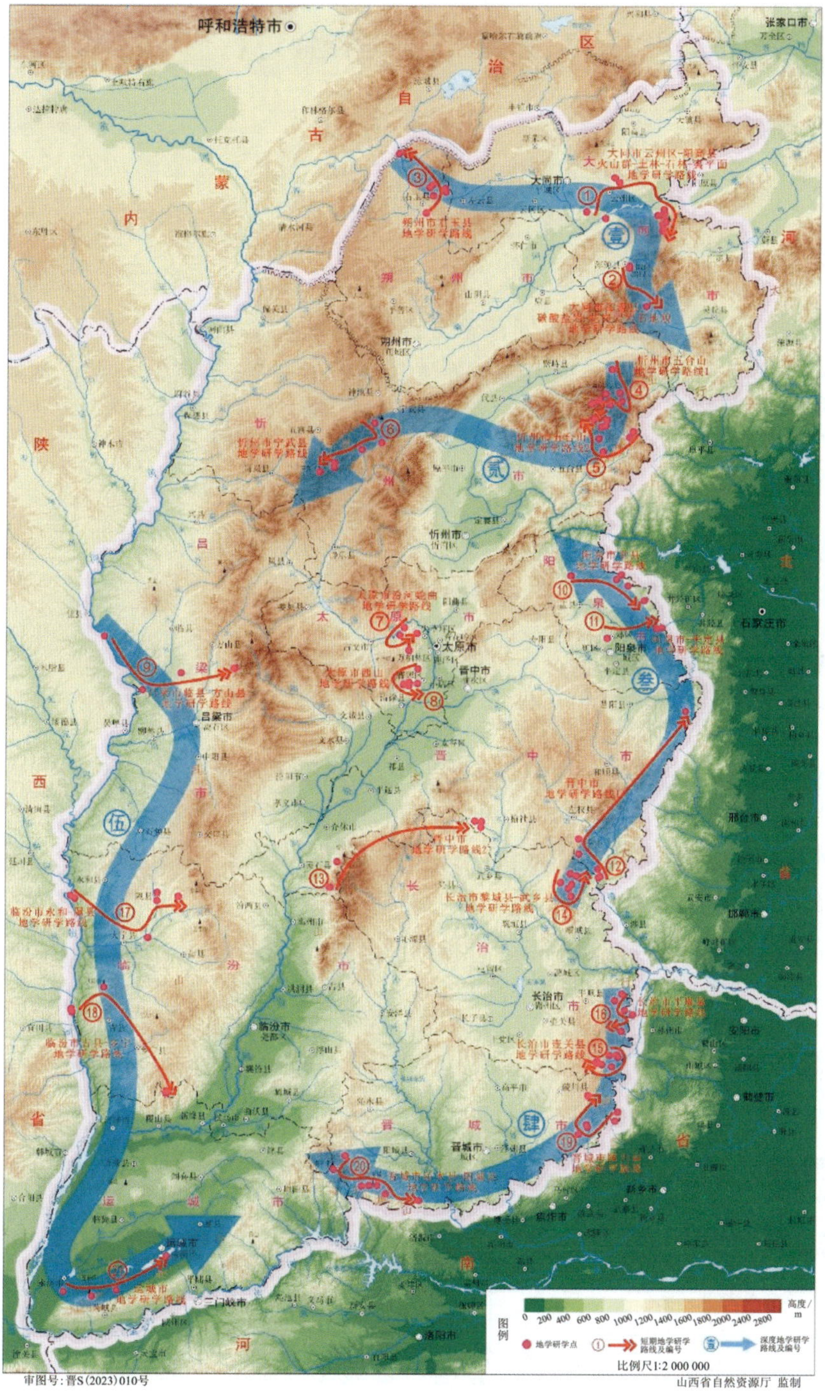

审图号：晋S(2023)010号 山西省自然资源厅 监制

图 4-1 山西省地学研学路线规划图

4.1 　大同市地学研学路线

● **路线1：大同市云州区—阳高县地学研学路线**

1. 行政区划范围

路线1分布于大同市云州区—阳高县境内。

2. 研学路线组成

研学路线包括大同火山群—大同阁老山剖面—大同杜庄土林—阳高六棱山汉白玉石林—阳高黄羊尖夷平面—阳高甸顶山夷平面6处地质遗迹景观研学点；桑干河国家级湿地公园—阳高黄羊尖和阳高甸顶山亚高山草甸3处其他自然文化景观研学点。

3. 研学路线主题

以"火山地貌—黄土地貌—大理岩地貌—夷平面"为主题，学习火山岩与火山机构、黄土地貌及其成因、汉白玉与石林的形成、夷平面的特征及成因。

4. 研学目标与核心研学内容

(1)认识火山和火山岩,识别火山地貌(火山机构)。
(2)认识黄土的特征与成因,理解以土林为代表的黄土地貌的形成过程。
(3)认识大理岩(汉白玉),理解石林的形成机制,了解大理岩的用途。
(4)识别夷平面,理解夷平面的成因。
(5)理解亚高山草甸和林线作为气候变化敏感指示器的机制。
(6)了解应对气候变化,实施"双碳"目标的必要性。
(7)了解桑干河流域生态屏障功能等。

5. 科学或实践互动内容

1)问题思考

研学点 1 　火山奇景——大同火山群
研学点 2 　大同阁老山剖面

(1)火山活动产生的具体产物有哪些,包括但不限于熔岩流、火山灰、火山弹、火山渣、火山气体等?
(2)火山活动造就的地形地貌特征有哪些,包括火山锥、熔岩台地、火山口湖、火山通道、火山颈等的具体类型?

(3)采用何种方法和指标来准确辨识火山机构,如火山口、喷发口、火山锥形状、熔岩流路径及火山碎屑分布?

(4)岩浆的起源地是地球的哪个具体圈层,如地幔或地壳深处?

(5)岩浆在不同冷却条件下固结后,会形成哪几种类型的岩石,如深成岩、浅成岩、喷出岩等?

(6)对比分析地表流动的岩浆与水下流动的岩浆在形态上的差异,探讨水压和冷却速率对岩浆形态有何影响?

(7)运用哪些岩石学特征,如颜色、结构、成分和矿物组成,来鉴别火山岩的种类?

(8)在玄武岩冷却过程中,何种物理机制导致了柱状节理的形成,特别是六边形柱状构造?

研学点 3 大同杜庄土林

(1)黄土的成因是什么,包括风力搬运、沉积过程,以及与第四纪冰期气候变化的关系?

(2)黄土的原始来源是哪些地区,如中亚的沙漠和戈壁地带?

(3)黄土地区还发育了哪些典型地貌,如沟壑、塬、梁、峁等?

(4)黄土地貌的形成机制是什么,包括水力侵蚀、风力侵蚀和重力作用的影响?

(5)针对黄土高原的水土流失,有哪些有效的防治措施,如植被恢复、工程措施和农业管理技术?

(6)黄土高原地区如何根据地形地貌特征,采取科学的水土保持措施,提高土地生产力和生态功能?

(7)杜庄土林在形态、发育程度和景观价值上与其他黄土林有何不同,以及其特殊地质结构和气候条件的影响?

研学点 4 大同屋脊——阳高六棱山汉白玉石林

(1)汉白玉属于哪种岩石类型,其矿物组成和化学成分有何特点?

(2)汉白玉是如何形成的?

(3)汉白玉形成石林的地质条件是什么,包括岩石的结构、成分和风化特征?

(4)汉白玉在建筑、雕刻和工业领域有哪些具体应用,以及其物理和化学性质如何支撑这些用途?

研学点 5 阳高黄羊尖夷平面

研学点 6 阳高甸顶山夷平面

(1)夷平面的定义是什么,包括它在地貌学中的作用?

(2)夷平面的形成机制是什么,包括风化、侵蚀和抬升作用的相互作用?

(3)在全球气候变化背景下,"双碳"目标的科学依据是什么,以及实施"双碳"目标对生态环境的积极影响?

研学点 7 桑干河国家级湿地公园

河流湿地在维持区域生态平衡中的关键作用是什么,包括它对水文调节、水质净化和生物多样性保护的贡献?

2）研学点介绍

研学点 1　火山奇景——大同火山群

大同火山群（图4-2）分布于大同市云州区俱乐乡、西坪镇、许堡乡、瓜园乡，阳高县下深井乡、东小村镇、友宰镇、鳌石乡等地（图4-3），位于大同火山群国家地质公园内。大同火山群地质公园由火山群、桑干河、秋林峪3个景区组成，火山群园区是火山地质公园的核心景区。

图 4-2　大同火山群

图 4-3　大同火山群火山口分布图

大同火山群是一个庞大的死火山群落,分布在大同市云州区近 900km² 的范围内,是世界唯一发育在黄土高原上的火山群,是中国六大著名火山群之一(其余有黑龙江五大连池、吉林长白山、云南腾冲、新疆卡尔达西、台湾大屯),也是华北地区规模最大、保存最好、内容最丰富的板内裂谷系火山群。

大同火山群是中国著名第四纪火山群,有火山锥 30 个,其同时保存了火山渣锥、混合火山锥、熔岩锥 3 种类型的火山锥,包括昊天山(图 4-4)、金山((图 4-5、图 4-6)、狼窝山、黑山(4-7)、马蹄山、老虎山、阁老山(图 4-8)等,其中渣锥 20 个、熔岩锥 8 个、混合锥 2 个(图 4-9～图 4-11)。

图 4-4　昊天山(郭丙大 摄)

图 4-5　金山

图 4-6 金山的两层火山岩及其与黄土的接触关系(据苏德辰等,2021)
(表层的风积黄土大部分已经被雨水冲蚀,主要堆积在山脚;金山的上、下岩石成分和颜色明显不同,下层为黑色的熔岩渣,上层则以红色的火山渣和熔岩为主,说明至少有两期截然不同的喷发活动)

图 4-7 黑山(郭丙大 摄)

图 4-8　阁老山

图 4-9　大同阳高西窑熔岩锥及表面构造

火山喷发类型为斯特隆博利式,喷发的固体物质以形状大小各异的火山渣、火山弹为主,时而溢出熔岩,后期主要喷发熔结状火山渣和大火山渣、弹,形成火山渣锥,最后形成侵入岩脉。熔岩流产状包括舌、垄、被、熔岩丘、冲沟充填体、河槽充填体、玄武岩脉、挤出体。

图 4-10 大同阳高龙堡喷气锥

图 4-11 阳高秋林玄武岩脉

早在百万年前,大同盆地曾是一片湖泊。约 40 万年前,湖底火山喷发,岩浆滚滚,在湖底凝固沉积。经过 3 期反复多次喷发,狂怒的火山终于熄灭,最终形成今天的天然景观。

大同火山群可以划分为东、南、西、北 4 个区域。其中西区火山是最为集中和壮观的,最著名的几座火山如金山、狼窝山、阁老山、马蹄山和昊天山等都分布在这里。它们从宽广的桑干河河谷拔地而起,海拔大都在 1100~1400m 之间,从高空俯瞰,就像一群具有生命形态的活物正在奔跑。

大同火山群的景观明显不同于福建漳浦滨海、广东湖光岩、黑龙江镜泊湖、吉林长白山等有火山湖泊的火山景观,也不同于浙江雁荡山造型景观。从高处俯瞰或远眺大同火山群,只见座座火山从黄土高原上拔地而起,显出一种威武与神秘,震撼人们的心灵。各种形态的火山锥陈列在广袤的大地上,体现出自然造型、变幻莫测、景观视觉与内在科学之美。人们久久凝视,就会产生一种涤荡心灵的感觉。大同火山群在不同的气象环境和季节中,会变幻出不同的景观,吸引着画家、摄影家、科普作家及广大业余爱好者前来感受自然风光和搜集素材。

秋林峪景区是大同火山群中较为典型的一个,其地学景观独特。该景区火山岩地貌保存完好,具有较高的科学价值和观赏价值。在秋林峪,可以欣赏到火山岩的柱状节理、熔岩流、火山弹、浮石、火山灰等火山遗迹,以及峡谷、瀑布、奇峰、怪石等自然景观。这些火山遗迹和自然景观的形成,是大自然亿万年演进和人类漫长历史过程共同作用的结果。

桑干河景区也拥有丰富的地学景观,其火山地貌独特,熔岩景观壮美,是研究地球地质变化的最佳场所;此外,桑干河还流经多个火山群,形成了独特的峡谷景观。

研学点 2 大同阁老山剖面

大同阁老山剖面位于大同市云州区聚乐堡乡阁老山。根据《山西省岩石地层》(武铁山,1997),大同阁老山剖面为阁老山玄武岩正层型剖面,由《山西省岩石地层》专题组创名。1977 年王兴武等测制该剖面。该组厚 27.7m,岩性为夹于峙峪组上部的玄武质火山碎屑岩及火山岩流,上覆岩层为薄层土黄色亚砂土,下伏岩层为土黄色、灰白色、灰绿色含砂砾黏土、粉砂土、砂层夹砂砾等河流相堆积。

研学点 3 大同杜庄土林

大同杜庄土林(图 4-12)位于大同市云州区杜庄乡杜庄村北东约 1km,分布面积约 1km²,是省内少有的成片土林。

土林是由大量尚未完全固结成岩石的土状沉积物在地表流水的侵蚀作用下形成的一系列塔状、锥状、城堡状地貌的总称。这里不仅有丰富的侵蚀、风化现象,被侵蚀崩落的松散沉积物,在地表遇水后还会发生沉积,形成了众多非常漂亮的沉积学景观,所以被称为华北地区天然的"沉积学实验室"。大同杜庄土林的地貌类型特殊,土林的物质组成为河湖相沉积与风积黄土,其堆积物是地球内营力和外营力共同作用的产物,外营力中气候变化是主要的影响因素,土林是干旱—半干旱地区典型的流水侵蚀地貌(蔡莹莹等,2021)。

大同—泥河湾古湖干涸后,湖底沉积的地层迅速暴露于地表,在地表水流的侵蚀和风化作用下,尚未固结的古湖沉积物发生强烈的淋蚀,地面出现许多纵横交错的冲沟(苏德辰等,

图 4-12 大同杜庄土林

2021)。渐渐地，冲沟由浅变深，由窄变宽，平整的大地被切割成一块块城堡状、一条条墙状的地貌，进而被侵蚀风化成大量柱状和锥状集中出现的土林景观。因此，大同杜庄土林主要由古湖相沉积物构成，并非主要由黄土沉积物构成的黄土林。

土林发育在桑干河支流——西二支渠二级阶地上，以下更新统泥河湾组河湖相堆积为主，顶部 2~5m 为峙峪组次生黄土，分布面积约 1km²，被当地人称为"石板沟"。所谓"石板"，实际上是一种多年沉积下来的钙化层。其所形成的地层景观，对我们认识大同盆地的地质构造过程、气候演变和亚洲古季风演化都有重要的指示意义。

大同杜庄土林发育数百个土柱，单个柱体高 5~10m，其顶面基本位于同一高度。从风化壳剖面看，钙化层、砂石、盐碱成分很高的泥土一层层叠压在一起（图 4-12、图 4-13）。柱体均下部宽，中上部变细，形态各异，有的独立，有的成双，有的连成黄土墙，或壁立，或层叠，或似猛兽欲起，或如神魔欲行，令人目不暇接，如同行走于迷宫之中，不由感慨，大自然鬼斧神工，用多少个春夏秋冬，风吹雨刷，才在这厚厚的土层中雕出一个神奇的艺术世界。

土林的植被稀疏，只有极强耐盐碱、耐干旱的植物才能生长，随着时间的推移，在风雨的塑造下，土林时时在发生着变化。当你真正置身于这片荒原之上，放眼望去，也许才能感受到土林那种荒凉而又神奇的美，仿若"魔鬼城"。如遇到黄昏落日之时，夕阳残照，光影映在那些沟垄交错的土林壁上，落宽荒野，有风吹来，空谷传幽，别有一番醉美景致，这也是许多摄影爱好者如此青睐这里的原因吧。

图 4-13　土林景区个别景点最近 10 年间的变化情况（据苏德辰等，2021）
（土林景区内存在严重的水土流失情况和脆弱的生态环境）

研学点 4　阳高六棱山汉白玉石林

在山西省大同市的广灵、阳高和浑源三县交界处有座六棱山。与山西众多山脉相比，六棱山虽海拔并不突出，但却是大同第一高山。六棱山是山西省 2005 年 12 月批准的省级自然保护区，总面积 12 000km², 其主峰黄羊尖海拔 2420m, 因山体形状呈六棱而得名。

阳高六棱山的独特之处在于这里有北方极为罕见的汉白玉石林。六棱山汉白玉石林（图 4-14）坐落在六棱山主峰南侧、黄羊尖北侧、大峪沟和水泉沟上游的马鞍形部位上，海拔 2175m, 面积约 10 000m²。石林南西高、北东低，由北向南呈台阶状上升，石林南面呈圈椅状，高差 5～30m（图 4-15）。

图 4-14　六棱山汉白玉石林

图 4-15　汉白玉石林远观

六棱山的岩体发育 3 组节理，在风化作用和流水侵蚀作用下，形成峰丛矗立的汉白玉石林景观，汉白玉石林的形态单元主要是岩柱、岩锥、岩塔、岩球、岩枕，造型百态、错落有致。其形成的象形石（图 4-16）景观形象逼真、寓意巧妙、拟人似物、栩栩如生。象形石景观有玉帝上朝、士兵出征、龟背石、石凳、石芽等,远观与近观有截然不同的象形。其主要有黄色和黄褐色两种颜色,结构较致密,透明度较好,色白纯洁,内含闪光晶体,是一种优质的饰面石材和玉雕原料。因其成品色调淡雅、纹理清晰、图案美观而广受喜爱。从中国古代起,这种石料就被用来制作宫殿中的石阶和护栏,现在也用来装饰墙壁,制作桌面及各种文具和雕塑工艺品。北京故宫各大殿台基周围的栏杆,就是采用纯白色大理石制作而成的。

这种汉白玉石林,是经变质作用形成的大理岩。其形成条件十分严格,是经过多种变质作用的、通体呈白色的白云石和方解石,在风化和流水侵蚀作用下,才能形成的峰丛矗立的汉白玉石林景观(图4-17)。

图4-16　石林中的象形石

图4-17　汉白玉石林中的叠层石

研学点 5　阳高黄羊尖夷平面

阳高黄羊尖夷平面(图4-18)位于大同市阳高县友宰镇桃儿沟村北黄羊尖,海拔2420m,为大同最高峰,号称"大同屋脊"。该夷平面形成于始新世—渐新世,为北台期的夷平面,残留至今,因该断块相对下降,使得夷平面的高度低于北台。黄羊尖峰顶部为巨大而平坦的亚高山草甸,延绵不绝,碧山花海,具一定观赏价值。

图4-18　阳高黄羊尖夷平面

研学点 6　阳高甸顶山夷平面

阳高甸顶山夷平面(图4-19)位于大同市阳高县友宰镇桃儿沟南甸顶山。海拔2008m,面积66km²。该夷平面形成于始新世—渐新世,为北台期的夷平面,残留至今,因该断块相对下降,使得夷平面的高度低于五台山。顶面为冶里组灰岩,含软体动物化石。夷平面西北高、东南低,顶面平坦,植物种类繁多,花草茂盛,发育亚高山草甸。

图 4-19　阳高甸顶山夷平面

研学点 7　桑干河国家级湿地公园

桑干河国家级湿地公园(图 4-20)位于山西省大同县南部的桑干河河道,西起省道 S203 固定桥,东达册田水库西缘,北至渔儿涧水库拦水坝,南部以农田防护林带为界,西北部紧邻桑干河省级自然保护区。地理坐标为东经 113°29′01″—113°40′24″、北纬 39°52′26″—39°58′32″ (山西省林业和草原局,2020)。

图 4-20　桑干河国家级湿地公园

湿地公园的湿地类型包括河流湿地、沼泽湿地和人工湿地 3 种,总面积 4 717.89hm²,湿地面积 3 933.14hm²,湿地率 83.37%。其中湿地保育区 3 935.92hm²,恢复重建区 438.33hm²、宣教展示区 136.68hm²,合理利用区 148.33hm² 和管理服务区 58.63hm²。

湿地公园地处永定河上游,是山西省稀有的湿地资源和良好的鸟类栖息地,是鸟类迁徙

途中的重要驿站。通过水质治理、湿地生态系统恢复等工程,可以提升湿地生态系统的完整性与生态功能,强化生态文明建设,改善黄土高原区域水质状况,构筑桑干河上游流域生态屏障,特别是对保障首都生态安全和饮用水安全具有重要意义。

● 路线 2：大同市浑源县地学研学路线

1. 行政区划范围

路线 2 分布于大同市浑源县境内。

2. 研学路线组成

研学路线包括浑源恒山碳酸盐岩地貌—浑源悬空寺剖面—浑源千佛岭花岗岩地貌 3 处地质遗迹景观研学点；悬空寺 1 处其他自然文化景观研学点；武家山恐龙化石产地、赵家沟大同玉、晋华宫国家矿山公园等备选研学点。

3. 研学路线主题

以"碳酸盐岩地貌—花岗岩地貌"为主题,学习碳酸盐岩的鉴定及其岩石地貌的形成过程,花岗岩的鉴定及其岩石地貌的形成过程。

4. 研学目标与核心研学内容

（1）认识白云岩、泥晶灰岩、竹叶状灰岩等碳酸盐岩。
（2）理解碳酸盐岩地貌的形成机制。
（3）认识叠层石,并了解其形成和保存环境。
（4）鉴别花岗岩亚类。
（5）认识花岗岩地貌,并了解其形成过程。

5. 科学或实践互动内容

1）问题思考

研学点 1　浑源北岳恒山碳酸盐岩地貌
研学点 2　浑源悬空寺剖面

（1）恒山风景区内缺失志留纪和泥盆纪地层的原因是什么,包括区域构造运动和侵蚀作用的影响？
（2）碳酸盐岩峰丛的形成机制是什么,包括溶蚀作用、重力崩塌和后期的风化作用？
（3）识别白云岩的方法有哪些,包括岩石的结构、成分和反应特性？
（4）区分白云岩和石灰岩的依据是什么,包括矿物组成、化学反应和物理性质的差异？
（5）金龙峡的形成机制是什么,包括河流侵蚀作用和构造运动的影响？
（6）灰岩层面上的"果老仙踪"坑洞的形成机制是什么,包括溶蚀作用和地下水活动的影响等？

研学点 3　浑源千佛岭花岗岩地貌

(1)花岗岩的成因是什么,包括岩浆侵入、冷却固结和后期的风化剥蚀过程?

(2)在不同水热气候条件下,花岗岩地貌的形成机制有何差异,包括风化作用、侵蚀作用和地貌演化?

2)研学点介绍

研学点 1　浑源北岳恒山碳酸盐岩地貌

浑源北岳恒山碳酸盐岩地貌位于大同市浑源县大磁窑镇停旨岭村,主要分布于北岳恒山风景名胜区内,出露面积约 12km²,地层由老到新依次为中元古界长城系高于庄组、寒武系张夏组、崮山组、炒米店组,奥陶系冶里组、亮甲山组、三山子组、马家沟组,以及石炭系—二叠系太原组。该地貌主要由峰丛组成,同时伴生峡谷、叠层石等亚类地质遗迹景观。

峰丛(图 4-21):恒山北坡出露高于庄组一至三段地层,一段为含燧石条带白云岩,二段为薄板状薄层白云岩,三段为巨厚层灰白色白云岩。恒山北门海拔 1240m,主峰海拔 2016m。

图 4-21　恒山北坡峰丛

石林:沿恒山北门入口至海拔 1700m 之间均有大量分布,相对高差约 500m,主要发育于三段厚层白云岩形成的陡坎顶部(图 4-22)。柱体高度 10~30m,直径 2~10m,象形石发育。

金龙峡:其南端为恒山水库,北端至唐家庄村,西侧为悬空寺,东侧为恒山景区主峰(图 4-23)。峡谷两侧均为寒武纪—奥陶纪灰岩。峡谷总长约 1.4km,北低南高,整体呈"V"形,谷底宽 20~140m,谷肩高约 300m,形成了形胜龙门、雄似剑阁的绝塞天险,自古为南北交通的"咽喉"(图 4-24、图 4-25)。

叠层石:恒山景区较为著名的景点"果老仙踪"(图 4-26)为灰岩层面上的坑洞,被后人传为张果老的驴蹄印。它位于崮山组中,岩性主要为薄板状泥晶灰岩、竹叶状灰岩及大量的灰黄绿色页岩,同时含多层厚层藻礁灰岩。坑洞出现在厚层藻礁灰岩顶部,其长短轴无规则排列,最大的 45cm×30cm,深 15cm,最小的 5cm×10cm,共有 16 个坑洞。经研究认为,该处由一系列的锥柱状叠层石组成,而"蹄印"则位于叠层体间的公共连接层上,由较薄的连接层在干燥脱水后受到不均衡压力所致,是与叠层石有成因联系的地质遗迹。此外,恒山北坡峰丛的高于庄组一段和三段也发育大量精美的叠层石(图 4-27)。

图 4-22　恒山北坡石林

图 4-23　恒山主峰及周边景观

图 4-24　恒山南坡陡崖

图 4-25　金龙峡

图 4-26　崮山组生物礁——"果老仙踪"

图 4-27　高于庄组叠层石

人文景观：北岳恒山，素有"人天北柱""绝塞名山"之美誉，与东岳泰山、西岳华山、南岳衡山、中岳嵩山并称为"五岳"，为中国地理标志，是道教主流全真派圣地。恒山现有全国重点文物保护单位 1 处、山西省重点文物保护单位 8 处、县级重点文物保护单位 40 多处。许多文物古迹的结构、造型、装饰、雕刻、彩画等方面在中国古建筑史上有着重要地位和文物价值，许多文物均有极高的科研价值和艺术观赏价值。特别是罕见的北魏高空古建筑，国内少有的佛、道、儒三教合一的独特寺院，国之瑰宝，举世闻名的悬空寺。

研学点 2　浑源悬空寺剖面

浑源悬空寺剖面位于大同市浑源县永安镇悬空寺旁，根据《山西省岩石地层》，浑源悬空寺剖面为崮山组、炒米店组、冶里组次层型剖面。该剖面总厚 667.8m，自下而上包括寒武系馒头组、张夏组、崮山组，寒武系—奥陶系炒米店组，奥陶系冶里组、亮甲山组、三山子组及马家沟组，1992 年由武铁山、吴洪飞测制。

崮山组厚 136.9m，岩性主要为薄板状泥晶灰岩、竹叶状灰岩及大量的灰黄绿色页岩，同时含多层厚层藻礁灰岩及数层紫红色页岩。崮山组与下伏张夏组为整合接触，与上覆炒米店组为整合接触，有三叶虫产出。炒米店组厚 25.5m，岩性为厚层状泥晶灰岩、礁灰岩，地貌上形成陡坎。炒米店组与下伏崮山组整合接触，与上覆冶里组整合接触。冶里组厚 44.9m，岩性主要为薄层或薄板状灰岩、竹叶状砾屑灰岩，灰绿色、灰黑色页岩夹礁灰岩。冶里组与下伏炒米店组及上覆亮甲山组均为整合接触，地貌上表现为上、下两个陡坎间的缓坡，该组古生物化石较多，主要有笔石、三叶虫、头足类、腕足类等。

研学点3　　浑源千佛岭花岗岩地貌

千佛岭花岗岩地貌位于大同市浑源县千佛岭乡黑狗背村一带，属于恒山风景区千佛岭景区。该花岗岩为早白垩世黄土坡超单元侵入体，其整体为一规模较大的岩株，平面上呈椭圆形（左耳状），北西-南东向长 9km，宽 6km，面积 43km^2，岩性主要为黑云母花岗岩，距今约 130Ma。

千佛岭花岗岩（图 4-28、图 4-29）呈灰黄色，质地坚硬，节理发育，常形成奇峰、峭壁、象形石等，主要集中在千佛岭、莲花山、明石尖等处（图 4-30～图 4-32），整个岩体犹如一幅天然画卷，远望气势磅礴、雄浑苍劲，近看有另一番趣味，高山、洼地、沟壑都自然成型，天然成趣。

图 4-28　中粗粒黑云母花岗岩

图 4-29　中细粒黑云母花岗岩

图 4-30　节理剥离面

图 4-31　千佛岭北峰——五指峰

图 4-32　莲花峰

3）备选研学点介绍

备选研学点 1 天镇地热井

天镇地热井（图 4-33）是我国中东部首个高温地热发电项目（齐琛冏，2021），位于山西省大同市天镇县。该项目基地回灌试验井已成功成井，深度达到 222.24m。目前，项目正在进行抽水试验和回灌试验。天镇高温地热资源的发现，颠覆了传统理论中"内陆地区没有高温地热资源"的观念。该项目一期占地 50 亩（1 亩≈666.67m²），设有勘查井场区、发电机组场区、水处理区和地热连栋温室大棚等。其中，1 号试验机组装机容量为 300kW，2 号试验机组装机容量为 280kW。2021 年 1 月 25 日，基地揭牌暨试验电站启动仪式在大同举行。在该项目中，高温地热流体的井口温度高达 160.2℃，最大流量达到 231.15m³/h，每年可利用的热能量为 11.45×10^8 MJ。这相当于每年可以持续不断地供给 3.9 万 t 煤炭产生的热量。按照 1t 标准煤发电 8141kW·h 来计算，这个数字非常可观。此外，高温地热能科研示范试验电站试发电成功。

图 4-33 天镇地热井

备选研学点 2 天镇武家山恐龙化石产地

天镇白垩纪恐龙化石产地位于大同市天镇县贾家屯乡武家山村。该区恐龙化石产出的地层为上白垩统灰泉堡组，其不整合于太古宇集宁群或中元古界长城系高于庄组之上，伏于中新统汉诺坝玄武岩之下，按其岩性可分为两段：一段为灰白色、紫色厚层—巨厚层砂质砾岩与暗紫色、紫红色含砾粉砂质泥岩和泥岩呈不等厚互层，夹灰绿色、黄绿色细砂岩，底部砾石中含蜥脚类华北龙（*Huabeisaurus* sp.）和似山东龙（cf. *Shantungosaurus* sp.）；二段为紫红色、暗紫红色及砖红色粉砂质泥岩、钙质泥岩和灰色、灰白色含砾岩屑粗砂岩及中细粒砾岩夹灰色、黄灰色薄层砾岩，顶部夹煤线。下部紫红色钙质泥岩中含极为丰富的恐龙化石，如蜥脚类不寻常华北龙（*Huabeisaurus allocotus*）、兽脚类似甘氏四川龙（cf. *Szechuanosaurus campi*）、甲龙类杨氏天镇龙（*Tianzhensaurus youngi*）及鸭嘴龙等。

巨龙类和甲龙类化石在华北地区发现较少，通过对该地晚白垩世恐龙动物群的深入研究和对比，对巨龙科、甲龙科及其共生动物群的组成性质、演化、分布、迁徙、动物地理区的划分，以及探讨白垩纪末期恐龙的灭绝等方面均具有重要的科学意义。不寻常华北龙(图 4-34)、杨氏天镇龙等都为国家一级重点保护古生物化石。2016 年,山西省博物馆又报道了一鸭嘴龙超科恐龙新属种:天镇大同龙(*Datonglong tianzhenensis*)。此外,他们还发现了几块特暴龙的上颌骨和牙齿化石。

图 4-34　天镇白垩纪不寻常华北龙骨架

备选研学点 3　　天镇赵家沟大同玉

大同玉(图 4-35)主要产自山西省大同市,并以此得名,又称大同白玉或白玉石,是特产于山西省大同市天镇县的一种上等玉石,部分被誉为"玉中之王",具有悠久的历史。

在大同市天镇县、阳高县一带分布着 30 余座死火山群,以天镇县赵家沟吉地山为代表的死火山群,形成了散状分布的石玉资源。除了天镇县赵家沟,在灵丘县、阳高县、浑源县、左云县、新荣区的河流沟壑也有发现。2011 年大同市观赏石协会为这些玉石申请注册了"大同玉"的商标,2012 年大同市政府发文为这些玉石起名为"大同玉",在 2020 年山西省市场监督管理局发布的《大同玉》(DB14/T 2052—2020)中,它被正式命名为"大同玉"(黄思敏和郭云鹏,2022)。

大同地处山西省北部,是我国重要的能源产地之一,珠宝玉石文化氛围浓厚。大同市天镇县、阳高县等地相继发现大同玉石矿,但是目前开采和利用水平、宝玉石行业发展水平较低,大同玉中的紫色品种尤其具有较高的经济价值(张睿,2023)。

大同玉是在寒冷、干燥、多风的高原气候下产生的,不容易失水。大同玉质地细腻,晶莹剔透,特别是大同紫玉,雍容典雅,浓艳纯正,品质优良,在我国的元代,大同玉就是皇室的贡品,明代《天工开物》对大同玉是这样记载的:今京师货者多是大同、蔚州、宣府所产。清代乾隆年间就开始大规模地开采和加工。其所产的碧石被加工为朝珠,供大臣佩戴,大同艺人雕刻的精美鼻烟壶和烟嘴,在京城为王公贵族所喜爱,并出口到法国等地。也就是说,元、明、清以来大同玉有被开发及加工的历史,具有相当厚重的历史沉淀,在北京博物馆就能看到用大同产地的玉做的清代鼻烟壶。

图 4-35　大同玉样品(据张睿,2023)

备选研学点 4　左云辛窑沟恐龙化石产地

左云辛窑沟恐龙化石产地位于大同市左云县张家场乡辛窑沟村及塔南沟村。恐龙化石发现于上白垩统助马堡组中。其岩性主要为暗紫红色砂质泥岩夹灰白色砂岩及绛紫色泥岩、灰绿色泥岩等。早期杨钟健先生报道了姜氏巴克龙(*Bactrosaurus johnsoni*)、戈壁微角龙(*Microceratops gobiensis*)、蒙古疾走龙(*Velociraptor mongoliensis*)等。近几年,山西自然博物馆(原为山西地质博物馆)在此地发掘出大量恐龙化石,主要有巨龙类、鸭嘴龙类和剑龙等。其中已命名了 2 种新的鸭嘴龙:大同云冈龙(图 4-36)和黄氏左云龙。

左云辛窑沟发现的大同云冈龙及黄氏左云龙是在我国山西晚白垩世早期发现的鸭嘴龙新属新种,是白垩纪劳亚古陆上群居的可以两足行走的大型草食性恐龙。它们已经进化成具有鸭嘴一样的喙和马一样精密磨削的白齿的鸭嘴龙类,其发现有助于阐明鸭嘴龙科的起源和演化,而其沉积环境为干旱—半干旱条件下的扇三角洲。

图 4-36　大同云冈龙骨架

备选研学点 5　晋华宫国家矿山公园

晋华宫国家矿山公园位于山西省大同市大同煤矿集团有限责任公司（简称同煤集团）晋华宫矿，于 2005 年 8 月由国土资源部审批通过，2012 年 9 月 7 日建成开园，成为我国首批国家矿山公园之一。晋华宫国家矿山公园是国家及省市重点支持的云冈域旅游景点配套项目，同煤集团以晋华宫矿"煤都井下探秘游"项目为依托，凭借与云冈石窟隔河相望的地理位置，依靠悠久的采煤历史文化和罕见的侏罗纪煤层地质奇观，取得了国家矿山公园建设资格，并入选首批《国家矿山公园名录》。

该公园的主要遗存有 1945 年由国外制造的大型绞车、日本侵华时期掠夺山西煤炭所建的大斗沟石头窑、阎锡山为在晋北地区开发煤炭设立的晋华公司遗址、日本帝国主义侵占大同时期残酷迫害煤炭工人的"万人坑"遗址。公园总面积 32.9 万 m^2，拥有煤炭博物馆、工业遗址参观区、仰佛台、晋阳潭、石头村、井下探秘游、棚户区遗址七大景区，是一座集旅游观光、煤炭科普教育、工业忆旧、探险体验、休闲度假、环境保护于一体的大型现代工业文化景观旅游公园。该公园的地学研学内容主要如下：

首先，公园内的煤炭博物馆是一座集科学性、知识性、观赏性和趣味性于一体的大型地质矿山博物馆，展示了煤炭的形成、煤的开采、煤的利用、煤的文化和煤企发展等方面的内容，是了解煤炭地质学、矿床学和煤炭工业发展史的重要场所。

其次，在井下探秘游项目中游客可以深入地下300m的井下开采工作面，亲身感受侏罗纪煤系的世界。通过参观，可以学习到矿井地质、地下水文、矿井构造等方面的知识，同时也能了解现代采煤技术的发展和应用。

此外，晋华宫国家矿山公园还涵盖了地质环境保护、生态恢复和绿色矿山建设等方面的内容，通过对这些内容的研学，游客可以更好地理解地质环境保护和资源可持续利用的重要性。

总之，晋华宫国家矿山公园的地学研学内容丰富多样，既有理论知识的学习，也有实践体验的机会，为游客和学者提供一个了解煤炭地质学、矿床学和矿业文化的平台。

4.2 朔州市地学研学路线

● **路线3：朔州市右玉县地学研学路线**

1. 行政区划范围

路线3分布于朔州市右玉县境内。

2. 研学路线组成

研学路线包括右玉火山颈群1处地质遗迹景观研学点；杀虎口、右玉植树造林成果2处其他自然文化景观研学点；朔州广武城、平朔安太堡露天煤矿2处备选研学点。

3. 研学路线主题

以"火山岩与火山机构地貌"为主题，学习火山岩鉴定、火山机构识别及火山作用，以及"走西口"文化和右玉精神。

4. 研学目标与核心研学内容

(1) 认识火山岩。
(2) 识别火山地貌（火山机构）。
(3) 了解"走西口"文化。
(4) 学习右玉精神。

5. 科学或实践互动内容

1) 问题思考

 右玉火山颈群

(1) 火山地貌的具体类型有哪些，包括火山锥、熔岩台地、火山口湖、火山通道、火山颈等？

（2）玄武岩柱状节理的形成机制是什么，包括冷却过程中的力学作用？

研学点 2　杀虎口

产生"走西口"这一历史现象的原因是什么，包括社会经济压力和生态环境恶化的影响？

研学点 3　右玉植树造林成果

今夕对比，植树造林对右玉地区的生态环境和社会经济发展产生了哪些具体影响？

2）研学点介绍

研学点 1　右玉火山颈群

山西右玉火山颈群国家级地质公园位于朔州市右玉县，总面积185.11km²，于2018年1月由国土资源部授予国家地质公园建设资格，包括牛心山景区（图4-37）、大南山景区和小南山景区。公园内主要地质遗迹为中新世的内陆溢流型玄武岩地貌及其后期风化残余地貌（玄武岩残颈锥、玄武岩脉和玄武岩剖面等），其他地质遗迹有助马堡组地层剖面、汉诺坝组剖面、溢流玄武岩剖面（翻花玄武岩、结壳玄武岩剖面）、侵入岩剖面、玄武岩柱状节理等。地质遗迹类型可以划分为地质剖面、地质构造、地貌景观、冰缘地貌、水体地貌和地质灾害遗迹景观六大类、12类、16亚类，共计109处。经评价，山西省地质遗迹包含国家级8处、省级17处、省级以下84处。

图 4-37　右玉牛心山

经与漳州、澎湖（台湾）、海口、北海、腾冲、六合、昌乐、大同等地质公园的火山地貌对比，其特点是火山颈残锥的分布呈带状，完整性和景观性较好，均发育形态、尺度不同的柱状节理（图4-38）；与残颈共生的熔岩层数、总厚度、剖面出露清晰，连续性好，景致壮观；残颈的围岩包括基底的含石榴石孔兹岩系、汉诺坝组玄武岩、含有爬行动物化石的白垩系河湖相沉积，出露丰富;所处气候带的塞外景观与公园交错共存,形成宏伟长城、古堡、烽火台,"右玉精神"的结晶——林、草、农田交织的下垫面,独具特色。

图 4-38　右玉玄武岩柱状节理及玉皇阁

右玉火山颈群和大同火山群是山西省北部两个显著的火山地质景观,是华北地区重要的火山活动证据,这两个火山群虽然相距不远,同属火山地质机构,但在形成时间、类型和特征等方面有所不同。

形成时期不同:右玉火山颈群形成于新生代新近纪晚期至第四纪;大同火山群主要活动时期为第四纪,较右玉火山颈群的活动更晚。地质结构和类型不同:右玉火山颈群主要由火山颈和火山岩构成,火山颈是火山活动后,岩浆在火山管道中凝固形成的;大同火山群包括火山锥和熔岩流等多种火山地貌,是一系列相对年轻的火山活动形成的火山锥和火山口湖等地貌。

规模和分布有差异:右玉火山颈群分布相对集中,主要在右玉县境内;大同火山群分布较广,包括大同市周边多个区域,如云冈区、南郊区等。科学研究和旅游开发程度不同:右玉火山颈群科学研究相对较少,旅游开发不如大同火山群;大同火山群由于地质地貌的多样性和保存状态良好,成为研究火山活动和旅游观光的重要地点。

总的来说,右玉火山颈群和大同火山群虽然在地质背景与岩石组成上有相似之处,但它们的形成时间、地质构造及地理分布等方面存在明显差异,各具特色。

研学点 2　杀虎口

杀虎口(图 4-39)位于山西省朔州市右玉县境内杀虎口村、晋蒙两省(区)交接处,北倚古长城,西临苍头河。作为一代雄关,闻名遐迩,已有 2000 多年历史。杀虎口是历史上的重要税卡,作为中国中原腹地与新疆、蒙古国、俄国贸易的必经之路,清极盛时期,关税日进"斗金斗银"。明清时期，杀虎口还成为晋商的发源地和主通道。曾经盛极一时的"大盛魁"商号的发祥地就在这里。另外，"走西口"中的西口，即是杀虎口。所谓"东有张家口，西有杀虎口"。作为古代的军事要塞和边贸重镇，杀虎口有较高的知名度和丰富的历史文化遗存。"走西口"不仅承载着晋商商帮的光荣与梦想、成长与艰辛，更铭写了山西人西口移民谋生的血泪悲情。杀虎口是明清山西历史的缩影，是中国近代金融贸易兴衰的实证（山西省文化和旅游厅，2020）。

图 4-39　杀虎口

研学点 3　右玉植树造林成果

右玉县位于山西省西北端，地处毛乌素沙漠边缘，大部分地区为黄土及风沙土覆盖。中华人民共和国成立之初，全县仅有残次林 8000 亩，林木绿化率不足 0.3%，土地沙化面积达 76%，自然灾害频发。

面对如此恶劣的自然环境，右玉人民没有妥协，毅然踏上防沙治沙、改善生态的漫漫征程。70 多年来，右玉县委、县政府领导班子一任接着一任干，换届不换方向、换人不换精神，带领全县人民大力植树造林、不懈绿化荒山，孕育出了"艰苦奋斗、自强不息、持之以恒、久久为功"的右玉精神。

防沙治沙是右玉精神的载体。从 20 世纪 50 年代的"哪里能栽哪里栽，先让局部绿起来"，到 60 年代的"哪里有风哪里栽，再把风沙锁起来"；从 70 年代的"哪里有空哪里栽，再把窟窿补起来"，到 80 年代的"适地适树合理栽，再把三松引进来"；从 90 年代的"乔灌混交立体栽，绿色屏障建起来"，再到 21 世纪的"山上治本立体化、身边增绿园林化、生态致富产业化、环境保护社会化"，全面加快林业建设由"绿"变"富"步伐……在防沙治沙实践中，右玉县准确把握塞北高寒风沙地区植树造林的特点和规律，不断完善绿色发展战略。

靠着一把铁锹两只手、镐头加窝头的啃硬骨头精神，2020 年，右玉县率先实现了全域宜林荒山基本绿化目标。全县沙化土地得到了有效治理，林业用地面积达到 168.62 万亩，林木绿化率升至 57%，草原综合植被盖度达 67%，城市建成区绿地率达 43.7%。沙尘暴天数减少 80%，地表径流和河水含沙量比造林前减少 60%，田间林网水分蒸发量比旷野年平均减少 8.8%。环境空气质量优良天数达到 322 天。

右玉县在树种选择、造林部位、造林方式、密度配置等方面积累了丰富的防沙治沙经验，形成了因地制宜、因害设防、适地适树、乔灌草结合、封管造并举、生物措施与工程措施相配套的网、带、片、乔、灌、草相结合的完整立体治沙模式(图4-40)。

图 4-40　右玉县三北防护林建设工程

如今，右玉县以境内的苍头河、李洪河、杀虎口等景区干道为轴，以高速公路和国道等交通主干线为框架，形成了高低错落、功能各异的生态植被系统，构筑起绿化带、生态园、风景线、示范片、种苗圃相结合的生态网络大框架。大力建设森林景观，构建起了城乡一体、多层次、立体化的生态屏障。乡乡设立管护站、村村配备护林员，形成了山山有人看、处处有人管的荒漠生态系统保护修复格局。

3）备选研学点介绍

备选研学点 1　朔州广武城

广武城，又名山阴城，位于山西省朔州市山阴县，是雁门关防御系统的核心地带。广武城历史悠久，是中原与漠北草原的交通要塞，不仅在历史上是军事战略要地，还是胡汉商贸互动的重要场所。广武城靠近雁门关，位于长城脚下(图4-41)，是古代中原王朝防御北方游牧民族侵袭的前沿阵地。这里的地理位置使其成为了古代中原地区与北方草原之间的交流通道，也是多次历史战役的发生地。

广武的古城遗址包括新旧广武城，其中旧广武村已被列为中国历史文化名村，这些遗址保存了大量的历史文物和建筑，是研究古代军事建筑和城市布局的宝贵资料。广武地区有大量汉代墓群，这些墓群分布广泛，共有288座，已于1988年被列为全国重点文物保护单位。这些墓群不仅反映了汉代的埋葬习俗，还展示了当时的社会结构和文化特征。

从春秋战国到汉代，广武城及其周边地区逐渐发展成为胡汉文化交融的地区。历史上的多次文化与军事交流，如赵武灵王的胡服骑射改革，都在这一地区留下了深刻的印记。广武

图 4-41　朔州广武长城

城因其地理位置，成为了民族融合的历史见证。这里不仅是古代汉族与北方民族军事对抗的场所，也是文化交流和民族融合的重要地点。

这些地学与人文历史的研学内容，不仅有助于学生和研究者更好地理解中国北方的地理战略和历史发展，也有利于深入了解中国古代的军事防御体系和文化交流情况。

备选研学点2　平朔安太堡露天煤矿

平朔安太堡露天煤矿（图 4-42）是中国最大的露天煤矿。平朔安太堡露天煤矿位于朔州市区与平鲁区交界处，总面积达 376km²，地质储量约为 126 亿 t。现为大型露天开采的煤矿。煤矿全部采用美国 CAT、日本小松、英国 P&H 等欧美国家的进口设备进行挖掘，实行全方位现代化管理。煤矿开工初期曾得到党和国家领导人邓小平的关心和重视，并在世界范围内引起轰动，为当时世界最大的露天煤矿。1984 年 4 月 29 日，中国煤炭开发总公司与美国西方石油公司在北京正式签订了合作开发平朔安太堡一号露天煤矿的协议，合作开采年限为 30 年。后因哈默去世，美方中止了合同，它成为我国自行开采的露天煤矿。

山西省平朔露天煤矿安太堡露天矿区是当年邓小平同志亲切关怀诞生的改革开放的"试验田"，它已经成为我国规模最大、现代化程度最高的煤炭生产基地之一。山西省平朔露天煤矿主要包括安太堡露天矿区和安家岭矿区。安太堡煤矿自 2002 年 6 月正式投产以来，2003 年就达到设计生产能力，生产原煤 1001 万 t，2005 年生产原煤 1501 万 t，并创造了最高日产 7.9 万 t 的纪录。它被煤炭工业协会评为"特级高产高效矿井"。

安家岭煤矿开采的原煤，都是侏罗纪时代产生的，共有 11 层，平均厚度 30m，深度在 100～200m 之间。煤的种类以气煤为主，主要作动力用煤和生活用煤，探明的储量按每年开采 1 亿 t 算，还可开采 200 年。

从 1994 年开始，山西平朔煤矿已经走过近 20 个年头，将土地复垦纳入整个矿区开采方案，通过高等院校、科研单位的规划设计和跟踪评估，加有资金保证及施工队伍，平朔矿区合理的"采、运、排、复垦一条龙"作业法，彻底改善了矿区的环境形象。矿区已复垦的 2000hm² 土地，生长着良好的牧草和树木，平朔煤矿的复垦效果能和原地貌保持一致，经验可作为样板向全国推广（图 4-43）。

图 4-42　平朔安太堡露天煤矿矿坑（2004 年）

图 4-43　安太堡生态矿区（2018 年）

平朔安太堡露天煤矿地学研学内容可围绕以下几个方面进行深入探讨。

地质背景：平朔安太堡矿区位于山西省北部，东邻黄土高原区，属于半干旱大陆性季风气候。矿区的土壤类型主要为栗钙土，母质包括黄土冲积、斜坡、冲积及区域风成沉积。

省内煤炭资源分布：可以详细介绍煤矿的地质结构，通过平朔安太堡煤矿推广到了解山西省内其他煤炭资源的分布情况，与区域煤炭地质特征进行比较。

矿场设计与开采技术：结合矿区规划，研究其巨大的露天煤矿开采坑（由安太堡、安家岭

和东路田三大矿组成)开采面积、煤层倾角、开采深度等重要参数。

生态与环境：探讨大型露天煤矿对生态环境的影响，包括地表植被破坏、土地退化和水土流失等问题，可深入分析采矿活动的环境成本及其生态恢复措施。

煤炭利用与能源转型：讨论平朔煤矿的煤炭产品如何被利用，以及它对中国能源产业结构、能源转型的影响。

通过上述研学内容，研学者不仅能够获得关于露天煤矿地质学的知识，还能增强对矿业生态影响、资源利用和能源政策等议题的理解。

4.3　忻州市地学研学路线

● 路线 4：忻州市五台山地学研学路线 1

1. 行政区划范围

路线 4 分布于忻州市五台县、繁峙县境内，为普通游客路线。

2. 研学路线组成

研学路线包括五台明月池平卧褶皱—五台山东台夷平面—五台山北台夷平面(冰缘地貌)—繁峙太平沟柏枝岩组剖面—繁峙茶坊角度不整合面(高于庄组剖面)5 处地质遗迹景观研学点；佛教(建筑)文化、五台黄土咀佛母洞、东台植被垂直分带 3 处其他自然文化景观研学点。

3. 研学路线主题

该路线以"地质构造—夷平面—变质岩—不整合面—冰缘地貌"为主题，学习褶皱构造的特征与类型，夷平面的特征、识别及其形成过程，变质岩的特征、类型与鉴定，不整合面的确定及成因，冰缘地貌的类型及特征，以及植被垂直分带。

4. 研学目标与核心研学内容

(1)认识褶皱构造。
(2)认识夷平面，并理解其形成过程。
(3)认识冰缘地貌。
(4)识别不整合面及其成因。
(5)认识并理解植被垂直分带。
(6)了解佛教文化。

5. 科学或实践互动内容

1)问题思考

研学点 1　五台明月池平卧褶皱

(1)识别褶皱的关键特征和方法是什么,包括背斜、向斜的形态和结构特征?

(2)褶皱的形成机制是什么,包括地壳水平挤压作用和岩层弯曲变形的过程?

研学点 2　五台山东台夷平面、亚高山草甸

研学点 3　华北屋脊——五台山北台夷平面(冰缘地貌、亚高山草甸)

(1)夷平作用的概念是什么,以及它在地貌演化中的作用机制?

(2)山西地区发育了几级夷平面,以及它们反映的地质历史和构造运动?

(3)五台山地区发育了哪些冰缘地貌类型,包括冻胀丘、石海、石河等冰缘地貌组合?

(4)全球和国家层面应对气候变化的"双碳"目标具体措施包括哪些,以及其科学依据和实施效果?

研学点 4　繁峙太平沟柏枝岩组剖面

研学点 5　繁峙茶坊角度不整合面(高于庄组剖面)

(1)识别角度不整合面的关键特征是什么,包括地层错断、接触角度和地层年龄的不连续?

(2)角度不整合面的形成机制是什么,包括地壳抬升、侵蚀作用和地层沉积的中断?

研学点 6　五台山(东台)植被垂直分带和生物多样性

(1)阔叶林、针叶林、亚高山草甸等植被生态系统如何参与"双碳"目标,包括碳汇功能和生物固碳作用?

(2)生物多样性、植被和水体保护对生态系统的健康、环境质量和经济发展的贡献是什么?

2)研学点介绍

研学点 1　五台明月池平卧褶皱

明月池平卧褶皱(图 4-44)位于忻州市五台县五台山国家地质公园台怀镇明月池西、大石线路边岩层断面上。平卧褶皱高 30m,长 50m,枢纽产状近水平,为典型的倒转褶皱。地质体岩性为四集庄组巨厚层砾岩,有一条厚度为 50cm 的石英岩脉体倾斜贯穿,与平卧褶皱两翼均有斜交。该褶皱两翼开口朝北,由此推断为由南向北的强应力推覆运动中形成。此处褶皱轮廓清晰,两翼与水平面有 20°的交角,层面特征保存完整,未受到后期构造运动破坏,靠近景区和公路易于参观。五台山变质岩区韧性剪切带、逆冲断层、叠加褶皱多期面理构造非常发育,岩层内广泛发育构造叠置和多期变形,大型平卧褶皱是其中的典型代表。

图 4-44　五台明月池平卧褶皱

研学点 2　　五台山东台夷平面

　　五台山东台夷平面(图 4-45)位于忻州市五台县台怀镇东 10km 五台山东台顶,五台山国家地质公园内,海拔 2795m,是五台山第三高的夷平面,夷平面残留面积约 60 000m²,是"北台期"夷平面的命名地,形成于白垩纪,是华北少有的北台期夷平面之一。东台夷平面地质体岩性为石咀亚群文溪组斜长角闪岩、角闪变粒岩,鸿门岩岩组绿泥片岩。东台顶望海寺占据台顶夷平面大部分面积。台顶边部缓坡上仍可见冻胀土丘、尖棱状石海(图 4-46)等冰缘地貌景观。

图 4-45　东台夷平面

图 4-46　东台冻胀土丘、尖棱状石海

冻胀土丘从2200m以上开始发育，海拔2750m以上密集发育。东台夷平面海拔2776m，冻胀土丘广泛发育，呈穹丘形，长20~50cm，高10~30cm，其上生长有蒿草、苔草、萎陵菜、珠芽蓼等植被，土层厚度达80cm以上（图4-47）。石海主要由绢英片岩、绿泥石英片岩、斜长角闪岩构成，砾径多为10~15cm，呈瓦片状，且被亚高山草甸覆盖。

图4-47　东台夷平面影像图

东台顶为亚高山草甸植被，主要群落有以北方蒿草草甸、北方蒿草、高山蒿草、苔草草甸、珠芽蓼为主的杂类草草甸和五花草甸。由于地处高寒，草本植物外形呈丘状，根系发达。

东台顶是五台山观日出的必选之地，而望日出中，又数"云海日出"最为壮观。夏日天气晴好时，黎明登临其上，可见云海尽头的红日喷薄而出。

研学点3　华北屋脊——五台山北台夷平面（冰缘地貌、亚高山草甸）

北台夷平面（图4-48、图4-49）位于忻州市五台县台怀镇北台顶。北台又名叶斗峰，海拔3061m，为五台最高峰，也是华北屋脊，华北残存的最古老、最高的夷平面，夷平面顶残留面积

$0.5 km^2$，是五台山地区保留夷平面面积最大、残留地形面最宽阔的典型代表，"北台期"夷平面的命名地。北台夷平面地质体岩性为石咀亚群文溪岩组斜长角闪岩、角闪变粒岩夹铁英岩。夷平面上亚高山草甸，奇花异草遍布，石海、石流坡、石环、冻胀石块、冻胀土丘等冰缘地貌交替出现。顶部还有一池天池水"热融湖"（图 4-50）。在长期的冰缘作用下，夷平面顶已经很难找到夷平过程中发育的砾石等沉积物。

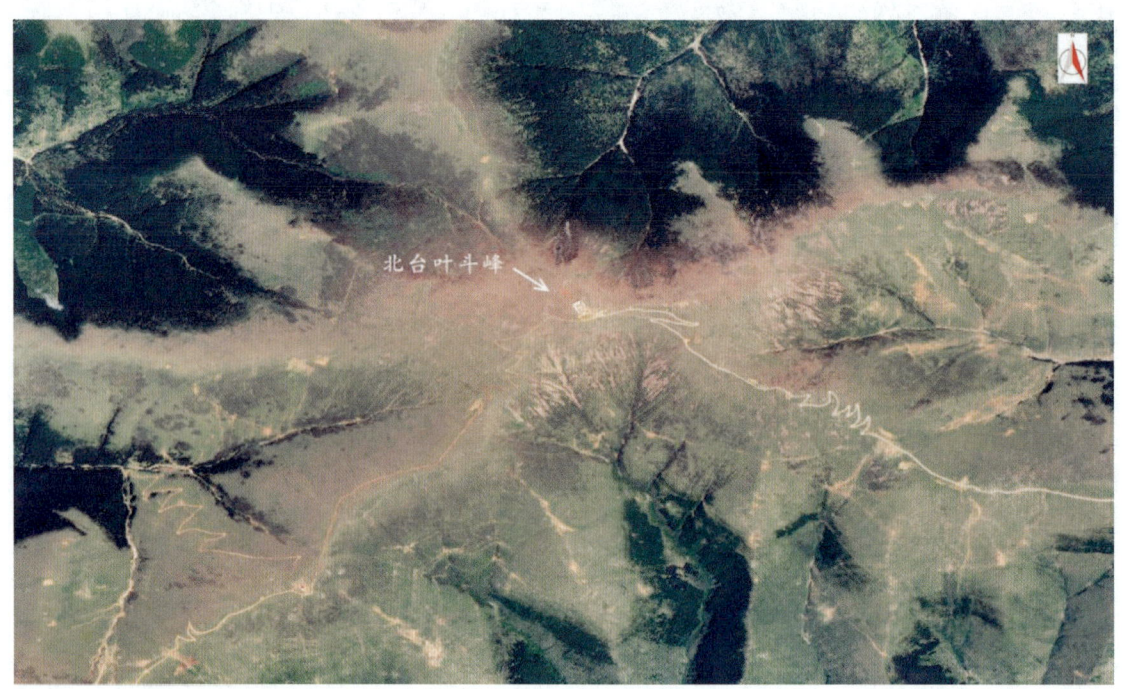

图 4-48 北台夷平面影像图

图 4-49 北台夷平面　　　　　　　图 4-50 北台热融湖

石海（图 4-51）：分布在夷平面顶平缓的坡面上，面积为几平方米到几十平方米，构成石海的石块呈棱角状，石块的大小受下伏基岩的岩性控制，在北台夷平面上斜长角闪岩、变粒岩构成的石块砾径多为 2~3 m。

石流坡：主要分布在北台夷平面北坡和西北坡，带棱角的、大小不等的岩屑连片地覆盖在坡度达 30 多度的基岩坡上，裸露的岩屑上没有任何植被生长。

石环：呈圆形、椭圆形，直径达 2~3m，四周由带棱角的石块构成，中间为黏土物质。

冻胀石块：北台夷平面到中台夷平面之间平坦分水岭上，发育大量的石多边形，直径 2~5m，由带棱角的石块构成，四周为亚高山草甸群落。由于冻胀抬举作用，部分巨大的石块成为竖立状态，而大部分石块平行于平坦的地面。

冻胀土丘（图 4-52）：冻胀土丘从 2200m 以上开始发育，在海拔 2750m 以上密集发育。北台夷平面海拔高达 3061m，冻胀土丘广泛发育，土丘呈穹丘形，长 20~50cm，高 10~30cm，其上生长有蒿草、苔草、萎陵菜、珠芽蓼等植被，土层厚达 80cm 以上。

图 4-51　北台石海

图 4-52　北台冻胀土丘

热融湖：由多年冻土的地下冰融化沉陷而形成洼地，又由冻结层融水和大气降水而形成湖塘。直径约 15m，水深几十厘米至一米多，为台顶上用水的唯一来源。

五台山古陆经过晚古生代至中生代近 4 亿年的风化剥蚀和侵蚀，在新生代早期的古近纪被夷平，已进入准平原化的状态，形成夷平面。而新近纪的构造运动则引起山体不断隆升，使古夷平面逐渐上升至现今高度。第四纪冰期，五台山受冰缘气候影响，产生冻融作用，使台顶受到改造，形成石环、石海、冻胀土丘等景观。

华北屋脊，登上北台犹如置身云山雾海，极为壮观，台顶石环、石海等冰缘地貌景观也让人称奇。北台于中生代隆升剥蚀夷平，新生代以来快速抬升，第四纪期间台顶受冰缘气候影响，冻融侵蚀形成冰缘地貌。著名的灵应寺修建于北台顶，灵应寺创建于隋代，坐北朝南。灵应寺经过多次重修，最近于 2001 年扩建重修，新建文殊殿 5 间、龙王殿 3 间及石牌坊 1 座，均为汉白玉石砌筑。北台夷平面保存完整，自然状态出露，除灵应寺占据一定面积外，其他地方均没有遭受破坏。

研学点 4　繁峙太平沟柏枝岩组剖面

繁峙太平沟柏枝岩组剖面（图 4-53）位于忻州市繁峙县柏家庄乡太平沟村南 200m。根据《山西省岩石地层》，繁峙太平沟柏枝岩组剖面为五台群柏枝岩组正层型剖面。1979 年，山西省地矿局区调队（简称山西区调队）雍永源、沈亦为测制该剖面。1980 年，山西省地质科学研究所晋北铁矿研究队李树勋、冀树楷等命名柏枝岩组。剖面位于繁峙县太平沟村南 200m 公路边，露头良好，延续性良好，标志层清楚，顶底界线清晰，表面轻度风化，风化面呈黄褐色。

图 4-53 繁峙太平沟柏枝岩组剖面露头和磁铁石英岩

柏枝岩组在该剖面出露第 1～13 层,总厚度 936m。柏枝岩组是文溪组绿片岩相变的产物,由绿泥片岩、绢云绿泥片岩、绿泥钠长片岩夹厚层稳定的磁铁石英岩、绢云片岩及绢英片岩组成,是五台山主要工业铁矿床的含矿地层。台怀亚群芦咀头组长石石英岩平行不整合覆盖于柏枝岩组之上,柏枝岩组角度不整合覆盖于下伏黑云片麻岩之上(韧性断层或侵入接触)。

研学点 5 繁峙茶坊角度不整合面(高于庄组剖面)

繁峙茶坊角度不整合面(图 4-54)位于忻州市繁峙县东山乡茶坊村,为中元古界长城系高于庄组角度不整合于中太古界五台群金岗库组之上。下部岩性为金岗库组角闪绿泥片岩,片理产状 83°∠11°,上部为高于庄组厚层白云岩,产状 309°∠16°,其间发育一层厚约 50cm 的古风化壳,高于庄组上部为含燧石条带的白云岩,含较多叠层石。该角度不整合体现了长城系高于庄组呈角度不整合在早前寒武纪变质岩基底之上,缺失近 10 亿年的沉积物,间断明显。

图 4-54 繁峙茶坊角度不整合面

该角度不整合是中元古界与早前寒武系之间的角度不整合面,是古元古代(2500～1800Ma)吕梁运动的典型代表,它是由李四光先生于1939年提出的"吕梁革命"演变而来的。当时,李四光先生在吕梁山北段睁乐县附近,看到寒武纪紫色页岩之下的石英岩不整合盖在变质岩之上。吕梁运动是华北板块上一次影响广泛的地壳变动。

吕梁运动期间,地壳发生了一次显著的水平挤压运动及伴随的升降运动。这种运动在地层中形成了一定的角度不整合面。这些不整合面反映了晚前寒武纪期间多次运动的叠加区。

吕梁运动在地质学上具有重要意义,它是地壳变动的典型代表。通过研究吕梁运动,我们可以更好地了解地壳变动的过程和机制。同时,吕梁运动的研究也有助于我们揭示中国大陆的形成过程和演化历史。

研学点6　五台山佛教文化(佛教建筑群)

五台山(图4-55)位于山西省五台县东北部,为中国四大佛教名山之一。

图4-55　五台山

五台山现存有唐代以来7个朝代的寺庙68座,其中有全国重点文物保护单位9处、省级文物保护单位6处。主要有唐代建筑南禅寺、佛光寺,宋代建筑洪福寺,金代建筑延庆寺、岩山寺,元代建筑广济寺、三圣寺,明代建筑殊像寺、显通寺、塔院寺、圆照寺、碧山寺等,清代建筑菩萨顶、镇海寺,以及民国建筑南山寺、普化寺、龙泉寺、金阁寺、尊胜寺等。这些规模宏大的古建筑群,反映了自唐代以来中国各个时期佛教建筑文化,是研究中国古代佛教建筑艺术的活标本,在中国乃至世界建筑史上占有十分重要的地位。

五台山保存有自北魏以来的各种形制佛塔150余座;保存有自唐代以来的佛教造像146 000余尊,以南禅寺和佛光寺唐代彩塑、殊像寺明代悬塑为代表的五台山佛教雕塑是我国雕塑艺术方面的杰出代表作;保存有自唐代以来的壁画2 380.1m²,最具代表性的有佛光寺东大殿的唐代壁画和文殊殿的明代罗汉壁画。

五台山早在北魏时期就已成为皇家道场,自北魏孝文帝开始,1000多年来共5个朝代9位皇帝18次至五台山朝山拜佛。现存大量皇家道场的物质遗存,包括各朝皇帝撰文碑碣40余通、题匾赐额67块、御制诗词300余首。

研学点7　五台黄土咀佛母洞

佛母洞(图4-56)位于忻州市五台县台怀镇五台山景区,五台山国家地质公园内,属于碳酸盐岩地貌(岩溶地貌)遗迹亚类,遗迹时代为古元古代。

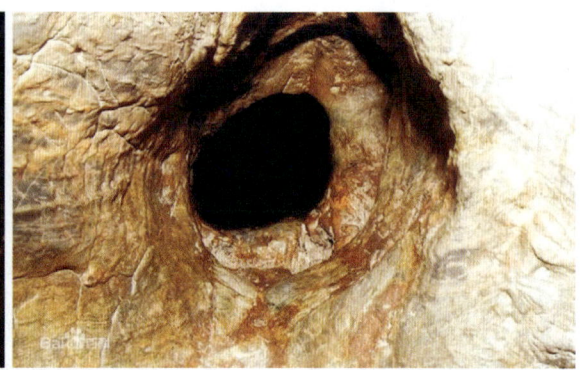

图4-56　佛母洞

佛母洞又称千佛洞,分内、外两洞,外洞大而明,内洞小而幽,洞口海拔1926m,中间有一个扁圆形孔穴相通,基岩为南大贤组含燧石条带白云岩,发育叠层石。内洞中,可以容纳5~7人。内洞的洞壁上,顺着节理有水流灌入,长期发展形成石笋、石钟乳,其夹有各种色质,犹如人体的心肝五脏,洞形又呈葫芦形状,后人便称之为母腹。

佛母洞为山西时代最老、海拔最高的溶洞,并有丰富的佛教文化传说,为五台山景区内知名的景点之一。佛教宣扬进入小洞就是投胎佛母,受其恩育,复出小洞就是洗掉人生一切烦恼,获得无上欢乐。

研学点8　五台山(东台)植被垂直分带和生物多样性

五台山发育有良好的山地植被垂直谱带(图4-57)。由于五台山海拔高差很大,从最高处北台顶的3061m,到最低处滹沱河出境处海拔624m,相对高差达2437m。形成了比较完整的山地植被垂直谱带。从山下一路攀登,直到台顶,会经过海拔800~1300m的草丛、灌草丛及农耕带,1300~1800m的山地落叶阔叶灌丛及森林带,1800~2200m的针叶阔叶混交林带,2200~2600m的寒温性针叶林带,2400~2800m之间的亚高山灌丛及草甸带,2800m以上的亚高山草甸带(郑庆荣等,2018)。

五台山是丰富的生物多样性储存库。五台山蕴藏着丰富的动植物资源,有维管束植物

图 4-57　东台植被垂直谱带

97 科、354 属、595 种。其中蕨类植物 10 科、16 属、22 种,裸子植物 3 科、6 属、7 种,被子植物 84 科、332 属、566 种。仅亚高山草甸自然保护区内的高等植物就有 58 科、192 属、312 种,其中草本植物 268 种,乔木灌木和木质藤本植物 44 种。有鸟类 16 目、36 科、142 种,兽类 6 目、19 科、41 种。有资料记载的山地昆虫 117 种(郑庆荣等,2018)。

路线 5:忻州市五台山地学研学路线 2

1. 行政区划范围

路线 5 分布于忻州市五台山境内,为地质科考路线。

2. 研学路线组成

研学路线包括五台铁堡不整合面—五台回龙底村河边村组叠层石—五台班老窑滹沱群剖面—五台香炉石崩塌 4 处地质遗迹景观研学点;清凉石(清凉寺)1 处其他自然文化景观研学点;五台石咀金岗库组剖面 1 处备选研学点。

3. 研学路线主题

以"变质岩地层—不整合面—叠层石—崩塌地貌"为主题,学习变质岩地层的识别与变质岩的鉴定,不整合面的特征、识别及成因,古生物叠层石的特征与识别,崩塌地质灾害的形成机制、产物及其防治。

4. 研学目标与核心研学内容

(1) 认识五台群地层、岩石。
(2) 识别不整合面及其成因。
(3) 认识叠层石及其成因。
(4) 认识滹沱群地层、岩石。
(5) 认识崩塌的特征，理解其形成机制。
(6) 了解崩塌地质灾害的防治。

5. 科学或实践互动内容

1) 问题思考

研学点 1　五台铁堡不整合面

(1) 角度不整合的形成机制是什么，包括地壳抬升、侵蚀作用和地层沉积的中断？
(2) 逆冲推覆构造的识别特征有哪些，包括地层错断、重复和变形特征？
(3) 韧性剪切带的特征是什么，包括岩石变形、变质作用和构造应力的指示意义？
(4) 五台铁堡不整合面的地质意义是什么，包括地层缺失、构造运动和古地理环境的指示？

研学点 2　五台回龙底村河边村组叠层石

研学点 3　五台班老窑—殊宫寺滹沱群剖面

(1) 叠层石的识别特征是什么，包括层状结构、生物沉积特征和微体化石的存在？
(2) 叠层石的环境指示意义是什么，包括古环境重建、生物演化和地球化学过程？
(3) 野外识别各类沉积岩的关键特征是什么，包括岩石的结构、成分和成因？

研学点 4　五台香炉石崩塌

研学点 5　清凉石（清凉寺）

(1) 崩塌的形成机制是什么，包括岩体失稳、重力作用和触发因素？
(2) 判断崩塌地质灾害危险程度的依据是什么，包括岩体稳定性分析、地形地貌和历史灾害记录？
(3) 防治崩塌地质灾害的具体措施有哪些，包括工程加固、植被恢复和监测预警系统？
(4) 四集庄组砾岩的成因和特征是什么，包括沉积环境、岩石组成和成岩作用？

备选研学点 1　五台石咀金岗库组剖面

(1) 金岗库组中"下部富铁、上部富铝"的成因是什么，包括古海洋环境和沉积作用？
(2) 地层不整合接触关系的判别标志有哪些，包括地层年龄、岩石类型和构造特征？

2) 研学点介绍

研学点 1　五台铁堡不整合面

五台铁堡不整合面（图 4-58）位于忻州市五台县金刚库乡铁堡村东，遗迹亚类为不整合面,遗迹时代为古元古代/新太古代,为滹沱群板峪口组角度不整合于阜平群之上,不整合面出露面积约 50 000m²,延伸长度约 500m。不整合面露头出露良好,界线清晰可见。铁堡不整合面之上板峪口组底部为一套浅肉红色—黄白色厚层含砾长石石英岩,岩性坚硬,延伸稳定,地貌上呈陡崖,产状倾向 265°,倾角 20°。不整合面之下阜平群为黑云斜长片麻岩、角闪斜长片麻岩夹透闪大理岩,褶皱发育,产状倾向 238°,倾角 39°。

图 4-58 五台铁堡不整合面

该处为铁堡不整合的命名地,是华北吕梁期早期广泛而强烈的构造运动,改变了以前的海陆格局和分布。铁堡不整合面曾被认为是五台群与阜平群之间的不整合面,但是经过多年的工作发现,原五台群板峪口组实属滹沱系谷泉山组—盘道岭组,五台群金岗库组以吕梁晚期韧脆性剪切带逆冲推覆在谷泉山组之上,故铁堡不整合为滹沱群与阜平群的角度不整合。该点保存完整,不易遭受破坏,位于五台山国家地质公园内,未采取任何保护措施。

铁堡不整合是五台山一带显著的地质事件,标志着华北克拉通从太古宙到元古宙的转折,是"五台运动"的关键证据。

"五台运动"发生在约 18 亿年前,这一地质事件对华北克拉通的形成与演化具有重大的地质意义。铁堡不整合面以下的地层为太古宙地层,其上为元古宙地层。该不整合面揭示了华北克拉通南缘在新太古代至元古宙早期经历了明显的地壳活动,导致了原有沉积层系的局部或全面剥蚀,并形成新的沉积序列。

研学点 2 五台回龙底村河边村组叠层石

五台县灵境乡回龙底村主要出露滹沱群河边村组,厚 653m,以白云岩、含燧石条带白云岩为主，富含叠层石（Stramacolumna f.、Zhongtiaoshanella f.；图4-59）；底部夹石英岩及少量板岩（千枚岩），近顶部夹一层变基性火山岩，与下伏纹山组平行不整合接触，与上覆建安村组整合接触。

图 4-59　叠层石

研学点 3　五台班老窑—殊宫寺滹沱群剖面

该剖面滹沱群发育较为齐全，主要包括青石村组（图4-60、图4-61）、纹山组（图4-62）、河边村组、大关山组、槐荫村组、北大兴组、红石头组等，还出露典型的刘定寺火山岩、马头口火山岩（图4-63）和殊宫寺砂岩等（图4-64）。该剖面组与组之间界线明显，叠层石发育，且沿公路沿线分布，极利开展地质实习和地学研学。

图 4-60　班老窑滹沱群剖面——青石村组

图4-61 青石村板岩

图4-62 纹山组白云岩

图4-63 马头口火山岩

图4-64 磁铁石英岩

该剖面保留了中国最古老的红层和大量的沉积构造,具体包括波痕、泥裂、斜层理、雹痕和岩盐假晶等,这些特征对研究地质历史时期的古环境变迁和古地理特征具有重要意义。

最古老的红层:五台班老窑—豆宫寺滹沱群中的红层为中国最古老的红层,红层的形成与区域构造活动密切相关,多发育在大型盆地的坳陷或中小型盆地的断裂中;这些红层的形成和演化过程能够反映当时地球大气和生物圈的相互作用、氧气水平的变化,以及干旱气候条件等重要的古环境信息。

波痕:波痕是古水动力条件下形成的底部沉积构造,反映了当时水流的方向、速度和水体的流深,对研学古沉积环境下的流体动力学特征具有重要意义。

泥裂:泥裂构造通常是在泥质沉积物表面干裂形成的,表明古沉积环境出现了干燥和/或季节性干旱,是理解古气候变化的重要线索。

斜层理:斜层理是在沉积物沉积过程中由水流影响而形成的,是研究沉积物传输和沉积作用的关键构造,可以揭示沉积环境的动力条件。

雹痕:雹痕是指因冰雹、雨点等直接打击沉积物软泥表面而形成的圆形或半圆形的小坑,是解析古气候和古降水特征的依据。

岩盐假晶:岩盐假晶通常在蒸发岩层中发现,它们的存在指示了早期地球表面水体受到高度蒸发,这样的特征在揭示海相环境蒸发作用及其对沉积物组成的影响方面具有研究价值。

五台班老窑—殊宫寺滹沱群地层剖面的地学研学内容涵盖了古环境重建、沉积学、古气候学等多个方面，通过研究这些沉积构造和古红层，科研工作者和地学教育者可以更加深入地认识和理解华北地区乃至全球早期地球环境与生物圈演变的历史。

研学点 4　　五台香炉石崩塌

五台香炉石崩塌（图 4-65、图 4-66）分布于五台县香炉石村—红石头村之间，五台山国家地质公园内，露头长度约 1.5km，崩塌岩块遍布于山坡及山脚，出露良好。基岩为郭家寨亚群红石头组燧石角砾岩。因为村旁有一直插云天的红石奇崖，也就是崩塌体与坡体分离后形成的崩塌面陡崖，由此而得名红石头村。香炉石村的村前河心有一很大的孤石，为崩塌形成的大型崩塌体岩块，形似香炉，上面生长着一株挠胡疙针，如燃香，村名由此而得。崩塌体岩块已遭受风化作用，色泽不再新鲜，倒石堆表面为细小岩屑，并发育了土壤，大部分生长着草与灌木，表层碎屑已开始发生固结，说明崩塌已经停止，总体趋于稳定。

图 4-65　香炉石崩塌全景

图 4-66　香炉石崩塌

香炉石崩塌的岩块呈肉红色不规则棱角状。直径从数十厘米到 20 余米不等，红石头组中垂直节理发育，贯通性好，所以岩石极易崩塌，山脚有公路通过，是地质灾害隐患点。该遗迹为山西省北部唯一的嶂石岩崩塌地貌。

研学点 5　　清凉石（清凉寺）

清凉寺位于台怀镇西南上瓦厂村东北的清凉谷中，海拔1800m，距台怀镇15km，是五台山著名的古刹。传说是清代顺治皇帝出家的地方，寺内因有著名的文殊圣迹"清凉石"而得名，佛教传说，文殊菩萨曾于清凉石上讲经说法，因此也称曼殊床。

清凉石（图4-67）实际上是由滹沱系四集庄组变质砾岩构成的，形成于25亿年前或稍晚，来源于东侧山体的崩塌作用，被建寺时巧妙利用而保留于寺庙院内，成为镇寺之宝。类似于清凉石这类的变质砾岩在清凉沟中广为分布，在五台山北坡，中台、西台顶，镇海寺等地方均可见到。四集庄组是一套变形的变质砾岩，其成分包括TTG片麻岩、变质辉长岩、变质基性火山岩、石英岩等，是典型的磨拉石建造。

图4-67　清凉石

3）备选研学点介绍

备选研学点 1　　五台石咀金岗库组剖面

五台石咀金岗库组剖面（图4-68）位于忻州市五台县石咀乡西公路边，五台山国家地质公园内，属于层型（典型）剖面遗迹亚类，遗迹时代为新太古代。

图4-68　五台石咀金岗库剖面露头

该剖面为金岗库组层型剖面,于1963年由徐朝雷、王立新测制。剖面位于五台县石咀村西公路边,剖面出露良好,顶底界线清晰,标志层清楚。剖面共分为15层,总厚度为1 014.92m(1∶25万忻州市幅重测为20层,厚度为1 064.9m)。

金岗库组为五台山区石咀亚群最下部的组级岩石地层单位,下部以斜长角闪岩为主夹多层磁铁石英岩,中部出现较多的黑云变粒岩,上部出现二云石英片岩,显示了下部富铁、上部富铝的特点。剖面底部出露一套厚度33.54m的细粒黑云斜长片麻岩夹斜长角闪岩、磁铁石英岩,与下伏厚层黑云斜长片麻岩侵入体呈不整合接触关系,剖面顶部以一套厚度1.09m的糜棱岩化磁铁石英岩与上覆豆村亚群谷泉山组长石石英岩呈平行不整合接触。

路线6:忻州市宁武县地学研学路线

1. 行政区划范围

路线6分布于忻州市宁武县境内。

2. 研学路线组成

研学路线包括宁武冰洞—宁武芦芽山花岗岩地貌—五寨荷叶坪夷平面—宁武天池高山湖群—宁武雷鸣寺泉5处地质遗迹景观研学点;马仑草原(亚高山草甸)—荷叶坪亚高山草甸—汾河源头3处其他自然文化景观研学点;系舟山逆冲推覆构造、忻州禹王洞岩溶地貌、原平天涯山花岗岩地貌3处备选研学点。

3. 研学路线主题

以"冰洞—花岗岩地貌—夷平面—湖泊—泉—植被垂直分带"为主题,学习冰洞的形成、花岗岩的鉴定与花岗岩地貌的形成、夷平面的识别及其形成机制、高山湖泊的类型与成因、泉水的分布与补给、植被垂直分带的特征与影响因素。

4. 研学目标与核心研学内容

(1)认识冰洞及其形成。

(2)认识花岗岩类岩石和花岗岩地貌。

(3)理解花岗岩地貌的形成过程。

(4)认识夷平面并理解其形成机制。

(5)认识天池高山湖泊类型、特征、排泄及成因。

(6)认识泉水和地下水的分布、形成及运移特征。

(7)认识、理解芦芽山植被垂直分带。

5. 科学或实践互动内容

1)问题思考

研学点 1 宁武万年冰洞

(1)岩溶洞穴转变为冰洞的特定条件是什么,包括温度、湿度和洞穴结构?

(2)确定冰洞形成年代的科学方法有哪些,包括冰芯测年、放射性同位素测年和冰洞沉积物分析?

研学点 2 宁武芦芽山花岗岩地貌

(1)花岗岩地貌在南方湿润气候和北方干旱气候下的形态特征有何差异,包括风化作用和侵蚀作用的影响?

(2)花岗岩峰林景观的形成机制是什么,包括岩浆侵入、冷却固结和后期的风化剥蚀作用?

(3)花岗岩风化球、风蚀柱和风蚀洞的形成过程是什么,包括物理风化、化学风化和生物风化的作用?

研学点 3 五寨荷叶坪夷平面(亚高山草甸)

(1)区域多级夷平面的对比确定方法是什么,包括地层年龄、地貌形态和构造运动的分析?

(2)荷叶坪夷平面上发育了哪些冰缘地貌类型?

研学点 4 宁武天池高山湖群

(1)高山湖泊水位的控制因素有哪些,包括降水、蒸发、地下水补给和冰川融水?

(2)高山湖泊群的形成机制是什么,包括构造运动、冰川作用和水文循环的影响?

研学点 5 宁武东寨雷鸣寺泉

(1)泉水流量的控制因素有哪些,包括地层渗透性、地下水补给和季节性气候变化?

(2)泉水硬度的控制因素有哪些,包括岩石化学成分、地下水溶解作用和水文地球化学过程?

研学点 6 马仑草原(亚高山草甸)

(1)亚高山草甸分布面积的影响因素有哪些,包括海拔高度、坡向和土壤条件?

(2)林线分布的影响因素有哪些,除了气候因素,还包括土壤条件、地形地貌和人类活动?

2)研学点介绍

研学点 1 宁武万年冰洞

宁武冰洞(图4-69~图4-72)位于忻州市宁武县涔山乡麻地沟村,距宁武县城32km,宁武冰洞国家地质公园内,属于碳酸盐岩地貌(岩溶地貌)遗迹亚类,遗迹时代为奥陶纪。目前国内发现的冰洞有10多处,而山西宁武冰洞是世界上已知在中纬度中高山地区规模最大、保存最好、冰体最多的冰洞,是一种非常特殊、不可再生的地质遗迹景观。

图 4-69　宁武冰洞全景

图 4-70　宁武冰洞洞内大厅

图 4-71 宁武冰洞入口

图 4-72 宁武冰洞冰帘

宁武冰洞是发育于中奥陶统马家沟组厚层灰岩中的喀斯特（岩溶）洞穴，整体形状呈落水洞样，即洞口基本朝上、洞体向下倾斜的状态。洞口海拔2220m，该洞深约100m，上下共分5层，最宽处20m，最窄处仅几十厘米，洞口近圆形，宽10m。冰洞已开发3层，有冰帘、冰钟、冰花、冰人、冰菩萨等，景观丰富多彩，洞内壁上皆为冰，在五彩灯光的照射下，呈现出梦幻般的景象，扑朔迷离，亦真亦假，堪称一个冰的世界。洞外夏季平均温度在10℃左右，碧草如茵，鲜花开放；而洞内一直保持在-4℃左右，寒气逼人，冰层厚实，仿佛是相互独立的两个世界。更为奇特的是，与冰洞相距不到200m处，有1处千年不熄的地火，当地人称千年火山，为煤层自燃造成。这一冰一火，本是相克，却奇妙地共存于同一山上，可谓举世奇观。

对于冰洞的成因现在尚未统一。综合来看，溶洞形成之后，在距今约300万年的第四纪冰川期，从洞口涌入大量冰雪从而形成冰洞，故名万年冰洞。而冰洞有一个下口与外界相通，冬天内部温度高于外部温度，冷空气从下口进入，使洞内温度下降，水汽凝结，冰洞成长；夏天外界温度高于内部温度，气流翻转从洞内流向外界，阻止了外界热空气进入洞内，从而减少了冰洞的融化，即"冰室效应"。由于外界昼夜温差大，而洞内昼夜温差小，气流昼夜交替，对冰体进行细微改造，形成各种冰的奇观。只要冰洞凝结大于消融，冰洞就逐步成长。万年冰洞地处有利的自然地理位置，冰洞、冰体和"千年火山"所产生的"冰室效应""囱式效应"及"热力效应"，使冰洞中的冰体常年不化，成为举世瞩目的地质奇观。其中"烟囱效应"指冰洞上方的地形可能促进空气对流，使得冷空气能够在洞内循环，进一步降低了洞内温度，有利于冰体的形成和维持。"热力效应"指冰洞附近存在的"千年火山"活动，即地下煤炭自燃现象，可能对冰洞的形成产生了间接影响，尽管火山活动产生的热量与冰洞的低温环境看似矛盾，但实际上，这种地热活动可能调节了洞穴周围的温度，促进了"冰室效应"和"烟囱效应"的形成，进而维护了冰洞内的冰体稳定。

宁武冰洞为世界少有、国内面积最大、制冷效果最强、冰储量最多的冰洞，其中冰体不但厚度大、数量多，而且层理清晰，是古气候、古环境变迁的产物，对宁武冰洞中古冰层的研究可以破解很多方面的科学之谜，给研究全球冰洞的形成和保存机制提供了良好的材料，对当地旅游开发、经济发展和青少年科普教育等方面有着重要的科学价值和实际意义。

研学点2　宁武芦芽山花岗岩地貌

宁武芦芽山花岗岩地貌位于忻州市宁武县东寨镇芦芽山，宁武冰洞国家地质公园内，属于侵入岩地貌亚类，遗迹时代为新太古代。其花岗岩出露面积约133.78km²。芦芽山海拔2739m，为山西第三高峰。芦芽山峰峦重叠，簇拥大小200多座山峰，沟壑纵横，发育丰富的石蛋、石柱等。山体东南边，在长期的风化、流水作用下岩石沿节理垮塌，形成了一系列犹如芦苇幼芽的峰林，因而得名芦芽山。

不同于华山的险峻，芦芽山的美在于奇幻。攀登芦芽山，历经近4h的过程本就是奇幻之旅。乘车抵达山顶附近后，踏上几百级的木质台阶，穿过茂密的松林坡地，漫步广袤的高山草原——马仑草原，最后攀登芦芽山山顶（图4-73）。即使在盛夏，也需准备好衣物，因为烈日、狂风、暴雨、冰雹随时可能出现。沿途时而云雾缭绕，时而雷雨交加，时而拨云见日，为旅途增添了一抹奇幻色彩。

图 4-73　芦芽山山顶

芦芽山的基岩为18亿年前的(紫苏)辉石石英二长岩,岩石呈灰色、暗灰色,巨粒花岗结构。岩石矿物成分以显微条纹长石、中性斜长石和石英为主,岩体中垂直节理及层节理发育,是形成芦芽山及峰丛景观的母体。

峰林:芦芽山为强烈上升的高中山区,主峰区花岗岩峰林较为发育,峰林高差为30～70m,一般为40m。峰林中石柱个体尖峭突兀,怪石嶙峋(图4-74)。花岗岩中垂直节理十分发育,崖台梯叠、飞瀑裂点等各种垂直上升的地貌形态十分发育,形成了姿态万千的奇石(图4-75、图4-76)。

图4-74　芦芽山峰林(贺子毅　摄)

图 4-75　芦芽山花岗岩球形风化（一）

图 4-76　芦芽山花岗岩球形风化（二）

象形石：在雄伟的芦芽山中，各类象形石星罗棋布，形姿殊异，其中著名的奇石有支锅奇石（图 4-77）、鲨鱼含珠、清凉石、将军石、护林老翁等。

鲨鱼含珠位于芦芽山顶的龙王堂附近，上、下两块巨大石片间，夹着一块卵形巨石，呈张口噙珠向下吐出状，其倾斜度已近 30°，却千百年来一直不曾脱落，实为奇观之一。

清凉石在芦芽山顶的金龙池畔，有一块顶部平滑的巨石，此石面向太子殿，背依迎客松，上有树冠遮阳，下有山风吹拂，游客坐在上面小憩，便有凉爽之气从石中溢出，使人消暑解困，倦意顿消。该石实为第四纪冰川磨蚀的一块巨大花岗岩，四边受节理控制，旁边的金龙池，其长 1m 左右，宽 40cm，深 30cm，口小肚略大，是第四纪冰川形成的冰臼，其周围还可见到 5 个，其中有的仅剩下一半，另一半已风化坠落。

将军石位于芦芽山与黄草梁之间的沟坡上，头戴军帽，身披铠甲，昂首挺胸，呈武豪壮，它和黄草梁上的北齐长城遗址相映成辉，俨然一副勇士尊容守护在长城脚下。

图 4-77　支锅奇石（曹建国 摄）

护林老翁在芦芽山云际寺附近的好汉坡顶部，状似老翁的石人，俯首拱背，坐在林中守护着森林，细心观察林海变迁，思索世事沧桑。

黄草梁夷平面：位于芦芽山北，其面积 6000 多亩，发育冻胀丘等冰缘地貌。黄草梁南边以垂直山涧和芦芽山分隔，其间为花岗岩风化地貌，发育风化球、风蚀柱、风蚀洞等。

研学点3　五寨荷叶坪夷平面（亚高山草甸）

五寨荷叶坪夷平面（图 4-78～图 4-80）位于忻州市五寨县前所乡荷叶坪，宁武冰洞国家地质公园内，宁武、五寨、岢岚三县的交界处，遗迹时代为白垩纪。

该夷平面由南将台、北将台和中间的凹地组成，整体形似荷叶，故名荷叶坪。荷叶坪是管涔山的最高峰，海拔最高 2783m，海拔高度超过相隔不远的芦芽山主峰，素有"高原翡翠"之美称。其基岩地质体岩性为紫苏石英二长花岗岩。夷平面面积约 $10km^2$，为华北地区面积最大的夷平面。荷叶坪和马仑草原是山西西部吕梁山区一级夷平面，有冻胀土丘等冰缘地貌。该夷平面属北台期夷平面，荷叶坪的海拔高度介于五台山南台和北台之间，可以对比研究。

荷叶坪顶部为一个宽阔平坦的长方形地块，夷平面上有华北最大的亚高山草甸，面积近 4 万亩，像一片无边无际的荷叶铺展于峰顶之上，和附近的马仑草原一样是绝好的天然牧场，海拔形成的小气候让人欣赏到荷叶坪的绚丽多彩。夷平面上视野广阔，可俯瞰宁武、岢岚、五寨三县。在荷叶坪的入口处，路旁有一座高大孤立的花岗岩石峰，人们称之为"骆驼石峰"，为著名的荷叶坪八景之一，除此之外，还有荷叶长老、文殊雄狮、石栅马桩、北齐长城、六郎将台、弥涟异水、雪山积素等大型象形石（图 4-81、图 4-82），各具造型，浑然天成，引人入胜。

图 4-78　荷叶坪夷平面（一）

图 4-79　荷叶坪夷平面（二）

图 4-80　荷叶坪夷平面及远处的芦芽山

图 4-81　荷叶坪夷平面上的象形石

图 4-82　象形石"独立万年"

冻胀丘为在冰缘作用下地表形成的疙瘩状草皮,是极为优良的天然牧场。喜马拉雅运动阶段的3次隆升剥蚀作用,形成了三级夷平面,包括荷叶坪至芦芽山高夷平面海拔2700~2800m,管涔山一带次高夷平面海拔2400~2500m、天池一带的低夷平面海拔1800~1900m。

研学点4　宁武天池高山湖群

宁武天池(图4-83、图4-84)高山湖群位于忻州市宁武县城西南约20km处的管涔山麓,桑干河和汾河分水岭上的东庄乡附近,宁武冰洞国家地质公园内,包括马营海(图4-85、图4-86)、元池、琵琶海、鸭子海、小海子、干海、岭干海、双海、老师傅海等大小天然湖泊15个,主要靠降水和地下水补给,湖水总面积约25km²。其周围地质体岩性为天池河组厚层灰紫色中粗粒砂岩、紫红色中细砂岩和薄层棕红色砂岩互层组成,发育交错层理。

图4-83　宁武天池影像图

图 4-84　天池晨雾（曹建国 摄）

图 4-85　宁武天池马营海（尹俊 摄）

图 4-86　马营海全景

宁武天池高山湖群形成于晚更新世,是世界罕见的高山湖泊,它是我国三大高山天池之一,华北地区唯一的天池湖群。关于天池的成因众说纷纭,目前比较主流的说法为冰川成因。第四纪以来,吕梁山脉曾经有冰川覆盖,巨大的冰体从分水岭上缓缓向下移动,在天池河组砂岩中掘出一系列凹坑,冰雪消融后留下了半封闭的洼地,进而形成罕见的高山湖群。

研学点 5　宁武东寨雷鸣寺泉

宁武东寨雷鸣寺泉(图 4-87)位于忻州市宁武县东寨镇雷鸣寺,宁武冰洞国家地质公园内。雷鸣寺泉地处管涔山脉楼子山脚下,泉水以寺得名,雷鸣寺因汾河从石崖下龙口喷出时声如雷鸣而得名,庙宇依山而筑,宏大巍峨。每年四月初八举行古庙会,盛况空前。泉水从汾源阁水母殿下的石缝中流出,流经殿外圆形水潭后,从白玉湖堤下的 9 个汉白玉龙口和 6 个鱼口喷涌而出,进而与山中汇集的地表水一起汇成汾河。

图 4-87　宁武东寨雷鸣寺泉

雷鸣寺泉泉水赋存于中奥陶统马家沟组灰岩中,受下部石炭系的阻隔溢出地表,沿春景洼逆冲断层,出露高程 1605m,广阔的汇水面积保证了水流的常年不息,流量 $0.2 \sim 0.4 \mathrm{m}^3/\mathrm{s}$,峰值流量超过 $1\mathrm{m}^3/\mathrm{s}$,为接触溢流泉,20 世纪 50 年代流量保持在 $0.3 \sim 0.4 \mathrm{m}^3/\mathrm{s}$ 之间,1997—2004 年 13 次实测动态资料显示,平均泉水流量为 $0.2\mathrm{m}^3/\mathrm{s}$,其间最大流量为 $1.12\mathrm{m}^3/\mathrm{s}$(2004 年 8 月),泉水水质类型属 HCO_3-Ca 型水,总硬度 245mg/L。泉口出水处修建有汾源灵沼水母庙。

雷鸣寺泉曾经被认为是三晋母亲河——汾河的源头,素称"三晋第一泉",千百年来,这一池清泉被视为汾河正源,《山海经》中记载:"管涔之山,汾水出焉。"雷鸣寺泉作为宁武冰洞国家地质公园内主要地质遗迹景观,在促进旅游业发展的同时,也为周边居民提供水源,福泽一方。

关于汾河最早的文字记载是在《山海经》中,之后《水经注》《汉书·地理志》《括地志》等古籍中均提到汾河的源头位于山西省北中部的管涔山,即传统上认为汾河的源头是在山西省宁武县境内管涔山脚下的雷鸣寺泉,但现代地理、水文和生态调查认为汾河的源头是在神池县太平庄乡西岭村(柴宁磐,2024)。现代水文调查通过实地测量和水源追踪,发现神池县太平庄乡西岭村的泉水水量更大且流域面积更广,符合源头的水文特征;并通过分析地下水系和地质层,确定了西岭村的地下水补给更稳定且水质更为纯净;生态环境评估发现该地生态环境对汾河的水源保护更为有利。

研学点 6 马仑草原(亚高山草甸)

马仑草原(图 4-88)位于忻州市宁武县东寨镇思源大街红绿灯正北 1km 处。海拔 2721m,面积 6000 多亩,形成于 75 万年前的新生代第四纪冰川期,与芦芽山南北相望,是华北地区大的亚高山草甸之一。这里牧草肥沃,是历代帝王牧养战马的基地。马仑草原被称为悬在空中的鲜花草原。草原将草甸、森林、高山、峡谷、奇松、怪石、长城、将台、基塔融为一体。春末夏初,星星点点的小花布满草原,将这里装扮成铺在空中的花毯子,散养的牛马群在这里悠闲地徜徉。

图 4-88 马仑草原

3)备选研学点介绍

备选研学点 1 系舟山逆冲推覆构造

系舟山位于太原市阳曲县城东北 20km、忻州市忻府区东南 20km。东逾鬼道岩,西入忻州市,南起铺岩沟,北接糜岭梁,呈北东-南西走向,为汾河与滹沱河的分水岭。

系舟山是太行山北段中上元古界—古生界盖层保存比较完好的几个地区之一,该区在整个中生代经历了复杂而强烈的收缩构造变形,现今所保留的中生代主要构造行迹表现为两点:其一是该地区古生代地层本身构成了一个规模巨大的向斜;其二是一系列近平行排列的逆冲断层和相应的褶皱变形。

系舟山向斜整体呈北东-南西向展布,北东到刘定寺村,南西到石岭关村,长约 91km,宽 14~20km 不等。从早古生代寒武纪的馒头组到晚古生代二叠纪的石盒子组均卷入其褶皱变形,规模很大,向斜核部的石炭纪—二叠纪岩层中含有煤层,为该区重要的储煤构造。

在系舟山向斜的北西翼发育有一系列近平行排列的逆冲断层和相应的次级褶皱变形。

这一系列逆冲断层的展布方向依然是北东向的,整体逆冲方向为由北西向南东逆冲,断层倾向北西。逆冲断层系的规模与系舟山向斜相当,平面延伸长度也达到了 90km。断层系内的每条逆冲断层的倾角倾向略有不同(图 4-89、图 4-90)。

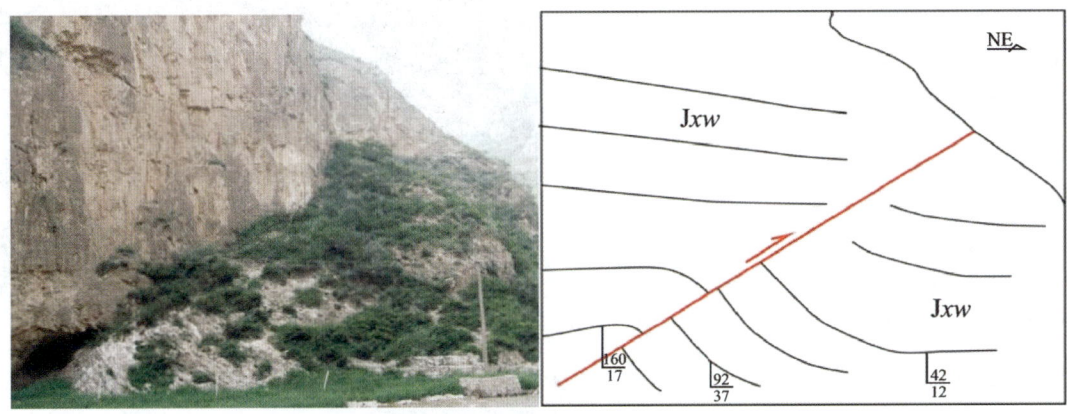

图 4-89　北东段富家庄东蓟县纪迷雾山组内逆冲断层(据曹毅,2012)

图 4-90　系舟山北段秀峰南紧闭褶皱和秀峰东大型挠曲(据曹毅,2012)

中生代收缩构造运动所形成的构造山体,经后期新生代喜马拉雅期构造运动的多期次剥蚀夷平作用,奠定了如今的盆岭地貌景观。喜马拉雅期构造运动至今仍在进行中,是在总体拉张的构造环境下,以继承性断裂活动和地壳间歇性抬升为主导的运动形式。

备选研学点2　　忻州禹王洞岩溶地貌

忻州禹王洞（图4-91）位于忻州市忻府区西张乡鸦儿坑村，属于碳酸盐岩地貌（岩溶地貌），为省级地质遗迹，已整修出可供游人参观的有四层共三厅十洞，长约700m。禹王洞是一天然石灰岩溶洞，洞内洞连洞，路通路，九曲回环，色彩斑斓，奇洞怪石，造型奇特。洞内有石笋、石柱、石花、石幔等钟乳石。钟乳石各具象形，有"八戒化石""子母狮子""刺猬游洞""睡狮初醒""万佛朝圣""石佛""石塔"等，使人流连忘返。洞外山势雄伟，森林

图4-91　忻州禹王洞

茂密，风景秀丽，气候宜人，鸟语花香，被列为国家森林公园。禹王洞四周绿树成荫，花草遍地，小河流水，鸟兽虫鱼，是一个集登山、旅游、探险、避暑为一体，惊险奇特，人称"华北第一洞"的旅游胜地。

禹王洞作为典型的岩溶地貌景观之一，其形成和发展受到多种地质环境因素的影响。岩溶地貌发展的基础条件是可溶解的岩石，以及岩石的组成和结构；岩溶洞穴通常发展于碳酸盐岩（如石灰岩），这种岩石在酸性水溶液（通常是含二氧化碳的雨水）作用下容易溶解。地质构造（断层、节理）为岩溶水提供了流动的通道，是控制岩溶发育与洞穴形成的关键因素。禹王洞岩溶地貌所在的区域，海拔范围可能会影响岩溶过程的活跃度，一般地表岩溶现象在较低海拔地区更为发育。岩溶洞穴的入口形态多样，有串珠状、裂隙状、管状和大厅形等，洞穴的高度和宽度（或直径）通常小于10m，长度多在5～40m之间。岩溶洞穴内部通常充满岩溶沉积物，如红黏土等，这也反映了区域地下水循环的速度较缓。岩溶洞穴中常见到丰富的钟乳石和石笋，这些由含有岩溶钙质的沉积形成。

岩溶地貌的形成与岩石类型、地质构造以及气候地貌等因素密切相关。通过对岩溶洞穴内部的地质学和地球化学研究，不仅可以揭示地质演化的历史，还可以提供关于古环境变迁的重要信息。

备选研学点3　　原平天涯山花岗岩地貌

原平天涯山省级地质公园位于原平市中南部，隶属于原平市（县级）管辖，行政区划包括子干乡、中阳乡、新原乡部分地域。公园自西向东分为滹沱河和天涯山两个景区，总面积27.2km²。

天涯山是五台山的余脉，与五台山有密切的自然联系。天涯山风景区东接五台山，西望芦芽山，南通禹王洞，北临雁门关，奇峰凌云，巍峨峥嵘，断崖绝壁，雄浑厚重。

公园内地质遗迹景观资源在地史演化、构造与地貌学、沉积地层和岩石学，以及旅游、教学与研究、生态学、美学和历史文化等方面均有重要的科学研究价值。由地壳升降运动引起的沉积环境的反复变化，在水动力作用下形成了峰奇岭异、谷深沟险的峡谷景观。

天涯山由天涯峰和莲花峰组成，园区内山雄崖险、谷深洞幽、峰奇石异，是大自然的雕塑杰作，也是人类宝贵的地质遗产，具有很高的美学价值。天涯山花岗岩地貌发育了一系列令

人称奇的象形石,这些象形石姿态各异,怪石嶙峋,惟妙惟肖(图 4-92)。犬齿状岭脊花岗岩地貌位于天涯山主峰东侧,山脊上形成了近 50 处犬齿状山丘。园区内出露完整的太古宙—元古宙地层剖面,展示了华北地区太古宙—元古宙早期古环境和古地理演化特征,其岩石特征和沉积构造在华北地台区具有广泛的代表性,具有重要的科学研究和保存价值。

图 4-92　原平天涯山花岗岩地貌

公园有秀美的山水风光、悠久的人文历史及良好的生态环境,很早就成为我国宗教文化的传播地。天涯山古庙会也是现代旅游业的源头之一。由于宗教文化的传播和特殊的秀美山水,吸引了历代达官显宦,文人骚客多慕名而来,留下了诸多颂咏的诗韵墨迹或题刻,所有这一切为研究我国"名山文化体系"的形成提供了弥足珍贵的史料。

4.4　太原市地学研学路线

● 路线 7:太原市汾河蛇曲地学研学路线

1. 行政区划范围

路线 7 分布于太原市境内。

2. 研学路线组成

研学路线包括太原汾河蛇曲地貌—太原王封一线天—太原七里沟太原组剖面 3 处地质遗迹景观研学点;崛围山、汾河二库 2 处其他自然文化景观研学点。

3. 研学路线主题

以"河流蛇曲—碳酸盐岩地貌—碎屑岩地层—人工湖"为主题,学习河流地质作用,碳酸盐岩岩石地貌特征及其成因,含煤地层中的岩石、化石组合特征及其成因,煤的特征与形成过程,水库的功能与生态影响。

4. 研学目标与核心研学内容

(1)河流蛇曲特征与河流地质作用。
(2)碳酸盐岩地貌特征及其形成机制。
(3)含煤地层岩石与化石特征。
(4)碎屑沉积岩岩相古地理环境。
(5)水库的功能与环境效应。

5. 科学或实践互动内容

1)问题思考

研学点 1　太原汾河蛇曲地貌

(1)汾河蛇曲形成的控制因素有哪些,包括地壳运动、河流侵蚀作用和沉积物性质?
(2)嵌入型蛇曲的形成机制是什么,包括河流侵蚀作用、基岩硬度和地壳运动的影响?

研学点 2　太原万柏林王封一线天

(1)马家沟组岩性从白云岩到灰岩的变化反映了什么样的沉积环境变迁,包括海水盐度、温度和生物作用?
(2)一线天地貌在碳酸盐岩岩石中的形成机制是什么,包括岩石裂隙的扩展和侵蚀作用?

研学点 3　太原七里沟太原组剖面

(1)哪些古生物化石和沉积构造能够指示古环境变迁,包括海陆过渡相、海侵和海退事件?
(2)沉积间断的识别方法有哪些,包括地层接触关系、化石层序和地层年龄的不连续?

研学点 4　尖草坪崛围山碳酸盐岩地貌

(1)为什么灰岩比白云岩更容易形成溶洞,包括岩石溶解度、地下水化学和生物作用?
(2)崛围山溶洞规模较小的原因是什么,包括岩石性质、地下水流动和地壳运动的影响?

研学点 5　汾河二库

(1)水库的综合功能有哪些,包括蓄水、发电、防洪和生态调节?
(2)水库对周围环境的生态影响有哪些,包括水文循环、生物多样性变化和生态系统服务?

2)研学点介绍

研学点 1　太原汾河蛇曲地貌

汾河发源于神池县太平庄乡西岭村(曾被认为发源于宁武县东寨镇管涔山下的雷鸣寺泉),干流全长 694km,流域面积 39 471km²,汾河流经太原盆地和临汾盆地,从万荣县荣河镇庙前村汇入黄河。汾河是黄河的第二大支流,也是山西省最大的河流,被山西人称为"三晋母亲河",对山西省的历史文化有着深远的影响。汾河中游流经太原西山碳酸盐岩山区时发育了壮美的嵌入型蛇曲地貌(图 4-93、图 4-94)。

图 4-93　汾河蛇曲卫星影像图

图 4-94　汾河蛇曲俯瞰

　　汾河蛇曲地貌位于太原市古交市河口镇至太原市尖草坪区兰村二龙山一带。汾河蛇曲整体呈北西-南东向展布，河床整体呈"V"形，河道长 20km，直线距离 11km，蓄水量 1.33 亿 m³，平均曲率为 1.82，河床落差约 66m，河床纵比降为 3.3‰，河床宽度为 150～420m，部分河岸向前延伸入河道，河岸高差 0～350m。河床两岸地质体岩性为寒武系—奥陶系三山子组厚层—巨厚层细晶、粗晶白云岩，奥陶系马家沟组厚层灰岩。

汾河蛇曲是国内少有的嵌入式蛇曲谷。太原汾河蛇曲地貌整体轮廓形如腾飞的巨龙,由1个"Ω"形湾道和3个"S"形湾道组成。柏崖头湾(图4-95)位于巨龙的龙头、龙颈位置,凹岸垂直陡立,凸岸平缓延伸,游人可以乘船于河道中仰望山体之伟岸,又可登顶俯瞰河水之平静;卧龙湾犹如巨龙吐出的水珠,湾内河水清澈,平面如镜,悬泉寺建造奇特远近闻名;神山峁湾蛇曲犹如巨龙龙尾,蛇曲蜿蜒;月明山呈象鼻状半岛深入河道;小塔湾(图4-96)蛇曲为汾河蛇曲盘旋弯曲程度最大,犹如巨龙摆尾。汾河蛇曲谷主要由4道湾和河流侵蚀地貌组成。

图 4-95　柏崖头湾

图 4-96　小塔湾

蛇曲4道湾：汾河蛇曲宛如盘旋的巨龙，碧绿的河水为雄伟的龙身，龙头位于二库堤坝位置，龙尾位于小塔村，共分为卧龙湾、柏崖头湾、小塔湾、神山峁湾。汾河蛇曲4道湾地质遗迹特征如表4-1所示。

表 4-1　太原汾河蛇曲地质遗迹特征一览表

湾道名称	长度/km	最大宽度/m	最小宽度/m	曲率	面积/km²	形态
卧龙湾	2	150	80	2	2.2	"Ω"形
柏崖头湾	4.5	420	170	10.6	5.8	"S"形
寺头		400	160	5.3		
庙儿坪	5.7	320	150	4.6	4.4	"S"形
小塔湾		340	88	11.5		
神山峁湾	4.8	440	128	7	4.3	"S"形
月明山		278	146	5.01		

卧龙湾位于汾河二库景区汾河大坝以北，河道内水量虽少，水面却是碧水悠悠，平面如镜，包括卧龙湾与清水湾，地面形态呈"Ω"形。其岩壁陡立，凸岸前缘为河流一级阶地。

柏崖头湾南起寺头村河道转弯处，北至二库堤坝，整体形态呈"S"形。汾河二库从堤坝处到小塔村段整体形态犹如盘旋的巨龙，柏崖头湾位于巨龙的龙头，堤坝南侧为宽阔的蓄水区，堤坝口形如龙嘴，柏崖头村南形如龙角，柏崖头与寺头村呈"S"形转弯，其形状犹如巨龙的龙颈。龙嘴朝向正北，龙角朝向正南。

小塔湾南起小塔村，北到庙儿坪村北，河流于小塔村南转为向东，于庙儿坪村北重新转为向东，这一段河道长约5km，河道弯曲呈"S"形，犹如巨龙盘旋的龙身，小塔湾在整个汾河蛇曲中弯曲度最大，河道弯曲延伸最长。

神山峁湾（图4-97）南起神山峁，北至屋科村南，包括神山峁段、月明山段。这一段河道长5km，地貌形态呈倒"S"形，犹如巨龙弯曲的龙尾。神山峁湾河道中蓄水量相比卧龙湾、柏崖头湾、小塔湾较少，神山峁周围河道已经干涸，景观效应稍减。

河流侵蚀地貌：蛇曲谷内主要的河流侵蚀地貌有离堆山及侵蚀凹槽两种。离堆山为河流裁弯取直形成的地质遗迹，反映了河流发展过程，蛇曲谷内典型的离堆山有寺头村离堆山（图4-98），直径550m，面积220 000m²，以及小塔村离堆山，直径500m，面积145 000m²。河谷两侧岩壁上发育大量侵蚀凹槽，凹槽形态大小不一，多呈长条状、椭圆状，其中最有特点的为卧龙湾内悬泉寺侵蚀凹槽，长约500m，悬泉寺便修建于凹槽之内。

汾河蛇曲地貌位于太原盆地北缘，上新世末期或更新世初期，太原盆地急剧下降，太原西山强烈隆起，发育了低山乃至中山地貌。中更新世末期或晚更新世初期，汾河强烈下切百米以上，嵌入型蛇曲逐渐成形。再经过全新世以来的河流侵蚀、堆积作用，演化为现在的地貌形态。

汾河二库水利风景区于2002年被评为第二批国家水利风景区，太原市有"龙城"的美名，汾河蛇曲足以作为太原市的城市名片，与王封一线天和崛围山组成了山西省中东部独一无二的地质遗迹景观群。

图 4-97　神山峁湾

图 4-98　寺头村离堆山

> **研学点 2**　万柏林王封一线天

万柏林王封一线天（图 4-99）位于太原市万柏林区王封乡小塔村南，汾河二库库区南侧，包括东、西两处相邻的一线天景观，其中，东一线天让户外运动旅游爱好者们回味无穷、流连忘返。

出露地层为马家沟组四段，下部为深灰色中层—厚层泥晶灰岩、浅灰色中层云斑灰岩，夹灰色中厚层含生物屑泥晶灰岩（图 4-102）、含燧石结核泥晶灰岩及浅灰色薄层灰质白云岩；上部为浅灰色薄层云斑灰岩、中厚层含云泥晶灰岩，夹灰黄色薄层白云岩、土黄色角砾状白云岩。纹层状水平层理、波状藻纹层理发育，具鸟眼、生物扰动构造，含较丰富的头足类、腹足类生物化石。

图 4-99　万柏林王封一线天

东一线天为长约 2km、深 100~200m 的峡谷（图 4-100），主峰海拔 1338m。奇峰危石，千姿百态，天然造就，狭长如巷（图 4-101、图 4-102）。峡谷平均宽度 3m，最深处仅宽 0.3m，以奇幽、险怪著称。沟内两壁灰岩造型奇特，峡底一股清流跌宕跳跃，在怪石丛中形成多处地下飞瀑，声势如涛，不绝于耳。其象形石景观有"灰岩石廊""月牙关""亲嘴岩""通天洞""飞来龟""避难室""龙鳞谷""驼峰岭""登天梯""太阳石""瞑宫海底飞鱼"等。

图 4-100　谷底曲折蜿蜒

图 4-101　灰岩石巷

图 4-102　生物碎屑灰岩

西一线天南北延伸约 1.5km，最窄处仅有 1m，两侧高逾百米，出露马家沟组四段和五段，以及太原组薄层—中层砂岩，含煤线。地层中的古风化面为不整合或假整合的标志，代表岩层由沉积转变为风化侵蚀的过程，造成了地层缺失和不连续，多被解释为地壳上升的结果。王封一线天地区奥陶系马家沟组和上石炭统太原组之间的铝土岩和褐铁矿层，就是中奥陶世后华北地区整体上升，经历了志留纪、泥盆纪、早石炭世的长期侵蚀风化的产物，直到晚石炭世才开始接受沉积，形成石炭系—二叠系含煤地层，华北至东北南部广大地区存在这样统一的平行不整合，反映了该区当时曾是一个整体持续上升的古陆，不整合的分布范围就是当时古陆的范围。

研学点 3　太原七里沟太原组剖面

该剖面（图 4-103、图 4-104）为太原组正层型剖面，位于太原市万柏林区大虎沟街道七里沟。剖面自下而上出露本溪组、太原组（图 4-105）、山西组和石盒子组地层。岩性主要为灰岩、泥岩、砂岩互层。太原组由海陆交互相的页岩夹砂岩、煤、灰岩构成的旋回层（多个）组成。其底界一般平行不整合于本溪组之上，上与同属月门沟煤系的山西组为界。古生物化石主要含䗴类、珊瑚、牙形石和古植物等。主要标志层为晋祠砂岩、吴家峪灰岩、西铭砂岩、庙沟灰岩、毛儿沟灰岩、斜道灰岩、七里沟砂岩等（图 4-106）。

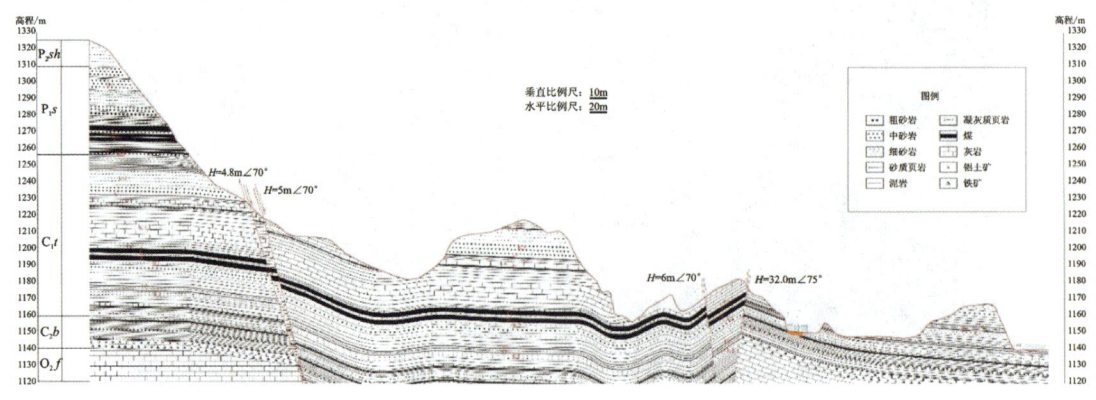

图 4-103　太原七里沟太原组剖面图

图 4-104　太原七里沟太原组剖面全景

图 4-105　太原组晋祠砂岩上部

图 4-106　太原组毛儿沟灰岩-七里沟砂岩

太原组在华北及东北南部等地区广泛存在，是华北大区专属地层名称，指华北地区平行不整合于奥陶系之上的月门沟煤系地层的下部，为海陆交互相含煤沉积。该剖面是华北地区石炭纪—二叠纪含煤地层标准剖面，地层出露完整，动植物化石丰富，标志层明显，研究历史悠久。从太原组创名至今，国内外众多地质学家对其中的沉积构造和古生物化石等做了详细的研究。

该剖面中奥陶系与中石炭统之间为缺失近 1.5 亿年的沉积间断面，是整个华北克拉通所在区域平行不整合界面的代表，反映了一次重大地史事件，为探讨华北克拉通演化提供了重要证据。同时，剖面上丰富的沉积构造遗迹和古生物化石等反映了当时海陆变迁的沉积环境，真实记录了该地区晚古生代的古地理、古气候、古生物、古环境和成矿作用的地质信息，并经过漫长的地质演化才保存下来，具有极高的科学研究价值。

研学点 4　尖草坪崛围山碳酸盐岩地貌

尖草坪崛围山（图 4-107）碳酸盐岩地貌位于太原市尖草坪区柴村镇呼延村西，属于碳酸盐岩地貌（岩溶地貌）遗迹亚类，遗迹时代为寒武纪—奥陶纪。

崛围山有两峰，南为青峰，北为飞云峰，两峰高峻挺拔，中间夹一沟谷，高差约 400m。山体为三山子组白云岩和马家沟组灰岩，小型溶洞发育。其中华岩洞长和宽均约 5m，高 3m，其西侧两个溶洞均长 12m，宽 8m，高 2m。水流侵蚀形成溶洞，经后期开凿后开发为人文景观

图 4-107　尖草坪崛围山

点。3 处溶洞沿同一层面展布,基岩为马家沟组灰岩、白云岩(图 4-108、图 4-109)。

图 4-108　尖草坪崛围山华严洞　　　　　　图 4-109　溶洞内部

崛围山整体山势挺拔,较为壮观,自古为太原附近赏红叶的地方。崛围山景区人文景点较多,如多福寺、舍利塔、傅山故居等。

研学点 5　汾河二库

汾河二库(图 4-110)风景区位于山西省太原市西北 30km 处,为汾河上游最大的峡谷地

图 4-110　汾河二库

带。汾河二库风景区总面积 25km²，水域面积 5km²，林草覆盖率 90%，水质为地表水Ⅱ类，2002 年被中华人民共和国水利部（简称水利部）评为"国家水利风景区"，2021 年入选《国家水利风景区高质量发展典型案例名单》，成为山西省唯一入选的水利风景区。

汾河二库是一座以防洪、泄洪、供水、生态补水为主，并有发电、旅游、养殖等综合效益的大（Ⅱ）型水利枢纽工程，水库控制流域面积 2348km²，总库容 1.33 亿 m³。

路线 8：太原市西山地学研学路线

1. 行政区划范围

路线 8 分布于太原市境内。

2. 研学路线组成

研学路线包括晋源柳子沟山西组剖面—晋源北岔沟石盒子组剖面—太原蒙山砂岩地貌—天龙山砂岩风化地貌 4 处地质遗迹景观研学点；晋祠、蒙山大佛 2 处其他自然文化景观研学点；山西自然博物馆、中国煤炭博物馆、西山国家矿山公园、玉泉山废弃矿山生态治理示范工程、娄烦向阳村黄土地貌 5 处备选研学点。

3. 研学路线主题

以"碎屑岩地层—砂岩（风化）地貌—泉"为主题，学习碎屑岩岩石和古生物化石特征及其形成的岩相古地理环境，砂岩风化（风蚀）地貌特征，泉水（地下水）的补给与排泄。

4. 研学目标与核心研学内容

(1) 碎屑岩地层的岩石和化石组合特征。
(2) 碎屑岩形成的岩相古地理环境。
(3) 砂岩风化（风蚀）地貌特征及其成因。
(4) 地下水（泉水）的形成、分布及运移。

5. 科学或实践互动内容

1) 问题思考

研学点 1 晋源柳子沟山西组剖面

(1) 煤系地层的岩石类型和古生物化石的特征有哪些，以及它们对古环境的指示意义？
(2) 地层岩性旋回的形成机制是什么，包括沉积环境变化、海平面升降和生物演化的影响？

研学点 2 晋源北岔沟石盒子组剖面

(1) 沉积岩中交错层理的形成条件是什么，包括水动力、沉积物供给和沉积环境的特征？
(2) 沉积岩颜色的成因是什么，以及它们对沉积环境的指示意义，包括氧化还原状态和生物作用？

研学点 3 太原蒙山砂岩地貌、蒙山大佛

(1)古人选择砂岩地层开凿石窟的原因是什么,包括砂岩的物理性质和稳定性?
(2)砂岩石窟能够长期保存的条件有哪些,包括岩石的抗风化能力、环境湿度和人类活动的影响?

研学点 4 晋源天龙山砂岩风化(风蚀)地貌

(1)砂岩风蚀地貌和水蚀地貌的区别是什么,包括地貌特征、成因机制和地貌演化过程?
(2)研究岩石盐类风化作用的实验方法有哪些,包括盐溶液浸泡、温度循环和微生物作用的影响?

研学点 5 太原晋祠泉群

(1)泉群发育的地质条件有哪些,包括地下水补给、地质构造和地表环境的影响?
(2)泉水复流工程的有效措施有哪些,包括地下水管理、人工补给和环境恢复?

2)研学点介绍

研学点 1 晋源柳子沟山西组剖面

该剖面为山西组正层型剖面(图4-111)位于太原市晋源区晋源镇柳子沟吴家峪村。柳子沟剖面出露太原组和山西组地层。山西组厚约55m,由陆相砂岩、页岩、煤构成的旋回层组成,夹数层煤层、煤线,有植物化石、腕足类和双壳类化石。

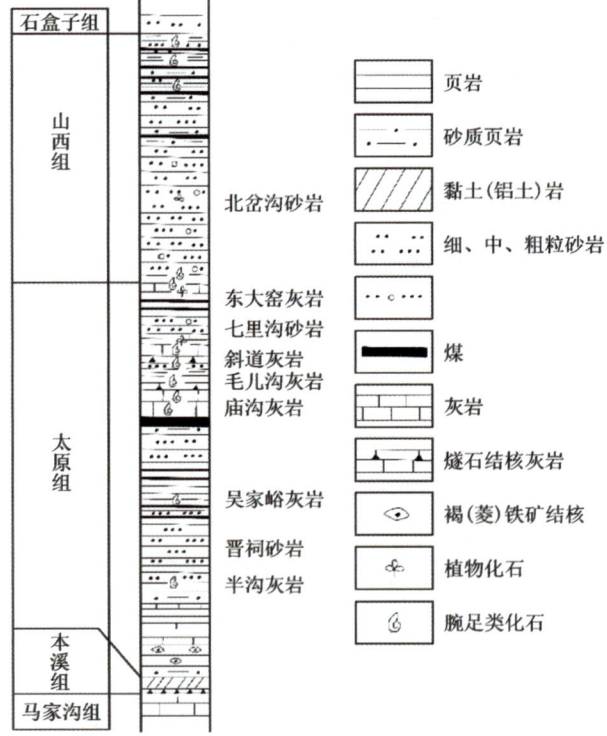

图 4-111 晋源柳子沟山西组剖面地层柱状图

Willis等(1907)把山西境内广泛分布的晚古生代含煤地层及上覆的红色砂岩层统称为山西系,Norin(1922)、翁文灏和Grabau(1923)将山西系范围缩小为仅指含煤地层的上部,即月门沟煤系的上部。几十年来,以山西命名的(系、统、组、群)地层含义历经变更,一直未取得共识,武铁山等(1997)通过地层对比研究,按照岩石地层划分命名原则将其定义为山西组。

山西组在山西乃至整个华北地区广泛分布,特指华北地区不整合于奥陶系之上的月门沟煤系上部地层,由陆相砂岩、页岩、煤构成的多个旋回层组成,夹层数不等的含舌形贝及双壳类化石的非正常海相层。其下界与太原组整合过渡,上与石盒子组也为整合接触。该剖面作为山西组正层型剖面,为该岩石地层单位的标准剖面,自Norin创建后,很多地质学家和单位进行过研究和重测,其具有唯一性、完整性和权威性,是其他地区的剖面所不能取代的,因而重要性不言而喻(图4-112~图4-114)。

图4-112　山西组中上部地层

图4-113　山西组底部北岔沟砂岩

图4-114　北岔沟砂岩局部

研学点2　晋源北岔沟石盒子组剖面

该剖面(图4-115)位于太原市晋源区晋源镇窑头村。剖面为北西-南东走向,长约2.5km,出露二叠系石盒子组,划分为5个段。骆驼脖子段厚37.28m,为黄绿色、灰绿色、灰黄色砂岩、页岩、粉砂岩夹黑色页岩及煤线,含植物化石,砂岩发育板状、槽状交错层理。化客头段厚77.94m,砂岩夹泥(页)岩具大型板状交错层理,含植物化石。天龙寺段厚212.94m;以灰绿色、黄绿色、杏黄色为主,夹黄绿色砂岩及黑紫红色页岩、黏土泥岩,含大量植物化石,砂岩具大型板状交错层理和特大型槽状交错层理。神岩段厚151.85m,为巧克力色、灰紫色、黑紫色、紫红色泥岩、粉砂泥岩夹灰黄色砂岩、含砾砂岩,含植物化石。平顶山段厚22.2m,以灰黄色、灰白色长石石英砂岩为主,砂岩含燧石条带,发育大型板状斜层理。

图 4-115　晋源北岔沟石盒子组剖面全景

石盒子组起初称为石盒子系,由 Norin(1922)创名于太原东山石虎子沟,先后被称为系、统、群、组等,武铁山等(1997)将其定义为组一级岩石地层单位,华北全区可进行对比研究。石盒子组正层型为太原东山石虎子沟,但现在多数露头被农田等掩盖,剖面出露极不连续,且石盒子组未见顶,失去了层型剖面的价值,因此武铁山等(1997)在《山西省岩石地层》一书中建议将北岔沟—天龙寺剖面作为石盒子组的副新层型剖面。

石盒子组在华北地区广泛存在,是华北大区专属地层名称,特指华北地层区上古生界上部,由灰绿色、灰白色砂岩,黄绿色、杏黄色、巧克力色、灰紫色、暗紫红色粉砂质泥岩、页岩等组成,夹黑色页岩、煤线的岩系。它主要分布于山西、河北、河南、安徽及鄂尔多斯盆地等,沉积环境为近海平原河湖相沉积。该剖面作为这套地层的副新层型剖面,为该岩石地层单位的标准剖面。

研学点 3　太原晋源蒙山砂岩地貌、蒙山大佛

晋源蒙山砂岩地貌位于太原市晋源区罗城街道寺底村,遗迹亚类属于碎屑岩地貌,遗迹时代为石炭纪。

晋源蒙山砂岩地貌发育于太原组中,蒙山大佛(图 4-116)开凿于七里沟砂岩(图 4-117、图 4-118)中。大佛躯干底部为中粒,中部为粗粒,上部为细粒,总厚 15m 以上。大佛东侧有人工开凿的多个洞穴,称为五龙洞(4-119),深约 5m,高 1.5m,历经 1500 余年。

图 4-116　蒙山大佛

图 4-117　七里沟砂岩层位

图 4-118　七里沟砂岩

图 4-119　五龙洞

蒙山整体植被覆盖率极高,景色优美。蒙山大佛外露胸颈部分,高 17.5m,宽 25m,颈部直径宽 5m,唐代记载"高二百尺",按唐代时,1 尺约合今 0.31m,蒙山大佛总高计算约合今 62m。蒙山大佛比云冈石窟最高的佛像高近 46m,比已被炸毁的阿富汗巴米扬大佛高 10m;而它诞生的年代则比四川乐山大佛早 162 年,是世界上最早的露天摩崖石刻大佛。

研学点 4　晋源天龙山砂岩风化(风蚀)地貌

晋源天龙山砂岩风化(风蚀)地貌(图 4-120)位于太原市晋源区晋源镇天龙山,天龙山既是天龙山国家森林公园的主景区,又是山西省政府批准设立的自然保护区,天龙山砂岩风化地貌属于碎屑岩地貌地质遗迹亚类,遗迹时代为二叠纪。

图 4-120　晋源天龙山砂岩风化(风蚀)地貌

晋源天龙山砂岩风化(风蚀)地貌发育于二叠系石盒子组上部天龙寺段地层中,岩性主要为中粗粒石英砂岩,含砾石(图 4-121、图 4-122),具大型板状交错层理(图 4-123),厚约 10m。

砂岩差异风化形成十余处巨石,最大一块高约 10m,呈圆柱体,上小下大,底部直径约 10m,顶部直径约 4m,顶部竖立红旗,名曰"插旗石"(图 4-124)。含砾石层易风化,脱落后形成凹槽。十余处巨石,形态特异,造型奇特,可以较好地对风蚀作用进行科普。

天龙山东、西两峰南坡的山腰间,共有 25 个佛教石窟,石窟依山开凿,此处岩石易雕凿,也易风化,属灰白色砂岩。天龙山还有十分丰富的地下水,泉源多为砂岩裂隙水,流量虽小,分布却极广。

图 4-121　中粗粒石英砂岩，含砾石

图 4-122　中粗粒石英砂岩风蚀石窝

图 4-123　大型板状交错层理

图 4-124　天龙寺段——插旗石

　　石盒子组分布于山西、河北、河南、安徽及鄂尔多斯盆地。命名地点在山西太原东 5km 的石盒子沟。本组下部是一套陆相灰色、黄色、绿色杂色页岩、泥岩及砂质页岩，底部夹薄煤层，含铁锰质结核，厚达 200m，含以 *Emplectopteris triangularis* 及 *Cathaysiopteris whitei* 为代表的中期华夏植物群。本组上部是一套陆相黄色砂岩、黄绿色黏土质页岩与黑紫色泥岩相间成层，中夹紫红色、棕红色砂质页岩和黏土页岩等，厚 200～370m，含以 *Gigantonoclea halli* 及 *Lobatannularia heianensis* 为代表的晚期华夏植物群。石盒子组各段孢粉组合特征表明，石盒子组沉积时期植物属于华夏植物群面貌（李守军等，2014）。本组底部的骆驼脖子砂岩很不稳定，与下伏山西组之间的关系不易确定，可能呈整合接触，也可能呈假整合或不整合接触。

　　天龙山石窟开凿于东魏、北齐、隋唐时期，形成 25 座洞窟、500 余尊造像，以精美的石刻艺术和鲜明的地域风格闻名于世，在世界雕塑艺术史上占有重要地位。历朝历代，顶尖的匠人在这里创造出璀璨的瑰宝，独具魅力的"天龙山样式"见证了中华文明谱系中石窟艺术的巅峰。20 世纪二三十年代石窟雕像遭到大规模盗掘，历经曲折追索过程，2021 年国家文物局会同有关部门促成天龙山石窟佛首回归祖国，回归原属地（图 4-125）。

图 4-125　回归的天龙山佛首

研学点 5　　太原晋祠泉群

晋祠（图 4-126）泉群位于太原市晋源区晋祠公园内，是晋祠公园内著名景点。晋祠泉群为发育于奥陶系灰岩中的断层上升泉，包括难老（图 4-127）、鱼沼、善利 3 股泉，以难老泉流量最大，为晋祠泉主源。晋祠泉为一级清洁水源，水温常年为 17.5℃左右。泉水在灰岩裂隙中流动，为重碳酸钙型矿泉水，水中含有镍、锰、铁、铅等金属元素。

图 4-126　晋祠

图 4-127　难老泉

晋祠泉群流量的文字记载最早见于1933年,流量为2.4m³/s。1942年10月1日实测流量为2.0m³/s。20世纪60年代开始,有工业企业在泉水补给区开凿水井取水,使泉流量逐年减少。1960—1970年,泉水流量从1.64m³/s下降为1.43m³/s,1971—1977年,泉水流量平均为1.25m³/s,导致鱼沼、善利2个主泉干涸。1978—1979年,当地农民又在平泉一带打深井6眼,取水流量达0.60m³/s,使晋泉流量在1981年降至0.66m³/s。到1993年,每年开采水量达到2648万m³,折合流量为1.26m³/s,致使晋祠泉水于1993年4月30日断流。现依靠人工水仍能复原当初水流情况,为了使晋祠泉尽快复流,山西省于2014年启动"晋祠泉复流工程",目前已复流。

晋祠是集中国古代祭祀建筑、园林、雕塑、壁画、碑刻艺术为一体的唯一且珍贵的历史文化遗产,也是世界建筑、园林、雕刻艺术中心,第一批全国重点文物保护单位。晋祠泉为晋祠三绝之一。

晋祠公园为古代晋王祠,始建于北魏,是后人为纪念周武王次子姬虞而建,是全国重点文物保护单位之一。晋祠是国内几十座古典园林游览胜地之一,环境幽雅舒适,风景优美秀丽,素以雄伟的建筑群、高超的塑像艺术闻名于世。此外,该园区附近还有龙山石窟、兰若古寺、太山景区、蒙山大佛等人文景点。

4.5　吕梁市地学研学路线

● 路线9:吕梁市临县—方山县地学研学路线

1. 行政区划范围

路线9分布于吕梁市临县—方山县境内。

2. 研学路线组成

研学路线包括临县碛口黄河画廊—临县冯家会黄土林—临县霍家塌黄土地貌—方山北武当山花岗岩地貌4处地质遗迹景观研学点;碛口古镇、北武当山2处其他自然文化景观研学点。

3. 研学路线主题

以"砂岩地貌—特色黄土地貌—花岗岩地貌"为主题,学习砂岩风化地貌特征与多种侵蚀作用、黄土地层与特色黄土地貌的形成过程、花岗岩类型鉴定与花岗岩地貌的形成机制,并了解道教文化。

4. 研学目标与核心研学内容

(1)砂岩风化地貌特征。

(2)砂岩风化作用及其研究。
(3)黄土地层特征。
(4)黄土地貌的形成过程。
(5)花岗岩亚类鉴定。
(6)花岗岩地貌的形成机制。

5. 科学或实践互动内容

1)问题思考

研学点 1 临县碛口黄河画廊、碛口古镇

(1)砂岩风蚀、水蚀和盐风化作用的识别特征有哪些,包括地貌形态、岩石结构和微观特征?
(2)砂岩中结核的成因是什么,包括沉积过程中的化学沉淀和生物作用?
(3)砂岩结核如何影响砂岩的风化过程,包括对岩石强度和风化速率的影响?

研学点 2 临县冯家会盖帽黄土林

(1)盖帽黄土林黄土地貌的形成机制是什么,包括风力搬运、沉积作用和地貌演化?
(2)离石黄土和马兰黄土的特征有哪些,包括颜色、结构和成分,以及它们如何反映不同的沉积环境?

研学点 3 临县霍家塔黄土地貌

(1)彩色黄土柱的形成机制是什么,包括沉积环境变化和氧化还原作用,以及不同彩带的环境指示意义?
(2)不同颜色的黄土如何反映古气候环境,包括温度、湿度和氧化还原状态?

研学点 4 方山北武当山花岗岩地貌

(1)根据成分和结构,花岗岩亚类的分类标准是什么,以及它们的成因和分布特征?
(2)花岗岩球状风化、象形石和风动石的形成机制是什么,包括物理风化、化学风化和生物风化的作用?

2)研学点介绍

研学点 1 临县碛口黄河画廊、碛口古镇

临县碛口黄河画廊(图 4-128)也称黄河百里水蚀浮雕(图 4-129),发育于吕梁市临县碛口—克虎镇杏林庄村之间,临县碛口省级地质公园内,延绵 60 多 km,是名副其实的百里画廊,面积约 80 km²,黄河东岸一级阶地到三级阶地均有出露。

黄河画廊地质体岩性为三叠系二马营组巨厚层灰绿色细砂岩,上部为灰红色巨厚层砂岩夹紫红色薄层泥岩,楔状交错层理发育。从河面附近到山坡顶部均有出露。岩壁上垂直节理贯通性良好,多处地段出现垮塌。

黄河画廊随着厚层砂岩在河谷岸坡的出露,大自然鬼斧神工的精雕细刻形成千姿百态、千变万化的艺术珍品,其中大多数为象形地貌,人物鸟兽,应有尽有(图 4-130)。新奇之处还在于因人而异、因时而异、因情而异。在孩童眼里,这里是动物园;在文人书法家眼里,它们更

图 4-128　临县碛口黄河画廊

图 4-129　临县碛口黄河画廊——"藏文"

像是象形文字；在常人眼里，它们或像廊柱、栅栏、石窟、佛龛、石门、石桥，或像浪花、云团、激流，连片的石槽蜿蜒曲折犹如迷宫般耐人寻味。美丽的浮雕就是集绘画艺术、建筑艺术、雕刻艺术、书法艺术为一体的百里画廊，极具艺术观赏价值。

图 4-130　临县碛口黄河画廊风化后形成的象形石

石槽：呈大小不同、形状各异的造型，有的开口向下，有的开口向上，有的呈敞口状，有的呈缩口状。

石窟：风蚀洞穴较大的高度可达 4~6m，宽、深 0.5~1m，形似石窟。

石窝：较小的以水平延伸的石窝组合为特征，深 10~15cm，有的石窝规则排列形成石书造型。

黄河画廊的成因以盐风化作用为主，黄河水蚀与风蚀共同作用形成：①开口朝下的石槽呈漩涡状造型，推断为风力受到阻挡，绕中心环绕形成；②在堡则峪村附近沟中可见山脚巨石堆积，山体明显有沿节理垮塌的痕迹，相对较新鲜的断面上盐风化作用较弱，较老的断面上盐风化作用较强，支离破碎，星星点点；③砂岩中含有球状结核，岩性不均一，黄河画廊的形成过程实为岩体差异风化的过程，风化作用持续进行，老的风蚀景观消失的同时，新的风蚀景观也在逐渐形成。

碛口（图 4-131）是黄河边一座古镇、一个古渡口，为山西省吕梁市临县下辖镇，位于山西省临县城南 48km 处，地处吕梁山西麓。古时候，黄河下游凶险，上游来往的船只，往往在碛口停泊转旱路。碛口古镇，依吕梁山，襟黄河水，是中国历史文化名镇，镇内的西湾村是首批中国历史文化名村。西湾城堡，距离碛口不远，有明清时期古建筑群，和黄土高原相映成趣，相得益彰。

碛口位于黄河晋陕峡谷中部，南临著名的孟门古镇，碛口地处湫水河与黄河交汇处，湫水河携来大量泥沙，挤占黄河水道，黄河河床在碛口由 400m 猛缩为 80m，形成落差。黄河壶口为第一碛，这里因仅次于壶口而得名"二碛"，碛口由此得名。黄河由北而来，湫水从东而至，卧虎山横亘镇北，黑龙庙雄峙河东，山环水抱，阴阳交汇，山的气势，河的雄浑，形成了"虎啸黄河，龙吟碛口"的壮丽图景。

图 4-131　碛口古镇

碛口古镇、古庙、古民居保存完好,已建成省级地质公园和山西省风景名胜区。2003 年,中华人民共和国住房和城乡建设部(简称建设部)、中华人民共和国国家文物局(简称国家文物局)命名碛口西湾村为"中国首批历史文化名村";2005 年,建设部、国家文物局命名碛口镇为"中国历史文化名镇";2006 年,世界文化遗产基金会公布碛口镇为"2006 年度世界百大纪念性守护建筑"(亦称"世界百大濒临危险的文化遗产")。除了令人称奇的黄河画廊之外,碛口还有丰富的人文景观,包括黑龙庙、西湾民居、李家山民居、冯家会魁星楼、中央后委机关驻地——双塔村、西北军工烈士塔、毛主席东渡黄河纪念碑(图 4-132)等。

图 4-132　毛主席东渡黄河纪念碑

研学点 2　临县冯家会盖帽黄土林

冯家会黄土林位于吕梁市临县碛口镇冯家会村北西黄土冲沟中，黄土柱个个都像带了顶帽子，人称"盖帽黄土林"（图 4-133）。如此特别的景观，与当地独特的黄土地貌和覆盖其上的砂岩有关。该黄土林分布面积约 0.25km²，主要在冲沟南、北两侧集中出露。冲沟北侧：共发育黄土柱 20 余根，且成型良好，出露集中，面积约 3600m²，土柱高低错落，高度在 4～8m 之间，直径为 0.5～1.5m。冲沟南侧：土林分布相对分散，共有黄土柱 50 余根，部分成型良好，部分已经垮塌，出露面积约 4200m²，黄土柱呈高低错落状，高度在 1～7m 之间，直径为 0.3～1.2m。

图 4-133　冯家会盖帽黄土林及后方基岩

土柱从下到上由离石组棕黄色亚黏土、马兰组灰黄色亚砂土—粉砂土组成，砂质盖板为二马营组灰绿色长石石英砂岩，大部分呈不规则状，部分呈方形、圆形，且盖板平面面积比黄土柱顶面面积大，厚度为 10～30cm。

冲沟两侧及山坡为更新世黄土堆积，两侧山体基岩为二马营组砂岩，黄土垂直节理发育，土质松软，长期的流水侵蚀和风化作用不断对这里进行打磨、雕刻，砂岩露头垮塌覆盖至黄土层之上，后经长期的流水侵蚀作用形成一个个带帽的土柱，砂岩盖板对土柱提供了天然压实、保护，增强了土林的抗风化能力。该土林为独特的砂质盖板土林，只在特定的环境中形成，因此具有科学研究价值及科学普及价值。

研学点 3　临县霍家塬黄土地貌

霍家塬黄土地貌以彩色黄土柱（图 4-134）为特色，位于吕梁市临县湍水头镇霍家塬村北西黄土冲沟中，临县碛口省级地质公园内，分布面积 9500m²，黄土柱出露地层由老到新分别为中更新统离石组棕黄色、棕红色亚黏土—亚砂土,质地比较均匀,且具垂直节理;上更新统马兰组黄色、灰黄色粉砂土、亚黏土,结构疏松,颗粒细而均匀。

图 4-134　霍家堰彩色黄土柱

该处地貌中以彩色黄土柱为主,并发育黄土峁。黄土柱位于霍家塌村北西黄土沟中。由东向西分别发育 5 根红黄相间的水平环带状土柱组合而成黄土柱,土柱粗细不一,高低错落,高 20~30m,直径 0.5~3m 不等,分布集中,背靠黄土陡崖,自下而上土柱由红变黄,表面光洁。其彩色环带状土柱在国内罕见,多者可达 20 个韵律。这种不同色泽的环状条带主要是由其形成时期的气候环境决定的,每个条带代表不同的时期,颜色越深,代表当时的气候越湿润。背衬高 50m 的同样彩色条带大陡崖,如龙宫中擎天玉柱,显得富丽堂皇、颜色俏丽。基座相连的黄土柱被戏称为"双棒冰激凌",观赏性较高。这里交通不便,加上黄土本身的脆弱性,尚没有进行开发,也没有采取相关的保护措施,是一处原生态的黄土地貌景观。

研学点 4 方山北武当山花岗岩地貌

北武当山(图 4-135、图 4-136)位于吕梁市方山县北武当镇北武当山风景名胜区,海拔 2254m,山体相对高差约 400m,为中山地貌。其地质体岩性主要为 18 亿年前吕梁期关帝山粗粒似斑状黑云母花岗岩、中粗—粗粒黑云母花岗岩。花岗岩山体节理发育,因长期的流水及风化侵蚀,岩体球状风化明显,山体边部为悬崖绝壁。

图 4-135　北武当山全景及石阶

北武当山属于堡状峰和屏状峰花岗岩地貌景观。其四周均为悬崖陡壁,只有一条人工修建的"天梯"(图 4-137)用于登山。北武当山集"雄、奇、险、秀"于一身,主要景观有古猿望日、石猪受难、九龙出洞、龟蛇斗智等。山顶著名的"龟蛇斗智"奇观(图 4-138),"蛇石"虎视眈眈,"龟石"尾临悬崖,万斤重石,峭立崖畔,用力一推或经风一吹,便摇摇欲坠,为典型的风动石。山体岩石裸露,主峰突起,巍峨挺拔,四周都是悬崖峭壁,如神工鬼斧削劈,自然景观奇峻秀丽。北武当山不仅地质景观奇特,还具有浓厚的人文底蕴,相传为真武大帝的行宫所在。

北武当山不仅地质景观奇特,生物资源丰富,区内植被繁茂,森林覆盖率达 70% 以上,是吕梁山的一颗明珠,素有"三晋第一名山"之称,且人文底蕴浓厚。有专家称赞其兼有泰山之雄、黄山之奇、华山之险、峨嵋之秀和青城山之幽。

图 4-136　北武当山山脊

图 4-137　仙音台阶

图 4-138　龟蛇斗象形石

4.6 阳泉市地学研学路线

● **路线10：阳泉市盂县地学研学路线**

1. 行政区划范围

路线10分布于阳泉市盂县境内。

2. 研学路线组成

研学路线包括盂县藏山碳酸盐岩地貌—盂县燕子崖碳酸盐岩地貌—盂县十八盘峡谷3处地质遗迹景观研学点。

3. 研学路线主题

以"碳酸盐岩岩溶—峡谷地貌"为主题,学习碳酸盐岩岩溶地貌类型及其形成过程、地下水的埋藏与迁移、碳酸盐岩地区土壤植被分布特征、断层峡谷的特征及其成因。

4. 研学目标与核心研学内容

(1)灰岩和白云岩的特征与区别。
(2)碳酸盐岩地区溶洞、峡谷、泉水的分布与形成机制。
(3)碳酸盐岩地区地下水的埋藏与运移。
(4)碳酸盐岩地区的土壤发育规律。
(5)碳酸盐岩地区植被分布特征。

5. 科学或实践互动内容

1)问题思考

研学点1 盂县藏山碳酸盐岩地貌

(1)溶洞的水平和垂直分布规律是什么,包括地下水流动路径和岩层构造的影响?
(2)碳酸盐岩地区峡谷的形成机制是什么,包括河流侵蚀作用、岩溶作用和地壳运动的影响?

研学点2 盂县燕子崖碳酸盐岩地貌

(1)不同地层的碳酸盐岩地貌特征有何差异,包括岩石类型、沉积环境和构造作用的影响?
(2)碳酸盐岩地区陡坡和缓坡地形的形成机制有何不同,包括侵蚀作用、岩石性质和构造运动的影响?

> **研学点 3**　盂县十八盘峡谷

(1) 峡谷走向的控制因素有哪些，包括地层走向、地质构造和河流侵蚀作用的影响？

(2) 该区域地貌组合反映了岩溶地貌发育的哪个阶段，包括溶洞、喀斯特峰林和溶蚀平原的特征？

2）研学点介绍

> **研学点 1**　盂县藏山碳酸盐岩地貌

藏山碳酸盐岩地貌位于阳泉市盂县上社镇藏山景区。藏山（图 4-139）地层出露从下而上分别为张夏组灰岩、崮山组灰岩、三山子组白云岩。藏山是《赵氏孤儿》历史传说的所在地，为国家 AAAA 级景区。相传春秋时晋国大夫赵朔被晋国公杀害，赵朔死前将遗腹孤儿托付给门客程婴，程婴舍去己子，携赵朔的孤儿赵武潜入盂山藏匿 15 年，后人把盂山改名为藏山，并立祠祭祀，距今已有 2600 多年的历史。藏山岩体陡立险峻，山顶植被密集覆盖，主要由峰丛、拜水洞和滴水岩等多种碳酸盐岩地貌组成，同时伴生峡谷和泉水等多类地质遗迹。

图 4-139　藏山

拜水洞：发育于藏山北峰之巅寒武系—奥陶系三山子组白云岩中，长 9m，高 1.5～2.3m，宽 5.5m。拜水洞为一干洞，洞内发育鹅管、石幔等钟乳石景观（图 4-140），其中石幔共分为 4 层，高 2m，宽 4m。

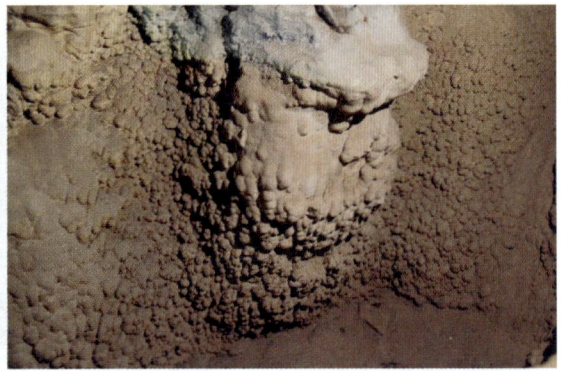

图 4-140　拜水洞石笋和石葡萄

滴水岩(图 4-141)：为一小型弧形洞穴，洞高 5m，宽 14m，深 19m，两侧弧形凹槽顺层发育。滴水岩洞口有一象形石，外形酷似老虎，故名为"石虎"。石虎宽 6m，高 2m，厚 3.5m，为基岩崩塌掉落形成。洞口顶部岩壁上有水滴不断流下，所以此处称为滴水岩。弧形洞穴中部由于长时间的水流汇集，形成水潭，水潭面积 300m²。

峡谷(图 4-142)：长 300m，谷底宽 40m，谷肩距谷底高差 80～150m，一般约 100m。谷坡岩壁陡立，峡谷谷肩植被密集覆盖。拜水洞位于峡谷顶部山脊上。峡谷内藏山庙、滴水岩、育孤松、藏孤洞等藏山内主要景观点密集分布。

神马泉：位于景区内通往藏山庙的观光步道西侧，分为南、北两泉。神马泉为裂隙泉，围岩为崮山组薄层灰岩，山水沿裂隙渗出。其东侧有面积约 40m² 的水潭，为南、北两泉水流注入形成。

图 4-141 滴水岩

图 4-142 藏山峡谷

研学点 2 盂县燕子崖碳酸盐岩地貌

燕子崖(图 4-143)属碳酸盐岩地貌位于盂县北下庄乡悬沟崖村。因其崖壁中一块巨大、突出的石头像燕子头，两边相连陡峭的山壁像展开的双翼而得名，"燕翅"宽约 250m，"燕身"长约 200m，高约 100m。它由多条峡谷切割而成，其岩性为奥陶系马家沟组灰岩。这里的喀

斯特地貌以奇险陡峻著称。经过上百万年的地质构造变迁,山体经强烈的构造抬升和风吹日晒、流水侵蚀,才形成了今天我们看到的壁立千仞、一山又比一山高的地貌景观。谷内风光旖旎,气候适宜,站在悬沟崖村背后,人临崖顶,太行风光尽收眼底。

图 4-143　燕子崖

> **研学点 3**　**盂县十八盘峡谷**

盂县十八盘峡谷(图 4-144)位于阳泉市盂县仙人乡阳坡村十八盘顶,属于峡谷(断层崖)遗迹亚类,遗迹时代为寒武纪—奥陶纪。盂县十八盘峡谷整体走向为东西,总长度近 6km,峡谷宽为 20～50m,谷坡高差为 80～160m,谷坡两侧下部为寒武系张夏组灰白色巨厚层灰岩,中上部为寒武系—奥陶系三山子组白色厚层白云岩,发育两组垂直节理,且节理贯通性良好。谷坡下部为缓坡,植被覆盖密集,岩性为薄层灰岩,白云岩中、上部为陡崖,岩石裸露。谷坡两侧发育侵蚀凹槽、钙质淋滤层、生物礁体(可见叠层石轮廓)、碎屑灰岩等。石瓮村附近有"面壁思过"象形石,崖壁上洞穴常见,植被发育。十八盘峡谷地质遗迹景观丰富,象形石造型奇特,峰丛林立,造型多样,圆锥状山峰延绵起伏,形成形态多样的碳酸盐岩峰丛。

图 4-144　盂县十八盘峡谷

路线 11:阳泉市—平定县地学研学路线

1. 行政区划范围

路线 11 分布于阳泉市、平定县境内。

2. 研学路线组成

研学路线包括阳泉太原组木化石—娘子关泉群—娘子关瀑布 3 处地质遗迹景观研学点;固关长城、娘子关村 2 处其他自然文化景观研学点;阳泉坪上村化石产地 1 处备选研学点。

3. 研学路线主题

以"植物化石—泉—瀑布"为主题,学习古植物化石的形成与保存、地下水的类型和作用规律、河流侵蚀作用、长城和娘子关历史文化。

4. 研学目标与核心研学内容

(1)植物化石的形成与保存。
(2)木化石的环境指示意义。
(3)泉水的类型、分布、补给、排泄及作用。
(4)河流(瀑布)溯源侵蚀作用。

5. 科学或实践互动内容

1)问题思考

研学点 1　阳泉太原组木化石

(1)哪些沉积环境和地层类型有利于(木)化石的保存,包括沉积物的性质和古环境条件?

(2)木化石的形成机制是什么,包括树木埋藏、硅化作用和保存条件?
(3)木化石的类型有哪些,除了硅化木之外,还包括碳化木、石化木和有机残留木?

研学点 2 　华北第一泉——平定娘子关泉群

(1)泉群的分布受哪些地形地貌因素控制,包括地层结构、地质构造和地表水体的影响?
(2)泉水的补给来源有哪些,包括地下水、降水和地表水的补给机制?

研学点 3 　平定娘子关瀑布

(1)瀑布的形成机制是什么,包括岩性差异、构造作用和侵蚀作用的影响?
(2)瀑布溯源侵蚀的控制因素有哪些,包括岩石硬度、水流速度和地形坡度?

研学点 4 　固关长城

(1)长城修建的目的和历史背景是什么,包括防御工事、边疆管理和文化交流的作用?

研学点 5 　娘子关村

(1)娘子关的战略地位和军事价值是什么,包括地理位置、地形优势和历史战役的影响?
(2)从历史经验中,我们能学到什么,关于常怀居安思危意识的重要性,包括风险管理、危机预防和战略规划的教训?

2)研学点介绍

研学点 1 　阳泉太原组木化石

阳泉太原组木化石(图 4-145)位于阳泉市城区水泉沟村及郊区荫营镇一带,遗迹亚类为古植物化石产地,遗迹时代为石炭纪—二叠纪,面积 3.81km^2。赋存层位皆为上古生界太原组猴石灰岩之上的浅灰黄色中厚层—厚层中细粒粉砂长石砂岩,距太原组的顶界 11m。它是我国太原组中数量最多、保存最好的木化石群,具有极高的科研及科普价值。

水泉沟村一带木化石褐铁矿化严重,1km^2 范围内,在长 200m、高 40m 的露头上出露数十块木化石及其碎片,木化石直径 10~50cm,长 1~5m,木化石大部分仅见横断面或侧面,走向基本一致,为 253°。

荫营镇一带的木化石出露数量更多,0.5km^2 范围内出露超过 100 颗木化石,数以千计粗细不一的木化石大量出露在该层位中,此处的木化石主要为硅化木,直径在 10~150cm 不等,出露长度在 0.5m 以上,木化石大部分仅见横断面或侧面,走向基本一致,为 250°。崩塌下的岩石中亦随处可见木化石及碎片或者其印模化石。

阳泉太原组的地层主要由砂岩、泥岩、煤层、石灰岩,以及凝灰岩和铝土矿相互交错组成。这些特征表明,太原组是在一个碳酸盐露台的沉积环境中形成的,伴随着海水退却和海平面频繁变动过程中的浅水三角洲前沿沉积(Benson,1991)。华夏植物群是晚石炭世—早二叠世时期(3.1 亿年前~2.5 亿年前)的一个植物群,主要分布在我国华北、华东、华南等地区。阳泉太原组木化石是该时期华夏植物群的代表之一,它们通常保存在铝土矿层中,具有较好的矿化效果和清晰的木质结构。

这些木化石对研究晚石炭世—早二叠世时期的古植物、古生态和古地理具有重要意义。该化石群中茎干保存了具有横隔的髓部和密木型的次生木质部;其中,直径大于 30cm 的茎干

图 4-145　阳泉太原组木化石及赋存层位

共有 90 棵,最粗的茎干基部直径可达 1.36m;基于茎干基部直径的数值计算出这类植物最高可达 43.54m,是目前国内已发现和报道的个体最大的茎干化石。茎干木材中均没有生长轮发育,含化石地层上、下具有煤层出露,表明阳泉地区该时期气候潮湿且十分稳定,没有明显的季节性变化。当前的研究表明,在二叠纪时期的华北地区,它们依然生活在水分充足的三角洲平原和泛滥平原上(Wan et al.,2020)。

研学点 2　　华北第一泉——平定娘子关泉群

娘子关泉群位于阳泉市平定县娘子关镇苇泽关村一带。娘子关泉古称泽发水,曾称毕发水、阜浆水、妒女泉、飞泉、水帘洞等,今名娘子关泉。娘子关泉分布于程家村至苇泽关约 7km

的河漫滩及阶地上，由 11 个泉群、32 个泉眼组成。泉眼主要分布在河床边部与低山相接地带，出露位置高程 360～392m，泉域面积 4667km²。泉群多年（1956—2003 年）平均流量 10.4m³/s，11 个主要泉口为坡底泉、程家春、坡西泉、五龙泉、石板磨泉、滚泉（图 4-146）、河北村泉、桥墩泉、禁区泉、水帘洞泉和苇泽关泉，含水介质为奥陶系马家沟组灰岩。泉水水化学类型一般为 $SO_4 \cdot HCO_3$-Ca＋Mg 或 $SO_4 \cdot HCO_3$-Ca 型水，溶解性总固体 600～700mg/L，总硬度 450～480mg/L，水温 19.2℃。泉域多年平均降水量为 534.3mm，其分布跨越海河和黄河两大流域，主要河流为桃河、温河、松溪河和清漳河。

图 4-146　滚泉

娘子关泉域水资源系统是以岩溶地下水为主体，包括地表水和中浅层地下水在内的系统。地表水在西部接受大气降水、碎屑岩裂隙地下水补给后向东径流，沿途分别穿过河谷松散层孔隙含水层分布区和碳酸盐岩分布区产生渗漏补给，以其侧向和覆盖层间间接入渗补给，形成岩溶地下水。岩溶地下水沿着岩溶裂隙从北、东、南 3 个方向向平定县娘子关（图 4-147）一带汇集，受石炭系、二叠系阻挡，溢流成泉。

图 4-147　娘子关

娘子关泉用于灌溉、发电、厂矿和城市用水。灌溉 21 万亩土地,保浇 17 万亩,解决了娘子关电厂的用水,从坡西泉、坡底泉和五龙泉引水 4.5m³/s,净耗水量 0.38m³/s,解决了阳泉市、平定县的用水,基岩为灰岩。由于泉域面积大,含水层具有良好的调节能力,泉水排泄量较稳定,为标准的稳定型大泉。娘子关泉水与绵河汇合后入河北省为冶河。

娘子关泉是我国北方最大的裂隙岩溶泉,它位于平定县娘子关镇,与素有"三晋门户""万里长城第九关"之称的娘子关相邻,周围悬崖峭壁,奇峰突起,地势险要,为历代兵家必争之地。相传唐高祖李渊的三女儿平阳公主曾经领兵驻防于此,因其军队中大部分为女兵,故称娘子关,泉水以关为名。

研学点 3　平定娘子关瀑布

平定娘子关瀑布(图 4-148)位于阳泉市平定县娘子关镇。平定娘子关瀑布又名飞泉,位于娘子关城堡东门附近约 300m 的妒女祠下,属于垂直型瀑布,瀑布宽 6.5m,落差 30m,流量最大时为 3.2m³/s,因临娘子关而得名。它是泽发水的源头,人称水帘洞,山坡谷中泉眼累累,形成悬泉。瀑布由多股泉水汇流而成,沿悬崖峭壁倾泻而下,悬空如白练挂在石壁前,形成高达十几丈的飞流。"海眼"是最大的泉眼,泉水翻滚,激起层层浪花,响声震耳。

图 4-148　平定娘子关瀑布

研学点 4　固关长城

固关长城位于太行山西侧的山西省阳泉市平定县新关村,北起娘子关嘉峪沟,南至白灰村村口,全长 20km,是内长城重要的关隘。固关长城是国内保留较完整的现存唯一可考石砌内长城,是我国最早的明代内长城,著名长城专家罗哲文称之"有小八达岭之风韵"。据罗先生考证,固关长城始建于公元前 369 年,比秦始皇统一六国后修建的万里长城还早 155 年。虽然现存遗迹多为明代建筑,但从始建年算起,它已有 2374 年的历史,国内少见。

固关是明代京西四大名关之一(其余三关是居庸关、紫荆关、倒马关),为"京畿藩屏"。关城初修于明正统二年(1437 年),当时叫"故关",在今平定县娘子关镇旧关村。嘉靖二十二年(1543 年),"虏寇太原,密迩故关。其关虽地当冲要,而旧城险要不足"。于是西迁十里筑新城,取"固若金汤"之意,改"故"为"固",并于其后修复了关城两侧的长城。

研学点 5　娘子关村

平定县娘子关镇娘子关村位于晋冀两省交会处,因唐太宗李世民之妹平阳公主率娘子军驻守而得名。娘子关村山奇水秀,飞瀑流泉,自然景观丰富,人文历史悠久,有"万里长城第九关"和"北国小江南"之美誉,是著名的旅游胜地。

娘子关历来为兵家必争之地,亦有山西东大门之称,这里群山环抱,绿水缠绕,交通便捷,资源丰富,是著名的旅游胜地。被誉为"天下第九关"的长城古堡,连接着傍山而筑的古长城,犹如两翼舒展飞翔。古老的娘子关,在这雄浑壮丽的景观映衬下,正以全新的姿态迎接经济的腾飞,为其未来的发展展开了崭新的翅膀。内城门上镌刻的"京畿藩屏"4 个大字记载了这方土地为中华民族几千年文明史所作出的贡献。娘子关村的水磨面味道香甜,享誉三晋。水磨面分玉米面、豆面、小麦面,以及各种杂面。石榴和柿子在娘子关村也比较多,味美价廉。2019 年 7 月 28 日,娘子关村入选第一批《全国乡村旅游重点村名录》。

4.7　晋中市地学研学路线

路线 12:晋中市左权县—昔阳县地学研学路线

1. 行政区划范围

路线 12 分布于晋中市左权县、昔阳县境内。

2. 研学路线组成

研学路线包括左权麻田嶂石岩地貌—左权龙泉瀑布—昔阳龙岩大峡谷 3 处地质遗迹景观研学点;麻田八路军总部旧址、龙泉国家森林公园 2 处其他自然文化景观研学点;昔阳大寨 1 处备选研学点。

3. 研学路线主题

以"嶂石岩地貌—瀑布"为主题,学习嶂石岩地貌特征及其成因、碎屑岩沉积构造的识别及其环境指示作用、河流(瀑布)溯源侵蚀作用。

4. 研学目标与核心研学内容

(1)嶂石岩地貌特征及其成因。
(2)三大类型砂岩地貌的形成过程。
(3)沉积构造的岩相古地理指示作用。
(4)河流溯源侵蚀作用。
(5)瀑布的形成过程。

5. 科学或实践互动内容

1)问题思考

研学点 1 左权麻田碎屑岩(嶂石岩)地貌

(1)嶂石岩地貌的独特特征有哪些,包括岩石类型、地貌形态和成因机制?
(2)嶂石岩地貌、张家界峰林地貌和丹霞地貌在岩石类型、地貌特征和形成机制上有何不同?

研学点 2 左权龙泉瀑布

(1)瀑布的形成机制是什么,包括地形高差、岩性差异和水流侵蚀作用?
(2)瀑布通常发育在哪种岩石地层中,包括岩石的硬度和抗侵蚀能力?
(3)瀑布发育的岩石特征有哪些,包括岩石结构、成分和物理性质?

研学点 3 昔阳龙岩大峡谷

(1)流水波痕、波浪波痕、紊流波痕、泥裂、楔状交错层理、板状交错层理等沉积构造对古地理环境的指示意义是什么?
(2)砂岩地貌和灰岩地貌中峡谷或一线天地貌的景观特征有何不同,包括岩石类型和侵蚀作用的影响?

研学点 4 麻田八路军总部旧址

(1)麻田在抗日战争时期成为八路军总部的地理学原因是什么,包括地形隐蔽性和战略位置?

研学点 5 龙泉国家森林公园

(1)山西森林公园的分布基岩类型有哪些,是否存在与岩石类型相关的分布规律?
(2)哪些基岩类型上发育的土壤更有利于植被生长,包括岩石的风化程度和土壤性质?

2)研学点介绍

研学点 1 左权麻田碎屑岩(嶂石岩)地貌

左权麻田碎屑岩(嶂石岩)地貌(图4-149)位于晋中市左权县麻田镇武军寺村—南窑村,分布面积约6km²,出露地层为中元古界常州沟组红白相间厚层石英岩状砂岩。经过漫长的风化作用和流水侵蚀作用,麻田地区山体发育大量圆柱状、塔状山峰,高低错落、层峦叠嶂,犹如万里长城巍然挺立,又犹如燕赵壮士守护着三晋大地。巍峨雄壮的山体和气势磅礴的清漳河水相呼应,更加显示出山体的恢宏、博大。麻田为八路军总部旧址所在地,旧址保存完整,博物馆设施完善,是著名的爱国教育基地,具有浓厚的红色文化氛围。该碎屑岩地貌主要由大型象形石和陡崖组成,同时也伴生风景河段等地质遗迹。

图 4-149　左权麻田红层

象形石:在长期的风化作用及流水作用下,山体发育大量圆柱状、蘑菇状山峰,巍峨雄壮、层峦叠嶂,有著名的龟山(图 4-150)、兔山(图 4-151)、神女峰(图 4-152)等。

图 4-150　龟山

图 4-151 兔山

龟山和兔山位于沟谷西侧,南会村后、群峰之上,巨龟伏于山巅,龟山南侧为兔山,玉兔同样伏于山脊,由北向南观察,龟兔并驾齐驱,好像要展开一场竞赛,所以龟兔山又名"龟兔赛跑"。

神女峰位于龟山北侧,上南会村后山脊,当地人也称之为媳妇山,在大自然鬼斧神工的塑造下,山脊处出现面容清晰的神女造型,眉、眼、鼻、嘴都恰到好处。

陡壁和断崖:清漳河两岸山体高耸,山脊距谷底高差为80~150m,一般为100m,基岩层理产状近水平,垂直节理、裂隙发育,且贯通性极好,山体沿垂直节理、裂隙形成陡壁、断崖屹立于清漳河两侧。

清漳河:是太行山区重要的河流,为左权县最重要的水源,常年流量稳定。清漳河流经麻田段河谷宽200~300m,河水奔流咆哮、浪花翻滚、气势如虹。

图 4-152 神女峰

研学点 2　左权龙泉瀑布

龙泉国家森林公园（图 4-153）坐落于左权县城南 20km 处，这里山体高耸，最高海拔 2097m。园区内植被种类繁多，共有 97 科 305 属 626 种，森林覆盖率约为 90%，夏季绿树成荫，秋季红叶遍布，是山西省次生林植被保护最好的林区之一。

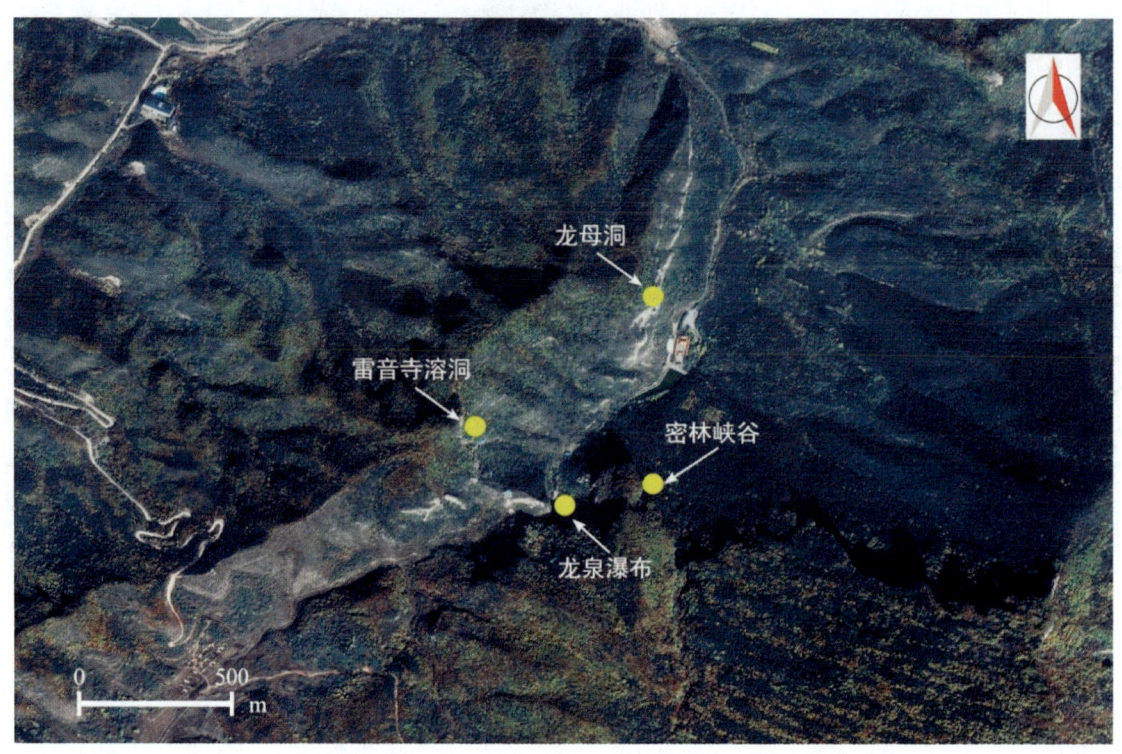

图 4-153　龙泉国家森林公园地质遗迹分布图

龙泉瀑布是龙泉国家森林公园内最引人注目的风景。公园内山体耸立，沟壑纵横，瀑布发育于公园最深处。此处三面环山，岩壁陡立，山体岩性为三山子组厚层白云岩。瀑布高 10m，分为两叠，常年水量较大，即使降水量少的年份，亦很少断流，瀑底水流汇聚呈近方形水潭，面积约 100m²，清澈见底。

龙泉瀑布（图 4-154）如白练垂空，飞流而下，晶莹夺目，水落地摇，声震十里，站在观景平台上能感到地面震动，雨季水量剧增，气势更加宏伟壮观。龙泉瀑布非断崖跌水，更非平地水流，而是从陡崖上直径约 2m、朝向 350°的溶洞内飞流而出，如龙口吐水，粗若玉柱，吸入珠帘，水滴飞溅，形成别具一格的"洞天河"景观。

公园内其他地质遗迹有雷鸣寺溶洞、龙母洞及密林峡谷，与龙泉瀑布一起构成了龙泉国家森林公园地质遗迹景观群。

雷音寺溶洞（图 4-155）为发育于山体半山腰三山子组厚层白云岩陡壁中的大型碳酸盐岩洞穴，洞口距山脊约 100m，距谷底高差亦有约 100m。该洞原名"十龙洞"，洞口高 45m，宽 52m，入深 38m。早在 3000 多年前的周代，该洞已改建为雷音寺。从唐代开始这里佛事活动盛行，方圆 26 个村庄的百姓每逢佳节都要来此处拜佛，后来经多次修缮，目前建筑面积达 2600m²。

图 4-154　龙泉瀑布

图 4-155　雷音寺溶洞

龙母洞,经调查发现该洞实为发育于三山子组白云岩中的垂直节理裂隙,裂隙宽 1.5m,深 2m,高约 40m,从半山腰一直延伸到山顶。

密林峡谷,走向近南北,基岩为三山子组白云岩,峡谷向上延伸,延伸约 1km,谷底宽 10～30m,一般宽 20m,高差 50～150m,一般为 80m。谷底通行艰难,树木密集,行走于谷底,苍松翠柏遮天蔽日,如入胜境。

研学点 3　昔阳龙岩大峡谷

昔阳龙岩大峡谷(图 4-156)位于晋中市昔阳县孔氏乡吴家岩村—长条堰村一带,整体呈"U"形,峡谷总长约 7km,谷底蜿蜒曲折,宽度为 6～20m,平均宽 15m,谷坡为高度 50～100m 的陡崖,高宽比为 5～10,出露面积约 15km²。峡谷总体走向为南北,起点为孔氏乡吴家岩村,终点为孔氏乡长条堰村,具有嶂石岩地貌的特征。峡谷出露地层:古元古界南寺组,主要为中元古界常州沟组灰白色—肉红色薄—厚层石英岩状砂岩,寒武系馒头组、张夏组厚层灰岩。

图 4-156　昔阳龙岩大峡谷

龙岩大峡谷对华北古陆块中元古代岩相古地理研究、嶂石岩峡谷地貌景观研究具有极高的科研科普意义。谷坡为高度 50～100m 的陡崖,谷肩上山体雄浑、峰峦叠嶂,延绵不绝,孤峰耸立,独具象形,有的形如起航的帆船,有的形如端坐的神犬,有的形如笔架,规模宏大,景色奇特,极为壮观。龙岩大峡谷由多条支谷和一线天等组成,同时伴生泥裂、波痕等层面构造,还有"乳房山""神犬""笔架山"等多处象形石(图 4-157～图 4-159)。

里沙瑶峡谷长近 1.5km,谷底宽 30～80m,谷坡高 40～70m,两侧发育 5 条支谷,基岩中发育大量典型的沉积构造,如流水波痕、波浪波痕、紊流波痕、泥裂、楔状交错层理、板状交错层理等。

图 4-157　象形峰

图 4-158　丹崖挂柏

马鞯岩峡谷整体近东西走向，长约 1.5km，峡谷中段谷底宽度变窄，谷坡垂直陡立，形成一线天景观。一线天整体呈"S"形，长 150m，宽 3～10m，高差约 50m，末端天然形成两级陡坎，流水顺陡坎而下。

三教河峡谷长约 4km，总体呈北西-南东走向，底部宽 30～50m，高 100～130m，峡谷两侧砂岩中平行层理、斜层理（图 4-160）极为发育，层面可见大量泥裂和波痕（图 4-161）。峡谷内有岩石崩塌遗迹，崩塌岩石旁盖有"大石头仙庙"。刀把口村西有"阳顶天"象形石，沟底的岩石层面中可见极为壮观的多期多种规模的泥裂。

图 4-159　峰丛

图 4-160　砂岩中的水平层理和交错层理

图 4-161　砂岩中层面构造——泥裂和波痕

长条堰峡谷总长约 4km,起点为长条堰村,终点在滴水岩南的省界,总体呈北西-南东走向,峡谷底部宽 30~50m,高 100~130m,主沟西南侧有"一大两小"3 个支沟。主沟北侧有"乳房山"象形山。

研学点 4 麻田八路军总部旧址

左权麻田是抗日战争时期华北地区的政治、军事、经济和文化中心。八路军总部和中共中央北方局等党、政、军首脑机关曾在此驻扎(图 4-162)。彭德怀、刘伯承、邓小平、左权、杨尚昆、罗瑞卿等老一辈无产阶级革命家在此战斗、生活达 5 年之久,在此书写了争取民族独立和人民解放的篇章。

图 4-162　左权麻田八路军总部旧址

研学点 5 龙泉国家森林公园

龙泉国家森林公园(图 4-163)于 1992 年经国家林业部林造批字〔1992〕200 号文件批准建立,规划森林风景资源保护总面积 24 380hm²,清漳河和 207 国道纵贯南北,条件优越,是一处以森林自然景观和龙窑寺、龙神庙、麻田八路军前方总部及中共中央北方局旧址等历史遗迹为主要内涵的国家级公园。经过十多年的科学规划、积极保护、开发和建设,这个公园已经成为三晋大地的一处旅游胜地和爱国主义教育基地。

龙泉国家森林公园位于太行山中段的左权县东南的堡则、桐峪、麻田、泽城四乡镇境内,与河北省涉县接壤，地处晋冀豫三省要隘，被称"晋疆锁钥，山西屏障"，为历代兵家必争之地。抗日战争时期，八路军总部、中共中央北方局等领导曾在位于森林公园内的麻田等地驻扎5年之久，许多著名领导人也曾在此长期生活、战斗，为纪念八路军副总参谋长、卓越的军事家左权将军殉国而易名左权县。

全园划分为古寺庙游览区、千亩自然风景观赏区、古山寨胜境区、革命纪念地4个游览区，共87处景点。

图4-163 龙泉国家森林公园

3）备选研学点介绍

备选研学点 1 昔阳县大寨村

昔阳县大寨村（图4-164）是昔阳县的一个小山村。大寨地处山西省昔阳县城东南部，全村有220多户人家，510多口人，1.88km²，海拔1 162.6m。这里属太行山土石山区，由于长期风蚀水切，地域形成了七沟八梁一面坡的形貌。这里穷山恶水，自然环境恶劣，群众生活十分艰苦，后进行治山治水，开辟层层梯田，并通过引水浇地改变了靠天吃饭的状况。这些实践给研学提供了关于地形与地貌变迁、生态环境保护和改善的宝贵案例。得到了毛泽东主席的肯定和表扬，并于1964年发出了"农业学大寨"的号召，从而成为全国农业的一面旗帜。"农业学大寨"以来，老一辈无产阶级革命家周恩来、李先念、叶剑英、邓小平、陈毅等曾相继视察大寨，国外有国家元首、政界要人和友好知名人士，国内有各行各业的人士，共有上千万人次前来参观学习大寨，来自海外134个国家和地区的达2.5万多人。

图 4-164　昔阳县大寨村

大寨村曾因"工业学大庆,农业学大寨"的政策而闻名,成为全国的农业学习榜样。这一历史背景不仅展示了中国特定时期的农业发展和政策导向,还反映了社会主义建设中的乡村振兴战略。大寨的发展历程,为研学提供了丰富的历史人文教育资源。

十一届三中全会以来,大寨村已经成为一个优美的公园山村。层层梯田庄稼葱绿,池水波光旖旎,人造森林郁郁葱葱,果园硕果累累。大寨村窑洞整齐,街道干净、清洁,人民热情好客。大寨村的交通、通信等基础条件已经大有改善,是一个成熟的农业旅游区。

大寨村在中国农村历史发展中具有特殊意义,其社会实践和社会建构过程深刻反映了中国农村在特定历史时期的变革与进步。大寨村不仅是农村发展的缩影,也是中国农民追求更好生活的象征。大寨村的社会实践和建构过程反映了中国农村在特定历史时期的发展路径，既受到国家政策的推动，也体现了农民对美好生活追求的自发行动，是理解中国农村历史和社会变迁的重要案例。

● 路线13：晋中市灵石县—介休市—榆社县地学研学路线

1. 行政区划范围

路线13分布于晋中市灵石县—介休市—榆社县境内。

2. 研学路线组成

研学路线包括灵石石膏山碳酸盐岩地貌—介休绵山碳酸盐岩地貌—榆社动物群3处地质遗迹景观研学点；绵山、石膏山、云竹湖、榆社古生物化石博物馆4处其他自然文化景观研学点。

3. 研学路线主题

以"碳酸盐岩地貌—古动物化石"为主题，学习碳酸盐岩及其地貌特征，岩溶地貌发育过程及其地貌组合，动物化石的形成与保存，以及人工湖的形成与功能。

4. 研学目标与核心研学内容

(1)溶洞等碳酸盐岩地貌的特征及其形成过程。
(2)多级溶洞、石笋等碳酸盐岩地貌的地质意义。
(3)岩溶发育过程及其地貌组合。
(4)动物化石的形成与保存条件。

5. 科学或实践互动内容

1)问题思考

研学点1 灵石石膏山碳酸盐岩地貌

(1)多级溶洞的形成机制是什么，包括地下水循环和地壳运动的影响，以及它们对古环境的指示意义？
(2)不同类型沉积岩对地下水迁移的影响机制是什么，包括岩石渗透性和孔隙度的作用？

研学点2 介休绵山碳酸盐岩地貌

(1)碳酸盐岩地貌在幼年期、青年期和老年期的岩溶地貌组合特征有哪些，包括溶洞、喀斯特峰林和溶蚀平原？
(2)瀑布分布的岩性专属性是什么，包括岩石硬度和侵蚀作用的影响？

研学点3 榆社动物群化石产地

(1)动物化石群组合的环境指示意义是什么，包括古气候、古环境和古生态系统的特征？

(2)动物化石群通常产出于哪些岩石类型中,包括沉积岩和火山岩?

研学点 4　榆社古生物化石博物馆

(1)大唇犀和剑齿象牙化石的珍贵之处在哪里,包括它们的科学价值和古生物学意义?

研学点 5　云竹湖

(1)云竹湖的成因类型是什么?

(2)云竹湖的功能有哪些,包括生态调节、水资源供给、旅游观光等?

2)研学点介绍

研学点 1　灵石石膏山碳酸盐岩地貌

灵石石膏山(图 4-165)碳酸盐岩地貌位于晋中市灵石县东南南关镇,属于太岳山北段,处于晋中、晋南和晋东南三地交界处,灵石石膏山省级地质公园内。公园划分为石膏山景区、花石岩景区、山林野趣景区和白杨河景区,总面积 $71.6 km^2$。

图 4-165　灵石石膏山

石膏山名称的由来，是因为产出矿物石膏吗？石膏山其实不产石膏，《春秋玄命苞》曰："膏者，神之液也。"故此"石膏"之意是指石中流出的乳白色汁水，遇空气凝而成钟乳石者，因古人不解石灰岩层渗水形成钟乳石之谜。它实际上是在寒武系底部霍山砂岩裂隙洞中，有上部碳酸盐岩岩溶下渗重结晶为方解石晶体，是地下水和地表水对可溶性岩石的化学作用和物理作用及其形成的水文地质地貌现象。

公园内地质遗迹有岩溶地貌、飞来峰、碎屑岩地貌，以构造遗迹为主，包括断裂、褶皱及新构造。地层剖面则有太古界太岳山岩群浑河杂岩和霍山砂岩等。地貌景观类地质遗迹则为山岳、峡谷、水体和岩溶地貌。

石膏山人文历史古老悠久，有2200多年历史的灵沁古道、寺宁建筑，有1400多年历史的龙吟书院和600多年历史的西峰罗汉顶。该地质公园的地质遗迹与佛教、道教文化及其建筑景观融为一体，为人们提供了高品位的观光旅游、度假、休闲疗养、科学教育和文化娱乐的场所。

研学点 2　介休绵山碳酸盐岩地貌

绵山碳酸盐岩地貌位于晋中市介休市绵山镇绵山风景区，长6km，出露面积约5.7km²。其地层出露由老到新依次为寒武系张夏组厚层—巨厚层鲕粒灰岩，三山子组厚层白云岩，奥陶系马家沟组薄层—中厚层灰岩。

绵山起源于春秋时晋国介子推携母隐居被焚在山上，所以绵山又名介山。相传，春秋时期，晋国大臣介子推跟随晋国公子重耳（晋献公的二公子）在外流亡19年。期间风餐露宿，饥寒交迫到食不果腹的地步。生死攸关之际，介子推偷偷割下自己大腿上的肉，给重耳烹而食之，重耳得知后感动不已。后来，重耳结束了流亡生涯，回国登上了国君宝座，成为春秋五霸之一的晋文公，重赏功臣，可是唯独忘了这位当年"剐股奉君"的介子推。介子推为人正直，看不惯官场的尔虞我诈、贪功争赏，便携老母隐居绵山。晋文公听说后羞愧莫及，寻到绵山，未果。晋文公无奈，下令放火逼介子推出山。不料奸臣四面烧山，介子推与母相拥被烧死在一棵大柳树下。晋文公追悔莫及，为感怀介子推，下令在介子推忌日这天禁烟寒食，于是便有了清明节（寒食节）。几千年过去了，青山依旧在，贤臣无踪影，清明节却在历史的长河中被广为弘扬至今，成为我国最重要的传统节日之一。也正因为一代忠臣介子推的高风亮节，介休绵山被打上了深深的历史印记，为天下人所知晓。

绵山为中国历史文化名山、山西省重点风景名胜区、国家AAAAA级风景名胜区。区内碳酸盐岩峡谷（图4-166）幽深，水流湍急，谷坡垂直陡立、巍峨险峻、直入云霄，山体和沟谷相互映衬，互为依托，栩栩如生。绵山在巍峨的山体衬托下有大量的景点，如龙头寺、龙脊岭、李姑岩、蜂房泉、大罗宫、天桥、一斗泉、朱家凹、云峰寺、正果寺、介公岭等。

绵山内广泛分布着距今5.2亿年至4.4亿年的寒武纪—奥陶纪碳酸盐岩，其构成的碳酸盐岩地貌东西向延伸20km，出露面积近11km²。绵山峡谷幽深、水流湍急、峰林陡立，由于绵山独特的地质结构，山上形成大大小小的天然溶洞。这些溶洞沿层面发育，形态千奇百怪，大者可容万余人，小如石间裂隙。绵山碳酸盐岩地貌发育多处侵蚀凹槽，碳酸盐岩峡谷和水涛沟峡谷是其最主要的地貌景观。碳酸盐岩峡谷整体呈"U"形，长5km，谷底一般宽50m，谷肩

图 4-166　绵山碳酸盐岩峡谷

高差达 500m。水涛沟(图 4-167)峡谷山势如两手抱腹,形成一个巨大的山洞,长 15km,整体呈"V"形,已经开发部分长 4km,谷底宽 8～20m,一般宽 10m,谷肩高差达 200m。在水涛沟深处河流侵蚀作用形成了"水帘洞",深 1.5m,宽 1.8m,高 2m,为跌落的水流向后掏蚀形成。跌落的水流如珠帘般悬挂于洞口形成水帘洞景观,雨季水流大较大时,水流奔腾,浪花翻滚,游客很难进入洞中,水量少时,游客可披雨衣进入洞内(图 4-168)。水涛沟风景河段中最有名的为"五龙飞瀑",瀑布地质体为太岳山群杂岩,瀑布为垂直型瀑布,宽 3m,落差达 88m,为两级瀑布,第一级落差 55m,第二级落差 30m 水质清澈,常年流水,瀑底水体聚集形成面积约 100m² 的方形水潭(图 4-169)。

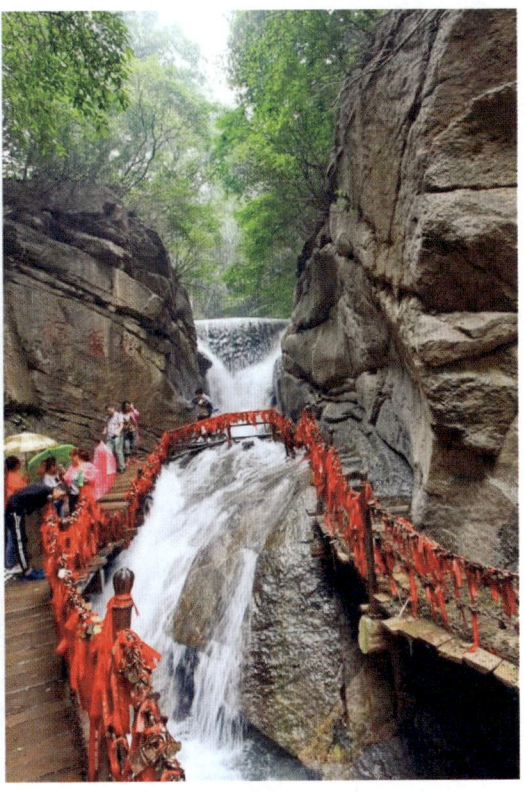

图 4-167　水涛沟　　　　　　　　　　图 4-168　水帘洞

图 4-169 五龙飞瀑

绵山水资源丰富,悬泉深涧,溪流纵横,水质甘甜清冽,富含矿物质,这得益于绵山的碳酸盐岩。众多泉水不但富含矿物质,且呈弱碱性,是人体最理想的饮用水。绵山有终年长流不息的泉水十余处,大小泉眼 30 余个。绵山最神奇的泉水要数母奶泉了。在高耸入天的凹崖中间,悬垂着大小数十个长满苔藓的石钟乳,泉水终年从乳峰滴落,注入下方石池时发出叮咚悦耳的乐声。

研学点 3 榆社动物群化石产地

榆社动物群化石产地位于晋中市榆社县箕城镇、云竹镇、郝北镇等地,分布面积约 30 km^2,遗迹亚类为古动物化石产地,遗迹时代为新近纪—第四纪,在榆社古生物化石国家地质公园内。该产地的化石主要形成于新近纪和第四纪不同地质历史时期,包括哺乳动物、脊椎与无脊椎动物、软体与微体类、植物化石等,产出地层为新生代中新统马会组,上新统高庄组、麻则沟组。

马会组产出哺乳动物化石 26 属 50 余种,主要有李氏三趾马、榆社剑齿象(图 4-170)、维氏嵌齿象、中国五棱齿象、楔形五棱齿象、中间齿轨象、师氏剑齿象、榆融鼠狗、巴氏剑齿虎、大唇犀(4-171)、新俄罗斯鹿、始柱角鹿、枝角鹿、三角小羚羊、高氏羚羊比较种等。

高庄组产出哺乳动物化石 37 属 70 余种,有食虫目鼩鼱、鼹鼠科、啮齿目松鼠科、睡鼠科、仓鼠科、鼢鼠科、跳猪科、兔形目兔科,食肉目犬科、熊科、鼬科、猫科、长鼻目短颌象科、嵌齿科、真象科,奇蹄目马科,偶蹄目猪科、骆驼科、鹿科、牛科等。

麻则沟组产出哺乳动物化石 60 余种,有丁氏鼢鼠、三门马、梅氏双角犀、中国古野牛比较种、翁氏转角羚羊、裴氏转角羚羊比较种、中国羚羊比较种、蒙古羚羊(鹅喉羚比较种)、羚羊、山东绵羊、黑鹿、山西轴鹿、布氏大角鹿、平额原齿象、德永古菱齿象、纳玛古菱齿象、真犀科等。

图 4-170　剑齿象

图 4-171　大唇犀

"榆社动物群"是介于"保德动物群"和"泥河湾动物群"之间的具有自身特色的动物群,在新生代动物群中具有独特性和典型性,特别是其中以榆社当地命名的哺乳动物化石,种类丰富、数量众多,且化石的完整性和珍贵性极高。不断发现的新属、新种,更是让榆社动物群无论是在数量、种类方面,还是在完整性、珍贵性方面,都有望成为中国乃至世界之最。榆社盆地是新生代哺乳动物化石的宝库,特别是大型哺乳动物化石,种类繁多、结构完整,在国内外享有盛名,它们记录了晚新生代上新世至早更新世时段多种哺乳动物进化的轨迹,具有重要的生物进化研究和科普价值。

早期发现的大批珍贵化石流落海外,包括德国、英国、法国、瑞士、芬兰和苏联等国家及地区。中华人民共和国成立结束了榆社化石外流历史。1983年建立榆社化石博物馆,用以保存古生物化石。该区现已建立山西榆社古生物化石国家地质公园和山西榆社国家级重点保护古生物化石集中产地,区内化石出露点得到了有效保护。

榆社除了发现大量的新生界榆社动物群外,还发育二叠系—三叠系连续沉积,发现有非常丰富的早期爬行动物——中三叠世中国肯氏兽动物群,也是中国肯氏兽动物群的命名地,其中也有以榆社地名或以纪念为古生物事业做出突出贡献者姓氏命名的物种,如银郊中国肯氏兽、择义王氏鳄等;2010年,山西自然博物馆建馆期间,也曾在这一带发掘了大量的脊椎动物化石,并对其开展了研究,陈列于山西自然博物馆。

研学点 4　榆社古生物化石博物馆

山西省榆社县级化石专题博物馆位于榆社县城迎春南路,于1983年7月兴建,是山西省的一座县级化石专题博物馆。2009年被国家文物局评定为国家二级博物馆,是全国唯一一所县级二级化石专题博物馆。

2006年新建后的博物馆占地面积4100m²,建筑面积1760m²,展厅面积1280m²,库房面积300m²。馆藏化石1000余件,为研究700万年前至100万年前榆社盆地古地理、古气候及生物进化的实物资料,具有很高的科研价值和观赏价值,馆内陈列"古脊椎动物化石展"。此外,该馆还收藏有当地历年考古发掘出土的大量珍贵文物,尤以唐代前后的佛教造像最为突出。共展有各类化石1000余件,包括一级品85件,二、三级品915件,其中榆社剑齿象、大唇犀、三趾马、剑齿虎等都是该县独有的、闻名全球的珍品。与化石相媲美的,还有至今国内唯一的吴季子剑,以及享誉世界的石佛、石刻、青铜器、瓷器等。

研学点 5　云竹湖

云竹湖(图4-172),又名云簇湖,位于榆社县县域西南部,距县城22km,距太原市88km。湖区地域跨云竹镇和河峪乡两乡(镇),东面紧邻云竹镇(云簇镇),西南、西北分别与武乡县、祁县相邻。云竹湖(云簇湖)系海河流域南运河水系、浊漳河支流。

云竹河上游的海金山脚下,系1959年动工1960年建成的海金山水库。水库海拔1021m,水库坝长197m,坝顶宽7m,坝顶海拔1031m。库区总面积21 700亩,其中水域面积21 244亩,周边地456亩。水库上游控制流域面积353km²,校核总库容9845万m³,可灌溉面积1.38万亩,水库防洪投资为千年一遇防洪标准,是一座以防洪为主,兼顾灌溉、水产养殖为一体的中型水库。

图 4-172 云竹湖

4.8 长治市地学研学路线

● 路线 14:长治市黎城县—武乡县地学研学路线

1. 行政区划范围

路线 14 分布于长治市黎城县、武乡县境内。

2. 研学路线组成

研学路线包括黎城金鸡寨嶂石岩地貌—黎城洗耳河嶂石岩地貌—黎城彭庄赵家庄组—常州沟组剖面—黎城黄崖洞嶂石岩地貌—板山碳酸盐岩地貌—武乡太行龙洞 6 处地质遗迹景观研学点;黄崖洞 1 处其他自然文化景观研学点;长子硅化木化石群 1 处备选研学点。

3. 研学路线主题

以"嶂石岩地貌—碳酸盐岩地貌"为主题,学习嶂石岩地貌特征及其成因、沉积构造的成因及其形成环境、岩溶地貌的发育过程及其影响因素。

4. 研学目标与核心研学内容

(1)嶂石岩地貌特征及其形成过程。
(2)嶂石岩地貌形成的制约因素。

(3)嶂石岩地貌与碳酸盐岩地貌的差异。
(4)沉积岩中沉积构造的环境指示意义。
(5)岩溶地貌的气候和岩性影响机制。

5. 科学或实践互动内容

1)问题思考

研学点 1　黎城金鸡寨嶂石岩地貌

(1)嶂石岩地貌的独特特征有哪些,包括岩石类型、地貌形态和成因机制?
(2)嶂石岩地貌中的象形石、峡谷特征与碳酸盐岩地貌有何异同,包括岩石性质和侵蚀作用的影响?
(3)嶂石岩中发育的层理构造和层面构造有哪些类型,包括水平层理、交错层理和波痕?
(4)嶂石岩地貌的形成经历了怎样的过程,包括岩石类型、构造运动和侵蚀作用的影响?

研学点 2　黎城洗耳河嶂石岩地貌

(1)嶂石岩中长墙与孤峰的形成机制有何不同,包括岩石结构、侵蚀作用和地壳运动的影响?
(2)嶂石岩地貌在全国的分布情况如何,包括地理范围和地质背景?
(3)嶂石岩地貌的发育是否受气候因素影响,包括降水、温度和风化作用?

研学点 3　黎城彭庄赵家庄一常州沟组剖面

(1)石英岩状砂岩的形成机制是什么,包括沉积作用、成岩作用和变质作用的影响?
(2)石英岩状砂岩的主要矿物成分有哪些,包括石英、长石和云母?
(3)为什么石英岩状砂岩为主的地层地貌上常形成大陡坎,包括岩石硬度和侵蚀作用的影响?

研学点 4　黎城黄崖洞嶂石岩地貌

(1)黄崖洞作为抗日战争时期兵工厂选址的地理学原因是什么,包括地形隐蔽性和战略位置的优势?
(2)嶂石岩地貌中的赤壁丹崖、峡谷、象形石、瀑布、天然洞穴与碳酸盐岩地区的对应地貌有何异同,包括岩石性质和侵蚀作用的影响?
(3)嶂石岩地区发育的风蚀蘑菇、风蚀城堡、风蚀立柱等风蚀地区的形成机制是什么,包括岩石结构、风蚀作用和古气候条件?
(4)砂岩地区和碳酸盐岩地区一线天地貌的景观特征有何不同,包括岩石类型、侵蚀作用和地貌演化过程?
(5)砂岩中哪些沉积构造能够反映同沉积环境的特征,包括交错层理、波痕和泥裂?
(6)砂岩中哪些沉积构造能够指示沉积期后的环境变化,包括风化壳、溶蚀孔和生物侵蚀痕迹?

研学点 5　太行雄姿——武乡板山碳酸盐岩地貌

（1）岩石类型如何影响节理的穿透性和延伸性，包括岩石硬度、裂隙密度和结构完整性？

（2）碳酸盐岩地区长墙与砂岩地区长墙的特征和发育过程有何不同，包括岩石性质、构造作用和侵蚀作用的影响？

研学点 6　武乡太行龙洞岩溶地貌

（1）南方和北方岩溶地貌的特征差异是什么，包括岩石类型、气候条件和水文循环的影响？

（2）白云岩和灰岩中溶洞的差异有哪些，包括岩石溶解度、溶洞形态和洞穴沉积物？

2）研学点介绍

研学点 1　黎城金鸡寨嶂石岩地貌

黎城金鸡寨嶂石岩地貌（图4-173）位于黎城县西井镇杏树滩村，面积近25km²，遗迹亚类为碎屑岩地貌，遗迹时代为长城纪。常州沟组石英岩状砂岩是构成嶂石岩地貌的主要岩石体。主峰全榆洼顶海拔2020m，与山底相对高差达1009m，为典型的红层中山地貌，常州沟组石英岩状砂岩是构成红层的主要岩层。此外还有九龙山、纱帽山、性空山、金鸡寨等山峰，集奇、雄、险、秀于一身。

图4-173　黎城金鸡寨嶂石岩地貌

金鸡寨嶂石岩红层地貌中有金鸡、纱帽山、骆驼峰、南天门、仙人峰等象形峰,均发育在常州沟组厚层石英岩状砂岩中。在长期风化剥蚀和重力作用下,山体垮塌,形成独特的象形峰地貌。其中,金鸡峰、骆驼峰(图 4-174)为众多象形峰的典型代表。金鸡峰位于山体边坡处,高 50m,因轮廓形似远眺的雄鸡而得名。岩层中夹有泥岩等软质成分,因此金鸡峰表面差异风化明显,凸出的砂岩层和凹陷泥质岩层交替分布,使金鸡峰"鸡冠"更加凌厉。

图 4-174　金鸡寨金鸡峰与骆驼峰

金鸡寨彩石峡谷整体呈"V"形,长 900m,谷底宽 5~15m,谷肩高 30~100m。基岩为灰白色、紫红色、肉红色厚层石英岩状砂岩夹薄层粉砂岩,成层状良好,差异风化明显,形成了以红色为主色调,兼有赭色、青色、黄色、白色等色彩斑斓的谷坡。

基岩中发育层面构造与层理构造,是中元古界沉积构造的天然教科书。层面构造有雨痕、泥裂(也有研究者认为是生物成因的沉积构造)(图 4-175)、波痕(图 4-176)等。层理构造有平行层理、羽状交错层理、楔状交错层理、板状交错层理等。

图 4-175　泥裂

图 4-176　羽状交错层理和波痕

研学点 2　黎城洗耳河嶂石岩地貌

洗耳河嶂石岩地貌位于黎城县西井镇彭庄村、洗耳河村周边。常州沟组石英岩状砂岩是构成嶂石岩地貌的主要岩石体。丹崖长墙（图 4-177）、茶壶山（图 4-178）、洗耳泉（图 4-179）为洗耳河嶂石岩地貌的主要地质遗迹，雄壮的山体、逼真的象形石具有一定的景观价值。洗耳泉自然上涌，洗耳河清澈见底。

图 4-177　洗耳河嶂石岩红层——丹崖长墙

图 4-178　洗耳河茶壶山

图 4-179　洗耳河洗耳泉

"洗耳"一词出自《高士传·许由》："尧欲召我为九州长,恶闻其声,是故洗耳。"许由是尧舜时代的一位贤人,尧想把首领的位子让给他。但是,许由是个自诩不问政治的"清高"之人,拒绝了尧的请求后,还连夜逃进箕山隐居。尧认为许由谦虚,更加敬重,便又派人去请他,并告诉他,如果不接受帝位,希望他能出任"九州长"。不料,许由听了这个消息更加厌恶,立刻跑到山下的河边,掬水洗耳。故事中的"洗耳"与后来"洗耳"的含义完全不同。许由是因为不愿意听,且自命清高而洗耳;后世所说的"洗耳"则是指做好准备用心地聆听别人说的话。相传,洗耳河就是"洗耳"故事的发生地,与之相关的还有洗耳泉。

洗耳泉自然上涌,洗耳河清澈见底。嶂石岩丹崖长墙位于嶂石岩地貌南部,北西-南东向延伸,长约 1km,高 50～70m,出露面积 0.6km²。茶壶山(图 4-178)则巍然矗立于公路一侧,远远地迎接着远道而来的客人,海拔 1596m,山脚海拔 900m,相对高差达 696m,茶壶山由壶嘴和壶身两部分组成;壶嘴为凸起的近圆柱形风化石柱,石柱高约 80m,直径约 60m;壶身为四周垂直顶部平缓的鼓包状山体,高约 120m,直径约 100m,整体朝向 120°,面积约 0.5km²。

除了壮观的红层地貌,洗耳河内还有保存完整的原始植被、壮美的自然风光、神奇的神话传说、特有的民风民俗、丰富的民间手工艺品,这些共同构成了洗耳河绝无仅有的景观特色。

研学点 3　黎城彭庄赵家庄组—常州沟组剖面

黎城彭庄赵家庄组—常州沟组剖面(图 4-180～图 4-182)位于黎城县西井镇彭庄村到大井盘之间,属于层型(典型剖面)遗迹亚类,遗迹时代为长城纪。

根据《山西省岩石地层》,该剖面为赵家庄组和常州沟组在山西的次层型剖面。该剖面最早由山西区调队于 1969 年进行 1∶20 万左权幅区调时测制,1978 年武铁山等重测。

赵家庄组(图 4-183)为太行山地区沉积地层的底部、常州沟组之下的一套以红色泥岩、页岩为主夹薄层石英砂岩的组级岩石地层单位,地貌上呈缓坡地形,与上覆常州沟组整合接触,角度不整合覆盖于下伏桐峪组片麻岩之上,剖面上该组厚 146.5m。

常州沟组是 1964 年蓟县震旦系现场学术讨论会所创立。创名地点为蓟县下营镇常州沟。该组是以碎屑岩(砂岩、砾岩、少量粉砂岩)为主,以含大量石英岩状砂岩为特征的岩石地层单位,剖面上该组厚 731.7m,地貌上常形成大陡坎。

图 4-180　常州沟组剖面露头

图 4-181　常州沟组交错层理

图 4-182　常州沟组与串岭沟组分界线

图 4-183　赵家庄组

研学点 4　黎城黄崖洞嶂石岩地貌

黄崖洞嶂石岩地貌位于长治市黎城县黄崖洞镇上赤峪村黄崖洞风景区内，因红色陡壁上有一个天然山洞而得名，名曰"黄崖洞"。海拔 1500～2000m，嶂石岩地貌南北长约 5.4km，东西长约 4km，出露面积约 20km^2。嶂石岩地貌出露地层为 18 亿年前中元古界长城系常州沟组厚层条带状石英岩状砂岩，是太行山中元古代红色砂岩地貌的典型代表。在太行山隆起时，随着水流等外力作用，厚层砂岩间的松软泥页岩被侵蚀以后，首先形成了纵深向里、一头开口的沟谷，随着两侧陡壁的不断垮塌，逐渐形成如今的"丹崖、碧岭、奇峰、幽谷"。

黄崖洞景区内独特的红色碎屑岩地貌仅在山西、河北和河南交界处发育，而此处尤为壮观，且与举世闻名的美国科罗拉多大峡谷具有异曲同工之妙。该处地质遗迹景观丰富，发育峡谷、峰丛、象形石、天然洞穴等景观。此外，黄崖洞旧时为著名的八路军兵工厂所在地，抗日战争时期，这里曾是八路军在华北敌后最大的兵工基地。朱德、彭德怀、刘伯承、邓小平和左权等长期在这里战斗、生活。著名的黄崖洞保卫战，以敌我伤亡 6∶1 的辉煌战绩创下中日作战史上前所未有的"纪录"，具有重要的历史人文价值。

黄崖洞红色砂岩地貌主要由赤壁丹崖、峡谷、象形石、瀑布、天然洞穴等组成。这里既有与美国科罗拉多大峡谷类似的壮阔峡谷，又有与中国丹霞地貌相似的赤壁丹崖。黄崖洞目前为国家 AAAA 级景区、国家森林公园、山西省爱国主义教育基地,是集红色砂岩形成的自然风光与红色革命传统教育于一体的风景名胜区。

峡谷:峡谷主谷沿北西-南东向延伸约 5.4km,谷底宽 5～70m,一般宽 10～30m,谷肩高差为 80～150m,一般为 100m,高宽比一般为 10(图 4-184、图 4-186)。其中在瓮圪廊段具一线天特征(图 4-185),长约 500m,谷底宽 4～15m,一般宽 6～7m,谷肩高差约 150m,高宽比为 25。主谷两侧发育十余条支谷,长 1～2km,谷底宽 20～50m,谷肩高差约 100m(图 4-186)。峡谷谷肩上象形石造型独特,有风蚀蘑菇、风蚀城堡、风蚀立柱、神龟、茶壶等造型。谷底基岩风化面上可见有大量沉积构造和层面构造。

图 4-184　瓮圪廊峡谷入口

图 4-185　瓮圪廊一线天　　　　　　　　图 4-186　峡谷俯瞰

谷坡两侧常州沟组二段紫红色砂岩层中垂直节理、裂隙发育,长期的风化及流水侵蚀作用使得垂直节理裂隙逐渐变深,将岩壁切割成一道道深沟。其中峡谷入口及一线天附近较为典型。该处陡崖高差约 80m,其中常州沟组二段紫红色砂岩层出露约 50m,常州沟组三段灰白色砂岩出露约 30m。节理柱威武雄壮,顶天立地,犹如驻守此处的八路军战士英姿勃发,气势磅礴(图 4-187)。

图 4-187 黄崖洞崖壁

瀑布(图 4-188):发育于瓮圪廊内,瀑布周围地质体岩性为常州沟组二段石英岩状紫红色砂岩。多级瀑布,最高一级落差为 8m,宽约 1m,水质清澈,常年流水,澎湃咆哮、珠玑四溅。

象形石:碎屑岩山体延绵起伏,岩壁陡立,山间沟谷纵横,流水潺潺,山顶孤峰耸立,谷肩边部象形石造型独特,发育风蚀蘑菇(图 4-189)、风蚀城堡、风蚀立柱等景观。黄崖洞兵工厂旧址顶部谷肩山峰呈神龟造型。山顶象形石落差一般为 20~30m,零散分布于山体各个山头。山顶象形石发育岩层为常州沟组三段石英岩状红色砂岩。

黄崖洞(4-190):为半悬在高达 100m 的悬崖峭壁上的天然石洞,洞口高 25m,宽 18m,深 72m,口小里大,浑然天成。围岩为常州沟组二段石英岩状砂岩。岩体中垂直节理、裂隙发育,位于半山腰,洞内深处仍有水流沿裂隙从山顶渗下。该洞是抗日战争时期八路军著名的兵工厂和物资仓库。

图 4-188 瓮圪廊飞瀑

泥裂:岩石岩层面上看见大量多角形或网状龟裂纹,裂隙大多呈"V"字形断面,裂隙中粉砂质充填。露头大量出露,是研究古气候及古地理的重要证据。

图 4-189　风蚀蘑菇

图 4-190　黄崖洞

研学点 5　太行雄姿——武乡板山碳酸盐岩地貌

板山位于长治市武乡县洪水镇左会村一带,是西从武乡通往黄崖洞的咽喉要冲,又名"拴马岭"或"左会垭口"。板山总面积 6km², 是武乡县最高处,平均海拔在 1800m 以上,主峰花儿垴海拔 2 008.5m。板山群峰壁立,绝壁千仞,植被茂密,鸟语花香,是太行山精华所在,是集革命传统教育、自然风光游览和消夏避暑为一体的综合风景旅游区。其主要景点有板山红叶、板山日出、板山云海、圣人泉、黄崖洞保卫战工事遗址群等。景区内的喀斯特地貌主要由单面山和板状长墙组成(图 4-191)。

单面山出露于板山山脊,基岩中垂直节理发育密集,穿透性较强。单面山高差 50m,北西

图 4-191 武乡板山单面山

向为斜坡,坡角约 30°,南东向为直立陡坡,面积 0.05km²。板状长墙位于板山东侧,长墙呈北东-南西向连续分布,延伸约 15km,高差近 100m,犹如长城一般。

板山不仅以雄浑险绝,显示了太行雄姿,还因奇妙无比的日出、壮丽的云海、烂漫的红叶等景色而闻名遐迩。站在板山主峰花儿垴,八百里太行群峰尽收眼底。远眺东南,但见千峰竞秀,万壑争奇,八百里太行如汹涌的海涛,万千座峰峦攒动;俯瞰身下,层层断崖鳞次栉比,无尽秀色尽收眼底。晨起观日,千里太行如无垠的大海,苍苍茫茫,横无际涯。一轮红日,缓缓升腾,光波、霞彩灌满山川,涂满崖谷,美不胜收。若要看板山云海,则要雨后登山,站在山顶看脚下云腾雾卷,峰峦被雾茫茫的白云遮掩,忽隐忽现,如临仙境。深秋的板山是最美的季节,万岭千山的林木,经霜变红,可谓是满山铺秀,遍岭堆锦,别有诗意。

板山不仅风光秀丽,还是具有光荣历史的革命纪念地。这里有左权将军带领战士为老百姓挖出的圣人泉,有八路军总部医院旧址,有朱德、彭德怀和左权活动遗址。板山脚下,是抗战时期华北最大的军工生产基地黄崖洞兵工厂。英雄的板山,既是风景名胜游览区,又是进行革命传统教育的好地方。

研学点 6　武乡太行龙洞岩溶地貌

山西的喀斯特地貌中蕴藏着许多洞穴,这些溶洞和洞穴沉积物不仅具有重要的科学研究价值,也具有很高的观赏价值。除了前面所提到的宁武万年冰洞、平定主铺掌玉皇洞,还有一处著名的溶洞景观——太行龙洞。它是现今发现的华北三大溶洞之一,也被称为华北最大的溶洞,具有极高的开发价值。景色齐全,观赏价值和考察价值位列华北之首。

太行龙洞岩溶地貌,位于山西省长治市武乡县蟠龙镇石泉村,在构造上位于沁水凹陷的东部边缘地带,发育于早古生界寒武系—奥陶系三山子组灰白色白云岩中。其洞体形成于喜马拉雅运动时期,形成原因与其他溶洞相似,主要为洞内与外部气候温差较大,导致溶洞内外气流循环,再加上洞口狭小,渗入洞内的降水不易蒸发,构成了相对湿润的气候,周而复始便形成了如今我们所看到的喀斯特溶洞景观。洞外峰峦叠嶂,群山环绕,森林茂密,鸟语花香,景色优美。洞内溶石错落有序,洞中套洞,晶莹透明,千姿百态,景观奇特。虽然地处北方,但却具备典型的南方溶洞多层特征,是少有的既有南方喀斯特地貌特征,又有典型北方喀斯特地貌特点的溶洞。

太行龙洞总长近 2km,目前发现 4 层,已开发并对外开放的有 3 层,约 314m,全洞共 300 多处景点。溶洞分支较多,交叉相连,主洞以垂直上下为主,常给人临空悬挂之感。洞内既有裂隙、崩塌以及溶蚀现象,也分布有大量的碳酸盐沉淀物,洞内钟乳石类型极多,有石花、石柱、石钟乳、石瀑布、石笋、石蘑菇群、石帘、石塔、石旗、石葡萄、石幔、鹅管等(图 4-192~图 4-195)。龙洞沉积了大量的钙华(又称石灰华,是岩溶泉、河、湖水中碳酸钙过饱和而形成的化学沉淀物),形成现在独特的景观。

图 4-192　石柱、石幔、石钟乳、石笋

图 4-193　石幔

图 4-194　石旗

图 4-195 石笋

洞内拥有华北最大的岩溶石柱——擎天柱,它是全国罕见的、面积最大的月奶石。有趣的是,人们根据洞内每个景点的形象特征,分别予以命名,如"公主观瀑""菇丛塔林""护洞金狮""百花争艳""石笋蜡烛""钙华花丛"等景观。这种命名方式既别致又形象,给龙洞增添了几分神秘趣味。

3)备选研究点介绍

备选研究点 1　长子硅化木化石群

长子硅化木化石群产地(图 4-196、图 4-197)位于长治市长子县南陈乡壑则村—东峪村一带,分布面积大于 $30km^2$。硅化木主要产出于上二叠统孙家沟组黄绿色长石砂岩、中二叠统石盒子组陆相黄色砂岩中。

图 4-196　长子硅化木化石产地主牌

图 4-197　长子硅化木化石

硅化木化石群产地分布面积大于 30km²，除部分木化石裸露于地表外，大部分仍赋存于砂岩中。已发现并经过精确定位的木化石 149 件，其中国家一级重点保护木化石 30 件、二级重点保护木化石 34 件、三级重点保护木化石 45 件，长度大于 10m 的共 12 件，直径大于 1m 的有 17 件。木化石赋存密度高、数量大，主要种属为大南洋杉木（$Araucarioxy\ longrande$）、平南洋杉木（$Araucarioxy\ londejectum$）、简元叶枝杉木（$Protophyllocladoxy\ loncylindratum$）、美异木（$Xenoxylonbellum$）。

长子硅化木化石群是国内时代较老、密度较高的木化石产地，产地内木化石材料完整、细胞组织结构清晰、产出数量之多在整个晚古生代都较为罕见，可以为华北地区二叠纪与三叠纪之交古环境演变提供新的资料。

根据《初学记》卷六记载："东海之别有渤澥，故东海共称渤海，又通谓之沧海"。所以《山海经》里所说淹死炎帝之女的东海，是指山西、河北东面的渤海，而西山则是位于山西长治市长子县境内的发鸠山。《山海经·北山经》里曾有记载："女娲游于东海，溺而不返，故为精卫，常衔西山之木石，以填于东海。"据传说，这里说的木石，就是指木化石。根据上党一带民间的说法，精卫是在跟随父亲炎帝治理水患的过程中，不幸在漳河溺亡，为了将水患彻底根治，女娃化作精卫鸟，找到了漳河的源头，欲用石块将其断流。

长子县是丹朱的封地、西燕的古都、精卫填海的神话故乡。2007 年 7 月，它被联合国评为中国"千年古县"。自木化石被发现之后，长子县人民政府先后对仙翁山木化石自然保护区数百处裸露木化石实施了透明体保护，同步完善了景点连接步道、景观绿化等配套工程，建设了景区循环道路、景区公园标志门等工程。如今，这里已经成为仙翁山木化石旅游区，很多游客慕名而来。

极高的科研价值和极其珍贵的地质遗迹资源使长子县木化石一度成为人们关注的焦点。2012 年，央视十套《地理中国》节目拍摄播出了长子县木化石专题科教片。2014 年，木化石群落又被原国土资源部命名为"国家级重点保护古生物化石集中产地"。

● 路线 15：长治市壶关县地学研学路线

1. 行政区划范围

路线 15 分布于长治市壶关县境内。

2. 研学路线组成

研学路线包括壶关八泉峡—壶关大河村青龙峡—壶关大河组剖面—壶关鹅屋天生桥—壶关红豆峡 5 处地质遗迹景观研学点。

3. 研学路线主题

以"碳酸盐岩地貌—构造地貌—砂岩地貌"为主题，学习地下水作用及岩溶地貌特征及其成因,断层的类型及成因,地质体(地层)的接触关系及其识别标志,沉积岩特征的环境指示意义,峡谷和嶂谷的特征与成因差异。

4. 研学目标与核心研学内容

(1)碳酸盐岩地貌特征及其成因。
(2)地下水作用及岩性的影响。
(3)断层的类型、识别标志及成因分析。
(4)地质体(地层)的接触关系及其野外识别。
(5)沉积岩的鉴定、特征及其环境指示意义。
(6)峡谷和嶂谷的特征与成因差异。

5. 科学或实践互动内容

1)问题思考

研学点 1 壶关八泉峡

(1)碳酸盐岩峡谷、壶穴、泉水、崩塌、天生桥、象形石、瀑布、溶洞等地貌的形成机制是什么,包括侵蚀作用、岩溶作用和构造运动的影响?
(2)透水层和隔水层岩石的类型有哪些,包括岩石的孔隙度、渗透性和化学性质?
(3)叠层石的识别特征是什么,包括层状结构、生物沉积特征和微体化石的存在?
(4)叠层石的环境指示意义是什么,包括古环境重建、生物演化和地球化学过程?

研学点 2 壶关大河村青龙峡

(1)断层崖的形成机制是什么,包括断层活动、地壳运动和侵蚀作用的影响?
(2)确定断层形成时代的科学方法有哪些,包括地质年代学、地层学和放射性同位素测年?
(3)不整合面的判别标志有哪些,包括地层年龄、岩石类型和构造特征?
(4)崩塌的形成机制是什么,包括岩体失稳、重力作用和触发因素,以及防治崩塌的具体措施有哪些?
(5)碳酸盐岩地区峰丛、峰簇、峰林、峰墙地貌的形成机制有何不同,包括岩溶作用、侵蚀作用和地壳运动的影响?

研学点 3 壶关大河组剖面

(1)底砾岩的形成机制是什么,包括沉积作用和侵蚀作用,以及它对古环境的指示意义?
(2)不整合接触的判别方法有哪些,包括地层年龄、岩石类型和构造特征?
(3)条带状石英岩状砂岩中红白相间条带的形成机制是什么,包括沉积环境和成岩作用的影响?

研学点 4 壶关鹅屋天生桥

(1)天生桥的形成机制是什么,包括岩溶作用、侵蚀作用和构造运动的影响?

（2）天生桥的地质指示意义是什么，包括构造运动、岩溶作用和古环境的指示？

（3）天生桥除了在碳酸盐岩地区经岩溶作用形成，还可以由哪些地质作用形成，包括侵蚀作用和构造运动？

研学点 5 壶关红豆峡

（1）断层崖的形成过程是什么，包括断层活动、地壳运动和侵蚀作用的影响？

（2）嶂谷与峡谷的特征有何不同，以及它们的形成机制是什么，包括岩石性质、侵蚀作用和地壳运动的影响？

（3）碳酸盐岩地区峡谷、象形石、一线天、嶂谷、瀑布等地貌的形成机制是什么，包括岩溶作用、侵蚀作用和地壳运动的影响？

2）研学点介绍

研学点 1 壶关八泉峡

壶关八泉峡（图 4-198～图 4-200）位于长治市壶关县大峡谷镇，壶关太行山大峡谷国家地质公园内。八泉峡，深峡幽涧，迂回曲折，两侧高崖对峙，崖顶奇峰怪石，尽显风采，拟人似物，惟妙惟肖。八泉峡为整个太行山碳酸盐岩区内地质遗迹景观最丰富、最壮观的峡谷。它因 8 处泉水而得名，峡谷内常年流水不断，其中尤以上、中、下 3 处泉水最为优美。其余的景观如飞来仙桃、鲲鹏展翅、大八泉、中八泉、小八泉、黑龙洞、北天门、中天门、南天门、一线天、伟人峰、飞天云瀑各具特色。

图 4-198 壶关八泉峡

图 4-199　八泉峡开阔段

图 4-200　雨雾八泉峡

八泉峡整体呈"U"形,峡谷全长约11km,总体呈北西-南东走向,谷底宽10～150m,北段隘谷段一般宽10m,中段嶂谷段一般宽20m,南段峡谷段一般宽100m。谷肩高度为150～350m,一般为280m,高宽比一般为7,峡谷落差达800m,谷底坡降度为35‰,出露面积约9km²。整个峡谷地层出露齐全,由老到新依次为长城系常州沟组,寒武系馒头组薄层泥页岩,张夏组厚层—巨厚层鲕粒灰岩(图4-201),崮山组白云质灰岩、竹叶状灰岩,三山子组厚层泥晶白云岩、细晶白云岩,奥陶系马家沟组微晶灰岩、角砾状泥灰岩。

峡谷北段到南段具有不同的特征,北段谷底全被河床占据,一直到八泉峡水库段发育为隘谷,蜿蜒曲折,通行艰难,水库段需乘船通行(图4-202),中段八泉峡水库至停车场段为嶂谷,停车场至桥上段为峡谷。峡谷中主要伴生以下地质遗迹。

图4-201 张夏组鲕粒灰岩

图4-202 高峡平湖

鲕粒灰岩:张夏组以巨厚层鲕粒灰岩、砂屑灰岩为主,下部夹少量微晶灰岩、竹叶状灰岩及泥岩的岩石组合,鲕粒灰岩厚度达210m。鲕粒直径一般小于2mm,露头清晰,便于观察,反映了当时为鲕粒滩沉积环境。

生物礁:发育于张夏组底部的叠层石礁体,呈点礁存在,礁体大小变化较大,大的直径可达30～50m,一般直径约10m。

天生桥:发育有北天门(图4-203)和南天门两处天生桥。北天门位于八泉峡北端梯脑山上,南北通透自然天成,其地质体岩性为三山子组白云岩,天生桥拱高22m,桥高28m,桥厚

6m，桥宽 25m，跨度 30m，深 8m。南天门高耸于峰巅，南北通透，如若门户。地质体岩性为三山子组白云岩。桥拱高 10m，桥高 14m，桥宽 13m，跨度 18m，深 8m，门道平坦，门前修建有步道。

象形石（图 4-204）：峡谷谷肩上在风化作用、流水侵蚀作用及重力作用下发育大量拟人似物、惟妙惟肖的象形石，如啸天神驹、伟人峰、圣人问路、唱晓雄鸡、熹山宝塔、玉清风、上清峰仙人对弈和鲲鹏展翅等。

壶穴（图 4-205）：峡谷底部河床为张夏组灰岩，由于软硬岩石相间分布，发育一系列水流冲刷、相互连续的壶穴，单个壶穴直径为 20～300cm，整个壶穴谷分布约 200m。

崩塌岩块：峡谷内岩体裂隙、节理发育，峡谷顶部张夏组灰岩由于重力崩塌作用，从崖壁顶部崩落到谷底。其中一块较为典型的崩塌岩块受谷底流水冲刷及风化作用形成宽约 10m，高约 20m，外形酷似仙桃的象形石，取名为"飞来仙桃"。

图 4-203　北天门

图 4-204　象形石生肖拜天

泉水：峡谷内有 8 处泉水。谷内常年泉水不断，全部为侵蚀泉。地表水在寒武系—奥陶系碳酸盐岩透水层下渗，在寒武系馒头组泥岩、页岩隔水层的顶面流出成为悬泉。其中尤以上八泉、中八泉、下八泉 3 处泉水最有特征。上八泉是八泉峡中最优美的地段之一，由于本处的页岩位于崖壁中部，由上部碳酸盐岩透水层下渗的水流，在页岩隔水层顶面流出成为悬泉。泉水从青草绿叶中涌出，形成垂帘挂壁的美妙景观，泉水清澈，水质良好。中八泉是地下水沿

图 4-205　壶穴

碳酸盐岩地层运移,受下部页岩层阻隔,又以泉水形式涌出。下八泉悬于崖壁,虽然水流量不大,但由于水流不断,泉口周围长满了青苔,形成一处美妙景观。下八泉以"瘦"为特征,周围以零星分布的滴泉、突泉、喷泉和崖头挂泉十分密集为特征。

瀑布(图 4-206):八泉峡中发育众多小型瀑布,其中最壮观的瀑布为飞天云瀑。其落差大于 200m,从瀑下仰观,似从蓝天白云中落下,故称为飞天云瀑。

图 4-206　瀑布

溶洞：发育在峡谷深处马家沟组灰岩中，洞口宽4m，高5m，深不可测。洞内有石笋、钟乳石，100m深处有顶泉和深潭，每逢大雨，水流从洞口涌出，十分壮观。

研学点2　壶关大河村青龙峡

壶关大河村青龙峡位于长治市壶关县大峡谷镇大河村，壶关太行山大峡谷国家地质公园内（图4-207～图4-209），遗迹亚类为峡谷（断层崖），遗迹时代为长城纪。青龙峡整体呈"V"形，长3.75km，谷底宽2～20m，一般宽十余米，最窄处仅2m。谷肩高80～300m，一般为200m，高宽比一般为20，出露面积为3.5km²，峡谷整体走向为330°，谷底坡降度为40‰。

青龙峡，是一条高悬在赤壁丹崖上的悬沟，整个峡谷出露地层较为齐全，由老到新依次为新太古代赞皇群斜长角闪片麻岩，新元古代大河组石英岩状砂岩、赵家庄组砂质泥岩，寒武系馒头组泥页岩、张夏组厚层—巨厚层鲕粒灰岩、三山子组厚层白云岩，奥陶系马家沟组薄层状泥质灰岩。峡谷内伴生以下地质遗迹。

剖面：大河组正层型剖面，大河组分布于大河村一带的大峡谷谷底两侧，不整合覆盖于太古宙变质岩之上，与上覆赵家庄组砂质泥岩整合接触，剖面厚度74.4m。主要岩性为石英岩状砂岩（图4-210），底部发育一层海侵滞留沉积底砾岩，砾石成分大多数为石英，含少量变质岩砾石，磨圆度较差，多层棱角状，砾径一般为5cm×10cm，最大可达20cm×30cm，硅质胶结，

图4-207　壶关大河村青龙峡航拍

图4-208　壶关大河村青龙峡广场

图4-209　大河青龙峡地质文化村

图4-210　壶关大河村青龙峡大河组砂岩

颗粒支撑。局部地段可见2~3层石英砾岩。其上岩性为浅红色—暗紫色厚层状中细粒沉积石英岩与石英岩状砂岩互层,岩性较单一。

不整合面:大河组与赞皇群之间的角度不整合面。不整合面露头出露良好,峡谷谷底有很好的观察点。不整合面之上为大河组紫红色石英岩状砂岩,产状近水平。不整合面之下为赞皇群斜长角闪片麻岩。该不整合面代表了长达13亿年的沉积间断。

崩塌:峡谷内奇峰突起,山体上崩塌下落的巨石巧妙堆砌于谷中,形成处处迷途的崩塌堆积洞穴群景观。

瀑布:峡内流水潺潺,在峡谷底部有一个河床断层,水流从峭壁顶端跌入深潭,形成巨大的瀑布,名为青龙瀑。瀑布落差超过30m,宽2m,水声如雷。长年累月瀑布冲刷形成水潭,名为青龙潭,水潭面积超过200m²以上,水深超过10m,潭水清澈(图4-211)。

图4-211　壶关大河村青龙峡瀑布和青龙潭

峰丛:发育在峡谷内高耸的石灰岩山顶,成片出现,但这些峰丛、峰簇形成的背景与岩溶地貌区的峰丛差别很大,导致其表现形态具有不同的特征。这些峰林、峰丛多为单方向发育的残墙状,也就是所谓"侧视为峰、正视为墙"的峰墙地貌。

研学点3　壶关大河组剖面

壶关大河组剖面(图4-212)位于长治市壶关县大峡谷镇大河村,壶关太行山大峡谷国家地质公园内。根据《山西省岩石地层》,壶关大河组剖面为大河组正层型剖面,分布于大河村一带的大峡谷谷底两侧。大河组为山西区调队武铁山于1988年进行山西省沉积地层岩石地层划分时创名。剖面总厚度74.4m,大河组与上覆赵家庄组为整合接触,与下伏太古宙片麻岩为角度不整合接触。剖面露头情况:露头良好,标志层清晰。主要岩性为条带状石英岩状砂岩,含铁量不等而显示出红白相间的条带状,底部发育一层海侵滞留沉积底砾岩,砾石成分大多数为石英,含少量变质岩砾石,磨圆度较差,多呈棱角状,砾径一般为5cm×10cm,最大可达20cm×30cm,硅质胶结,颗粒支撑。局部地段可见2~3层石英砾岩。其上岩性为浅红色—暗紫色厚层状中细粒沉积石英岩与石英岩状砂岩互层,岩性较单一。

图 4-212 壶关县桥上大河组剖面

研学点 4　壶关鹅屋天生桥

壶关鹅屋天生桥(图 4-213)位于长治市壶关县大峡谷镇,壶关太行山大峡谷国家地质公园内,遗迹亚类属于碳酸盐岩地貌(岩溶地貌),遗迹时代为奥陶纪。天生桥发育于寒武系—奥陶系三山子组巨厚层白云岩中,整体呈拱形,高 150m,跨度 40m,桥拱厚 5~8m,桥面宽 3~5m。此处的天生桥是在河流长期冲刷下,由岩体垮塌形成,在后期的构造运动作用下,抬升到现在的高度。天生桥造型优美,桥洞呈标准的圆拱形。站在桥上,天上白云飘动,望之仿佛天旋地转、山倒桥移,即便是万里无云的天气,两侧那深不见底的深渊仍然给人以强烈的震撼。天生桥规模大、气势壮观,有"北方第一天桥"之美称。

图 4-213　壶关鹅屋天生桥

研学点 5　壶关红豆峡

壶关红豆峡(图 4-214)位于长治市壶关县大峡谷镇马家庄村,壶关太行山大峡谷国家地质公园内,遗迹亚类为峡谷(断层崖),遗迹时代为寒武纪—奥陶纪,整体呈"U"形,南北向延伸 15km,谷底一般宽 20～30m,最宽处达 50m,最窄处不足 10m,形成一线天、嶂谷。谷肩高 80～300m,高宽比一般为 10,出露面积约 5km²。整个峡谷出露地层由老到新依次为寒武系张夏组厚层—巨厚层鲕粒灰岩(图 4-215)、三山子组厚层白云岩,奥陶系马家沟组薄层泥质灰岩。红豆峡中伴生岩石相、象形石(蜡烛峰、骆驼峰、天福门)、一线天、嶂谷、瀑布等多类地质遗迹景观群。红豆峡森林植被覆盖率达 90%,在峡谷深处的裙褶形沟坡上,成片生长有 2 万余株天然红豆杉,这在我国北方地区实为罕见(图 4-216)。

图 4-214　壶关红豆峡

图 4-215　张夏组豆状灰岩

图 4-216　珍稀植物红豆杉

蜡烛峰（图4-217）：相对高度达219m，形体呈椭圆柱体，是一座正对山门的孤峰。它拔地参天，似乎将天高高擎起，故名擎天柱；其形又似一根巨大的蜡烛，所以也叫蜡烛峰。构成蜡烛峰的主要岩性为张夏组厚层鲕粒灰岩。

骆驼峰：沿柱状风化垮塌形成的象形石，高约70m，酷似昂首挺胸的骆驼，行进在崇山峻岭之间，形象逼真，其地质体岩性为三山子组厚层白云岩。

天福门：天然降水和地表水沿厚层灰岩中的垂直节理裂隙经长期溶蚀作用形成的天然门槛状山脊。门两边门柱直立，高度约40m，犹如刀削而成，倚门远望，四周山脊峰岭，一览无余。

嶂谷：谷坡陡直，谷肩高50～250m，一般为200m，谷底宽5～15m，一般为8m，高宽比为25。组成地质体岩性为张夏组灰岩。置身于三叠潭内可非常直观地感受到嶂谷的特点，谷坡陡峭，直上直下，谷坡与谷底近于垂直，谷底狭窄，有少量沉积物（图4-218）。

图4-217 红豆峡蜡烛峰

图4-218 红豆峡深邃峡谷

一线天：一线天长约1000m，宽度不足8m，一般为5m。谷肩高80～300m，一般为200m，高宽比为40。组成地质体岩性为张夏组鲕粒灰岩。置身于谷底，垂直的谷坡直插入云，将天空高高托起，又长长地拉成一线，形成独有的一线天景观。

瀑布：落差约20m，宽约7m，为一级瀑布，水质清澈，水流为常年流水，夏季流量大，冬季流量少。该处为瀑潭相连的水体景观，潭面形状呈扇形，面积约800m²，潭面浪花飞溅，嗡嗡作响。

路线16：长治市平顺县地学研学路线

1. 行政区划范围

路线16分布于长治市平顺县境内。

2. 研学路线组成

研学路线包括平顺虹梯关通天峡—平顺霓虹瀑布—平顺天脊山天泉瀑布—平顺神龙湾天瀑峡—平顺张家凹碳酸盐岩地貌5处地质遗迹景观研学点。

3. 研学路线主题

以"河流地貌—岩溶地貌—构造地貌"为主题，学习河流地质作用与多种河流地貌的特征与形成、瀑布的形成与演化及其控制因素，地下水地质作用与多种岩溶地貌的特征与形成、岩溶地貌组合及其发育演化，断层地质构造的形成与识别标志。

4. 研学目标与核心研学内容

(1)河流地质作用与峡谷、嶂谷、瀑布、深切河曲等河流地貌的特征与形成。
(2)地下水地质作用与石林、石柱、峰丛、岭脊等岩溶地貌的特征与形成。
(3)断层地质构造的形成、类型及识别。
(4)瀑布的形成与演化及其影响因素。
(5)岩溶地貌组合与演化。

5. 科学或实践互动内容

1) 问题思考

研学点 1　平顺虹梯关通天峡
(1)断层崖的形成机制是什么，包括地壳运动、断层活动和侵蚀作用的影响？
(2)深切河曲的形成机制是什么，包括河流侵蚀作用、地壳抬升和地形演变的过程？
(3)峡谷、峰丛、瀑布、岭脊、深切河曲等碳酸盐岩地貌的特征是什么，以及它们的形成机制包括哪些？

研学点 2　平顺霓虹瀑布
(1)瀑布发育所需的地质条件有哪些，包括岩层硬度、地形高差和水流速度？
(2)石林、石柱的形成机制是什么，包括侵蚀作用、风化作用和岩石性质的影响？
(3)断层的识别标志有哪些，包括地层错断、构造变形和地震活动的迹象？

研学点 3　平顺天脊山天泉瀑布
(1)瀑布形成时间的确定方法有哪些，包括地质年代学、地层学和地貌学的综合分析？

(2)瀑布的形成过程是什么,包括地壳运动、岩层差异和水流侵蚀的综合作用?
(3)瀑布发育如何受岩性影响?

研学点 4　平顺神龙湾天瀑峡

(1)直角一线天的形成机制是什么,包括岩石裂隙的扩展和侵蚀作用的影响?
(2)砂岩地区和碳酸盐岩地区一线天地貌的景观特征有何不同,包括岩石性质和侵蚀作用的影响?
(3)峡谷内溶洞、瀑布、惊心石、陡崖、崩塌石窟等地貌的形成机制是什么,包括侵蚀作用、风化作用和构造运动的影响?
(4)石钟乳、石笋等碳酸盐沉积物如何反映气候变化,包括温度、湿度和降水模式的变化?

研学点 5　平顺张家凹碳酸盐岩地貌

(1)碳酸盐岩地区岩溶地貌发育不同阶段的地貌组合特征是什么,包括溶洞、喀斯特峰林和平原?
(2)石芽和峰丛的组合出现指示岩溶地貌发育进入了哪个阶段,以及这一阶段的环境特征?

2)研学点介绍

研学点 1　平顺虹梯关通天峡

平顺虹梯关通天峡(图4-219、图4-220)位于长治市平顺县虹梯关乡通天峡风景区,遗迹亚类为峡谷(断层崖),遗迹时代为长城纪—奥陶纪。通天峡整体呈"U"形,蜿蜒曲折呈北东-南西向延伸,主峡谷长26km,谷底宽8~30m,一般宽15m,谷肩高100~300m,一般高约200m,峡谷底部有小河流过,峡谷植被发育,以灌木为主,出露面积为48.03km。整个峡谷除峡谷入口处、峡谷底部出露少量常州沟组砂岩露头外,主要岩性从老到新为寒武系张夏组厚层—巨厚层鲕粒灰岩、寒武系—奥陶系三山子组厚层白云岩。

图4-219　平顺虹梯关通天峡

图4-220　通天峡天露台

通天峡内地质遗迹十分丰富,且颇具景观价值,有石猴观日、仙人石、瀑布、崩塌、断层、河流侵蚀地貌、龙脊岭、壶穴等。虹梯关峡谷西高东低,在河流的侵蚀作用和自然崩塌作用下,造就了雄山奇峡,雕塑出了一系列的奇峰异岭、象形山石,激流涧溪与幽峡碧潭珠串相连,峡谷、嶂谷(图 4-221)、瀑布、象形山峰共同构成了精彩绝伦的奇峡景观。龙脊岭犹如一条盘旋的巨龙盘旋在山体顶部,令人叹为观止。

峰丛(象形石):峰丛由三山子组白云岩组成,广泛发育于山脊,峰丛密度、高差等差异较大,单个石柱多具象形石特征,有骆驼峰、狮子山、唐僧打坐、兔耳山、石猴观日、仙人峰等(图 4-222)。

图 4-221　通天峡嶂谷

图 4-222　仙人峰

瀑布:瀑布地质体岩性为张夏组鲕粒灰岩,瀑布多为倾斜型小型瀑布,有虹霓飞瀑、双叠瀑、通天瀑等。

龙脊岭(图 4-223)谷间岭脊:沟间蛇形墙状岭脊,长 1650m,高 180m,顶部宽 1～5m,东部有龙首状山峰。

乾坤大回转(图 4-224)深切河曲:受构造节理控制的急转型深切隘谷,深约 85m,谷底宽 25～40m,谷坡陡直。

图 4-223　龙脊岭

图 4-224　乾坤大回转

研学点 2　平顺霓虹瀑布

平顺霓虹瀑布(图 4-225)位于长治市平顺县虹梯关乡虹霓村,平顺天脊山国家地质公园内。瀑布赋存地质体由老到新依次为中元古界串岭沟组薄层石英岩状砂岩夹薄层泥页岩,地貌上形成缓坡;中元古界大红峪组灰白色巨厚层石英岩状砂岩,地貌上形成直立的陡崖。瀑布从大红峪组形成的陡崖倾泻而下,高约 75m,为二叠瀑,第一层高 5m,第二层高 70m,水流共两股,每股 1～1.5m 宽,水量较大。虹霓瀑布及周边发育石林、石柱和断层。

图 4-225　平顺霓虹瀑布

石林发育于瀑布西边的河谷两侧中元古界串岭沟组薄层石英岩状砂岩夹薄层泥页岩地层中。石林多呈长方形或梯形,高度相差较大,高差 10～50m,底面宽 10～20m,顶面宽 5～10m。龙柏庵村附近石柱高约 50m,直径约 15m,岩性为串岭沟组薄层石英岩状砂岩夹薄层泥页岩。槐树坪村西断层上盘为寒武系馒头组红色泥岩,下盘为中元古界大红峪组灰白色石英岩状砂岩,断距约 100m,断层面被坡积物覆盖,不可见。

研学点 3　平顺天脊山天泉瀑布

平顺天脊山天泉瀑布(图 4-226)位于长治市平顺县东寺头乡天脊山国家地质公园内,是三晋第一高瀑。天泉瀑布周围岩性由老到新依次为寒武系馒头组泥页岩,厚约 40m,张夏组厚层—巨厚层状鲕粒灰岩,厚约 200m,以及三山子组厚层白云岩。

天脊山天泉瀑布为典型细长、悬落垂直型河道单级瀑布,落差达 220m,是公园单级落差最大的瀑布,枯水期瀑宽 1m,丰水期瀑宽 6.5m。天泉瀑布水质清澈,水流常年不断。瀑布围谷分布于瀑布下方,呈圆、椭圆或半圆桶状地貌景观,平面投影呈环状,似一侧开口椭圆桶状,与瀑布同高220m。瀑布下方在水流的冲击下形成近似圆形的水潭,水潭面积受瀑布水量控制。

图 4-226 平顺天脊山天泉瀑布

天脊山风景区水体资源丰富，大小型瀑布密布。天泉瀑布是水体景观中最为壮观的瀑布景观。在瀑底仰望高瀑，瀑水从天而降，似颗颗珍珠被风吹过，缥缈而落，水花飞溅，丝丝凉意沁透心脾。瀑布冲击的巨响犹如万马奔腾，气势磅礴，此景之美令人叹为观止。作为景区内最主要的旅游景点之一，天泉瀑布每年吸引大量游客前来参观。

研学点 4　平顺神龙湾天瀑峡

平顺神龙湾天瀑峡（图 4-227）位于晋豫交界平顺县东寺头乡南地村西，是平顺天脊山国家地质公园的主要景区之一。

图 4-227　平顺神龙湾天瀑峡

峡谷基岩为寒武系张夏组巨厚层鲕粒灰岩（鲕粒呈透镜状分布），寒武系—奥陶系三山子组巨厚层白云岩。峡谷总长约 6km，宽 30～50m，最窄处仅 0.3m。峡谷高 80～150m，谷坡较缓，谷坡两侧形成峰丛、崖壁。谷底可见大量崩塌岩块，长 10～30m 不等，最长为 50m，谷底水流清澈见底。天瀑峡是太行山碳酸盐岩峡谷的典型代表，具有奇、雄、险、特的特征。

峡谷内伴生有青龙洞、玉龙瀑、一线天（图 4-228、图 4-229）、斧劈崖（图 4-230）、节理崖、叠层石、崩塌、千年红豆杉、祥云湖等地质遗迹，这些地质遗迹级别均为省级以上，共同构成了天瀑峡世界级地质遗迹。

图 4-228　"L"形一线天　　　　　　　　　图 4-229　一线天中的"惊心石"

图 4-230 斧劈崖

青龙洞延伸 100 余米，洞内最大的特色是保存完好的边石堤，并有鹅管、石钟乳、石葡萄等钟乳石。

玉龙瀑落差达 136m，单瀑水面宽约 1m，是国内高瀑之一，其底部有一个三角形水潭——玉龙潭，白色水柱飞流直下，气势磅礴，如银河倾泻，让人不禁为大自然的鬼斧神工而惊叹。那飞落的水流似白练悬空，又似玉龙飞舞，其壮美之景令人心驰神往。

神龙湾天瀑峡是太行山南段最为神奇的峡谷，其中最为独特的是沿节理发育的"L"形一线天，是国内罕见的狭缝式"L"形隘谷。天瀑峡一线天景观总长 590m，最宽处仅 10m，最窄处宽 0.3～2.5m，高 10～150m，一线天呈"L"形延伸，出现一处罕见的近直角的转弯，是天瀑峡最经典的地段，也是国内一线天的典型代表。斧劈崖、节理崖、叠层石、崩塌等地质遗迹也为峡谷增添了神秘色彩。一线天近出口处有一从高处崩塌至一线天的岩块"惊心石"，被两侧陡壁阻隔悬在半空中，像是提醒着游客仍身处峡谷险地。

研学点 5　平顺张家凹碳酸盐岩地貌

平顺张家凹碳酸盐岩地貌位于平顺县东寺头乡张家凹村东，东西长约 1.3km，南北宽约 500m，分布面积 0.53km²。该地貌由石芽（图 4-231）和峰丛（图 4-232）两类地质遗迹组成。石芽和峰丛是碳酸盐岩地貌发育的两个阶段。三山子组内垂直节理发育密集，地表水沿节理长期溶蚀形成石芽，伴随着风化作用和重力作用逐渐形成石林（图 4-233）和峰丛。

石芽分布区东西长 350m，南北宽 70m，面积约 0.03km²，共出露 600 余处，分布密度较大。石芽高 0.5～1m，顶面呈平面型或尖棱形，侧面发育刀砍纹。部分石芽具象形特征，如珍禽异兽般惟妙惟肖，与王莽岭国家地质公园内的袖珍石林有异曲同工之妙。

图 4-231　石芽

图 4-232　峰丛

图 4-233　石林

峰丛以三山子组白云岩为载体、张夏组灰岩为基座。石峰相互簇拥，高低错落，高2～30m，直径0.5～10m，在0.5km² 范围内，共出露100余处石峰，密度达200处/km²。峰丛发育部位与山脚沟谷高差达500余米，居高临下，更加凸显了碳酸盐岩地貌的景观效应。

4.9　临汾市地学研学路线

● 路线17：临汾市永和县—隰县地学研学路线

1. 行政区划范围

路线17分布于临汾市永和县、隰县境内。

2. 研学路线组成

研学路线包括乾坤湾黄河蛇曲地貌—隰县黄土地貌—午城组剖面3处地质遗迹景观研学点；小西天—晋西革命纪念馆2处其他自然文化景观研学点。

3. 研学路线主题

以"河流地貌—黄土地貌"为主题，学习河流地质作用与河流地貌，风的地质作用与风蚀地貌，黄土的特征、黄土地层及黄土地貌，地层的接触关系；红军东征抗日历史，晋西革命斗争历史；了解佛教文化，了解明清悬塑彩绘和建筑文化。

4. 研学目标与核心研学内容

(1) 河流地质作用与蛇曲、阶地、河漫滩、边滩、心滩、河心岛等河流地貌。
(2) 砂岩风化与风蚀地貌。
(3) 黄土的形成、分布、成分及其气候环境指示意义。
(4) 午城组、离石组、马兰组等黄土地层。
(5) 黄土地貌特征与演化。
(6) 地层接触关系的判别。

5. 科学或实践互动内容

1) 问题思考

研学点1　乾坤湾黄河蛇曲地貌
(1) 河流曲率的控制因素有哪些，包括地形坡度、基岩硬度、沉积物性质和水流速度？
(2) 河流阶地的判别特征有哪些，包括地层年龄、沉积物类型和地形位置？
(3) 厚层砂岩洞穴的形成机制是什么，包括地下水活动、化学溶解和生物作用？
(4) 河漫滩、边滩、心滩、河心岛的形成机制是什么，包括河流侵蚀作用、沉积作用和水流动力学？

（5）砂岩风蚀地貌（如壁龛、洞穴、蘑菇）的成因识别方法有哪些，包括岩石结构、风向和风力强度的证据？

研学点 2 隰县黄土地貌

（1）新近系（保德组和静乐组）和第四系（午城组、离石组、马兰组）彩色黄土的特征有哪些，以及它们如何反映不同的沉积环境和成土作用？

（2）不同地层的黄土和古土壤如何反映构造运动、古气候和古环境变迁，包括层序特征、化石记录和化学组成？

（3）黄土的成因是什么，包括风力搬运、沉积过程和第四纪冰期气候变化的影响？

（4）黄土的主要成分有哪些，包括矿物组成、有机质含量和化学性质？

（5）地质历史早期黄土的存在情况如何，以及它们的保存条件是什么，包括地层保护和构造稳定性？

（6）黄土的空间分布受哪些地质和气候因素控制，包括风力方向、沉积物来源和地表形态？

（7）黄土地貌的类型有哪些，包括沟壑、土林、塬、梁和峁，以及它们的形成机制？

（8）黄土地貌的演化过程是什么，包括从风力堆积到水力侵蚀的转变，以及地貌形态随时间的变化？

（9）黄土高原地区水土流失的防治措施有哪些，包括植被恢复、工程措施和农业管理技术？

研学点 3 隰县柳树沟午城组剖面

（1）午城组黄土的岩性分层特征是什么，包括不同层位的矿物组成和颜色变化？

（2）午城黄土如何反映第四纪气候环境的变迁，包括冰期与间冰期的交替和降水模式的变化？

（3）黄土中钙质结核的成因是什么，包括地下水活动、生物作用和成土过程？

（4）不整合接触的判别标志有哪些，包括地层年龄的不连续、地层类型的变化和侵蚀界面的识别？

2）研学点介绍

研学点 1 永和黄河蛇曲地质博物馆

永和黄河蛇曲地质博物馆（图 4-234）位于山西省临汾市永和县阁底乡，是一个以黄河蛇曲地质为主题的博物馆。博物馆占地面积约 $1000m^2$，馆内收藏有丰富的地质标本和图片，展示了黄河蛇曲地貌的形成、演变和特点。

永和黄河蛇曲地质博物馆分为多个展区，包括地质知识科普区、黄河蛇曲地貌展区、地质遗迹保护区、生态环境展区等。博物馆通过实物标本、模型、图片、视频等形式，展示了永和黄河蛇曲地质公园的自然景观、地质特点和生态资源，如黄河蛇曲地貌的形成过程和特点、黄河 7 个优美的"S"形大湾、多级阶地，以及一系列地学遗迹和古生物化石。

相关地质遗迹包括侵蚀三角面、凸岸边滩、凹岸陡壁、黄河一级阶地、底砾岩分布、黄河三级阶地的砾石层位置等。这些地质遗迹形成了现今罕见的发育在黄土高原，并深切于基岩之间的峡谷型嵌入式蛇曲地貌。在永和段黄河蛇曲中，黄河河道在原来曲度较大的湾道上，曲

图 4-234　永和黄河蛇曲地质博物馆

度进一步发展成典型的蛇曲,并深深地切入当年的黄河谷底基岩。此外,永和黄河蛇曲还呈现出一种别样的景致,河水沿崇山峻岭穿行流淌,河道形态宛如希腊字母"Ω"嵌于山岩之间。

馆内展示有桑壁永和鳄动物化石、延长植物群化石、黄土标本、三叠系地层岩石标本等。其中桑壁永和鳄是一种生活在晚三叠世的初龙形类化石,其模式标本的头骨是在山西省永和县桑壁镇铜川组二段发现的,为研究初龙形类爬行动物的演化提供了重要信息。桑壁永和鳄化石的发现支持含化石的铜川组时代为晚三叠世拉丁期早期,通过生物地层对比,这一结果还为其他中三叠世的四足动物提供了可靠的时间框架。延长植物群化石时代属中三叠世晚期—晚三叠世,地层主要由黄绿、灰绿、肉红等色长石砂岩、细粒砂岩及砂质页岩组成,下部含油页岩,底部常为粉红色长石砂岩。植物化石主要以节蕨类某些种占主导地位,这一植物群反映了当时内陆盆地含油、煤沉积的环境特征。

研学点 2　永和乾坤湾黄河蛇曲地貌

永和乾坤湾黄河蛇曲地貌(图 4-235)位于晋陕黄河大峡谷中,北起永和县前北头,南至佛堂,西到黄河中线,东到四十里山,南北长 50km,东西宽 1~10km,总面积约 105km^2。乾坤湾总体呈南北方向展布,河床形态整体呈"U"形,河流长 58km,直线距离 31km,平均曲率为 1.89;河床落差 52.7m,河床纵比降为 0.9‰,河床宽 80~400m,河流三级阶地距河床高差为 80~150m,一般为 110m。

河床两岸地层出露较为简单,自老至新为:三叠系铜川组灰绿色、灰黄色、灰红色厚层中细粒长石砂岩与灰紫色、灰黑色砂质泥岩及页岩夹凝灰岩组成;三叠系延长组黄绿色、灰黑色、灰色砂质泥岩和页岩组成;新生界第四系中更新统离石组棕黄色亚砂、亚黏土夹多层古土壤组成;上更新统马兰组亚砂土。

永和乾坤湾蛇曲地貌位于浅层黄土覆盖的石质丘陵,地貌形态以土石梁峁和沟谷为主,山丘成土头石腰结构型,黄土覆盖较薄,坡面、沟谷流水侵蚀和重力侵蚀严重,溯源侵蚀十分

图 4-235 永和乾坤湾黄河蛇曲影像图

活跃。在新构造运动相对平稳阶段，河流的下蚀作用相对减弱，侧向侵蚀作用相对加强，由于多次的继承性侧蚀作用，在重力崩塌协调作用下，原来弯曲度不大的河谷更加弯曲，形成如今的蛇曲地貌。

永和乾坤湾蛇曲由 7 个娴静婉约的大湾构成，湾湾有美景，湾湾让人震撼，湾湾沉淀了厚重的黄河文化，湾湾抒不尽美丽的诗篇。区内黄土地貌发育，黄土塬、梁、峁、沟壑勾出了黄土高原真、拙、淡、朴的自然美。黄河蛇曲和黄土地貌默契组合，更为黄土高原增添了百折不挠、顽强拼搏的力量之美。

乾坤湾：乾坤湾蛇曲由七道湾组成，分别为英雄湾、永和关湾、郭家山湾、河会里湾（图 4-236、图 4-237）、白家山湾（图 4-238）、仙人湾（图 4-239）和于家咀湾，其具体特征如表 4-2 所示。

图 4-236 河会里湾

图 4-237　河会里湾一级阶地

图 4-238　白家山湾

图 4-239　仙人湾

表 4-2　乾坤湾蛇曲七道湾特征一览表

湾道名称	长度/km	最大宽度/m	最小宽度/m	曲率	面积/km²	形态
英雄湾	8.7	280	95	3.08	12.1	"Ω"形
永和关湾	4.2	260	80	2.13	15.71	"Ω"形
郭家山湾	7	350	85	4.48	7.5	"Ω"形
河会里湾	18	370	140	5.42	19.3	"S"形
白家山湾		280	140	4.16		
仙人湾	12	400	170	2.48	18.2	"S"形
于家咀湾		470	170	4.45		

黄河水蚀洞穴：水蚀洞穴多分布于黄河支流汇入口处，规模差异较大，从不足 1m 到数米不等，形态多为长条状、矩形、圆形，呈串珠状出露。

黄河水流堆积地貌：包括河漫滩、边滩、心滩、河心岛。比较典型的为河会里湾内清涧河汇入口形似大脚的河心岛，长约 1000m，宽 50~240m，面积约 182 338m²。

风蚀画廊：永和关湾、仙人湾、郭家山湾等处的悬崖绝壁上，风蚀地貌随处可见，基本形态有风蚀壁龛、风蚀洞穴、风蚀蘑菇。

黄土地貌：基本形态以黄土冲沟、黄土梁、黄土峁为主，黄土柱极少见。

研学点 3　隰县黄土地貌

隰县黄土国家地质公园位于山西省临汾市隰县午城镇，包括午城园区和柳树沟园区。公园内地质遗迹景观主要包括地质剖面、地质构造、古生物、地貌景观类、水体景观类和环境地质景观 6 类，其中最著名的为午城黄土剖面和黄土地貌。

隰县地处黄土残塬（图 4-240）地区。该地区的黄土地貌类型丰富，广泛分布的黄土和红土形成了能够代表全国乃至全球典型而独特的彩色黄土地貌景观。大型的黄土沟间地貌（黄土残塬、黄土梁、黄土峁；图 4-241~图 4-248）向世人展示着黄土高原的厚重；密集分布的黄土沟谷地貌（纹沟、细沟、切沟、冲沟）则诠释了黄土高原千沟万壑的形成过程；而由红土和黄土

图 4-240　隰县黄土残塬（亚明 摄）

构成的彩色黄土潜蚀地貌（黄土碟、黄土陷穴、黄土柱、黄土桥、黄土墙等）则彰显了黄土高原独特的魅力。尤其是红黄相间的黄土潜蚀地貌，可以与南方丹霞地貌相媲美。陡坡乡附近的黄土地貌，以红黄相间的土崖作背景，它们水平成层，绵延不绝地分布于沟谷两侧，为浅黄色的丘陵增添了鲜艳的色彩，以此吸引了众多画家、摄影家、驴友，以及其他游客来此地写生、探奇和游玩。

图4-241　隰县陡坡黄土峁（亚明　摄）

图4-242　隰县陡坡黄土冲沟（亚明　摄）

图 4-243　隰县陡坡黄土切沟（亚明 摄）

图 4-244　隰县彩色黄土柱（一）（亚明 摄）

图 4-245　隰县彩色黄土柱(二)(亚明　摄)

图 4-246　隰县彩色黄土柱——"兰花指"(亚明　摄)

图 4-247　隰县黄土陷穴

图 4-248　隰县彩色黄土陡崖（亚明　摄）

彩色土崖受后来风雨侵袭，塑造出塔状、柱状、堡状、廊柱状等微地貌，为相对单一的彩色土崖更添几分景色。土崖上各式各样的黄土潜蚀地貌、红色崖壁上直立密集的钙质结核群，以及倾斜的条带状结核群，增加了土崖景观的观赏价值。游人对这种奇特的色彩与造型成因十分好奇，有利于开展地质知识的科普宣传工作。同时，冲沟两侧时有黄土滑坡及倾泻的泥流，可向游客讲解地质灾害的危害及形成机理。

隰县历史悠久，传统文化积淀深厚，人文景观资源丰富，主要有千佛庵、大观楼、千佛洞石窟等多家国家级文物保护单位。隰县是革命老区，著名的红军东征、晋西事变、午城战役等重大革命历史事件就发生在这里。伟大领袖毛主席在隰县战斗、生活40余天，十大元帅彭德怀、林彪、贺龙、罗荣桓、聂荣臻、叶剑英和十大将军陈赓、徐海东、黄克诚、谭政、张云逸、罗瑞卿，以及周恩来、李富春、张闻天、杨尚昆、左权等众多党和人民军队高级领导驻扎隰县。保存有多处旧址、旧居和午城战斗遗址等省级文物保护单位，另外有古遗址、古墓葬、古建筑等县级文物保护单位58处，AAAA级旅游景区2处。

此外，隰县素有"中国金梨之乡""中国酥梨之乡"之称，玉露香一枝独秀，出口美国。隰县梨不仅口感好，万亩梨园的壮观美景更是有口皆碑。四月的梨乡，连阡接陌的梨花，如皑皑白雪，似渺渺轻烟。漫步于梨花丛中，徘徊于梨树下，使人飘飘若仙。每年四月，隰县都要举办梨花节，观赏这"千树梨花千树雪，一溪杨柳一溪烟"的梨乡景色，领略大美隰州风光。

研学点4 隰县柳树沟午城组剖面

1962年刘东生、张宗祜正式创名午城黄土于隰县午城镇柳树沟，该剖面（图4-249）为刘东生、张宗祜测制。近60年来，该剖面层已经吸引了来自世界各大知名院校的教授、学生和

图4-249　隰县柳村沟午城组剖面

专家学者进行实地考察研究。午城组黄土是指黄土塬、梁、峁上土状堆积的下部黄土层,岩性为棕黄色、浅棕褐色亚砂土、亚黏土间夹多层棕红色古土壤及灰色—灰白色、灰褐色钙质结核层。与下伏保德组和上覆马兰组均为平行不整合接触。

午城组(Qp^1w)与上覆离石组(Qp^2l)和下伏保德组(N_2b)均为平行不整合接触,其岩性为红黄色亚黏土,含6层红色埋藏土和埋藏风化层,含古脊椎动物化石。

午城组剖面具有重要的科研价值,不仅具有地层对比意义,而且对第四纪气候环境演化、对比的研究具有重要作用。可以为华北地区相当地层的划分与对比提供依据;对于早更新世古地理研究具有重要作用。

研学点 5　隰县小西天

隰县小西天(图 4-250),又名千佛庵,位于山西省临汾市隰县城西凤凰山巅,是一座佛教禅宗寺院,由明代东明禅师创建于明崇祯二年。初因大雄宝殿内有佛像千尊而得名,后因重门额题"道入西天",又为区别城南另一座明代寺院"大西天"而更名"小西天"。

图 4-250　隰县小西天

隰县小西天全寺建筑面积1100多平方米,建有大雄宝殿、文殊殿、普贤殿、无梁殿、天王殿、韦驮殿、地藏殿、钟楼、鼓楼等许多殿舍,并洞为门,把上院、中院、前院分割开来。实际上寺院2/3殿堂均为双层建筑结构。隰县小西天内悬塑彩画对研究明清悬塑级彩绘具有重要参考价值。小西天的建筑风格及特点,可以用"小、巧、精、奇"4个字来概括。寺院布置得体。殿堂构造填密,精雕细刻,"精"得细微,在建筑史上真可谓别具一格,独具特色。

2013年3月5日,隰县小西天被中华人民共和国国务院公布为第四批全国重点文物保护单位。

研学点 6　晋西革命纪念馆

晋西革命纪念馆(图 4-251)位于临汾市隰县县城西南1.8km处的车家坡村龙凤山腰。晋西革命纪念馆是以红军东征为背景,全面展示我党、我军在晋西革命老区带领人民从事革命斗争的光辉历程而建设的一个红色旅游景点。

图 4-251　晋西革命纪念馆

纪念馆总建筑面积 3420m²，主体建筑面积 3252m²，陈展面积 2780m²。设有土地革命、抗日战争、解放战争 3 个展厅，包括党的早期活动，即创建革命武装、红军东征、晋西会议、午城战役、根据地建设、"晋西事变"、东川战役、全区解放、踊跃支前、伟大胜利等单元内容。2009 年 12 月被山西省委、省政府授予"山西省爱国主义教育基地"名称。

● 路线 18：临汾市吉县—乡宁县地学研学路线

1. 行政区划范围

路线 18 分布于临汾市吉县、乡宁县境内。

2. 研学路线组成

研学路线包括黄河壶口瀑布—十里龙槽—人祖山碎屑岩地貌 3 处地质遗迹景观研学点；云丘山农耕文化—克难坡遗址—人祖山人文景观—人祖山森林—道教文化、冰洞、塔尔坡古村落 7 处其他自然文化景观研学点；洪洞广胜寺泉、大槐树 2 处备选研学点。

3. 研学路线主题

以"河流地貌—岩溶地貌"为主题，学习河流（侵蚀）地质作用，瀑布的特征、控制因素及形成过程，冰洞的特征及形成机制，了解黄河农耕文化、二战区抗战历史、古代建筑景观文化。

4. 研学目标与核心研学内容

(1) 河流(侵蚀)地质作用。
(2) 河流地貌。
(3) 瀑布的形成原因及过程。
(4) 岩性和地质构造对河流(瀑布)形成的控制作用。

5. 科学或实践互动内容

1) 问题思考

研学点 1 吉县黄河壶口瀑布

(1) 除岩性软硬相间的互层结构外,哪些地质和水文条件能促进瀑布的形成,包括地形高差、水流速度和基岩性质?
(2) 瀑布形成的主要岩性特征和构造地质条件是什么,包括岩层差异、断层活动和地壳抬升?
(3) 瀑布形成年代的确定方法有哪些,包括地层学、地貌学和放射性同位素测年的应用?
(4) 瀑布形成过程的地质机制是什么,包括侵蚀作用、岩层差异和构造运动的影响?
(5) 瀑布形成过程中的地质营力有哪些,包括机械侵蚀、化学侵蚀和生物作用?
(6) 瀑布形成过程中的侵蚀作用具体包括哪些类型,如机械侵蚀、化学侵蚀和生物侵蚀?

研学点 2 十里龙槽

(1) 十里龙槽"谷中谷地貌"的形成机制是什么,包括河流侵蚀作用、地壳运动和沉积物性质?
(2) 河流下切的驱动因素有哪些,除了地壳抬升外,还包括侵蚀基准面下降和气候变迁?

研学点 3 人祖山碎屑岩地貌

碎屑岩地貌与花岗岩形成的地貌特征有何差异?

研学点 4 云丘山农耕文化

二十四节气等农耕文化为何成为黄河文化的核心组成部分,以及它们如何反映古代农业生产和自然环境的关系?

2) 研学点介绍

研学点 1 吉县黄河壶口瀑布

山西最著名的瀑布为黄河壶口瀑布(图 4-252～图 4-254)是我国 2005 年评出的最美六大瀑布之一,也是世界唯一的大型黄色瀑布。

黄河壶口瀑布位于临汾市吉县壶口镇壶口瀑布国家地质公园内。壶口瀑布发育在晋陕大峡谷中,河谷中基岩岩性为二马营组砂岩、粉砂岩、泥岩、页岩等碎屑岩,其岩性组合为软硬相间的互层结构。

图 4-252 壶口瀑布(一)

图 4-253 壶口瀑布(二)

图 4-254　壶口瀑布（三）

壶口瀑布最大的特点是，黄河流经壶口时，河床从宽约 300m 的宽谷突然缩小至 1/10，变为宽度仅 30m 的窄谷，河水聚拢，收为一束，形成特大马蹄状瀑布群。壶口瀑布所在地汛期最大流量在 2500m³/s 以上，每年 3—4 月，黄河冰雪融化使得河水流量暴涨，其余季节黄河流量 1000m³/s，最小流量仅 300m³/s，冬天冰冻封河，瀑布落差约 40m。黄河水质浑浊，含大量泥沙，为世界上唯一一条黄色瀑布。

壶口瀑布是内、外地质营力作用的产物。其中，内地质营力主要包括构造运动、区域地质特征和构造特征，外地质营力主要包括河流地质作用（侵蚀、搬运和沉积）、冰川作用和冻融作用等。古气候环境控制了不同沉积建造的分布和岩性组合特征，而构造运动和外力地质作用的共同作用又不断塑造着区域内的地形地貌，从而造就了壶口瀑布巧夺天工的地质地貌景观。

合适的物质组成：瀑布周围的岩石是灰绿色、浅红色的中细粒长石砂岩和砾岩夹粉砂质泥岩。其杂基含量高，胶结差，与花岗岩类和灰岩类岩石比较，它可以算作软材质，易于风化剥蚀。但是与泥岩相比，仍较坚硬。这种由砂岩和泥岩组成的地层结构，达到一定的比例，才能满足形成瀑布的必要条件。

恰当的构造条件：砂岩中发育有两组节理，一组是南北走向的直立节理，正是这一组节理控制瀑布走向；另一组是近东西走向的直立节理。一方面凭借自身流动的巨大动能和所携带泥沙直接对岩石进行不断地冲刷和磨蚀；另一方面流水还对砂岩下较松软的泥岩不断掏蚀，造成砂岩悬空，受重力作用，或冬天石缝中冰楔作用，加之自身的裂隙，砂岩就会松动脱落。

壶口瀑布为黄河第一大瀑布，是我国乃至全世界唯一一条黄色瀑布，也是我国仅次于贵州黄果树瀑布的第二大瀑布，世界罕见，每年都吸引大量游客前来观看。瀑布奔腾呼啸，跌入深渊，飞流直下，排山倒海，涛声轰鸣，水雾升空，惊天动地，气吞山河。此地两岸夹山，河底石岩上冲刷成一巨沟，俗称"十里龙槽"，滚滚黄河水奔流至此，倒悬倾注，若奔马直入河沟，波浪翻滚。其形如巨壶沸腾，惊涛怒吼，震声数里可闻；春秋季节水清之时，阳光直射，彩虹随波涛飞舞，景色奇丽。冬季河面封冻，瀑布多成冰凌，地表来水减少，壶口流量降至 150~500m³/s，激浪不大,飞出槽面水雾甚少;急流飞溅,形成弥漫在空中的大雾,即"水底冒烟"一景。给人以心灵的洗涤和震撼。在这里,古今诗人和音乐家们奏出了一曲"黄河大合唱",唱出了黄河儿女的心声!

对黄河壶口瀑布的研究,尤其是针对瀑布的形成时间、形成原因、形成过程的研究一直是热点,近年来,针对壶口瀑布的开发利用和保护也被重视起来。独特的黄色瀑布,更是地质实习的绝佳地点。

研学点 2 十里龙槽

由于黄河河床地壳抬升,壶口至孟门段,在 400 多米宽的箱形峡谷的底部,黄河水流下切,形成一条 30～50 余米宽、15～30 余米深的槽,南北长约 5km,即地貌上所称的"谷中谷地貌",黄河水从壶口奔涌下泻后,以每秒数千立方米的巨大流量归于此槽,由于传说它为龙身穿凿,故取名"十里龙槽"(图 4-255)。

图 4-255 十里龙槽

研学点 3 人祖山碎屑岩地貌

人祖山(图 4-256)位于吉县西北部,山西省临汾市吉县县城西北方 45km 处,西南距离著名的黄河壶口瀑布约 20km,西距黄河约 5km,是一座挺拔雄伟的名山,它的主峰海拔为 1 742.4m,面积约 13 万 km^2。人祖山又名庖山、风山,是以山顶祭祀人祖女娲和伏羲的庙宇而命名的一座山。

人祖山省级自然保护区基岩为花岗岩、碎屑岩,海拔在 779～1742m 之间,境内地貌复杂,以大起伏侵蚀高中山为主,沟谷区域中起伏覆盖高山。

图 4-256 人祖山

研学点 4　人祖山人文景观

人祖山中历代庙宇约达 200 处，其中最负盛名的是建有"娲皇宫"和"伏羲皇帝正庙"的人祖庙（图 4-257、图 4-258）。人祖庙，是中国现存最早的祭祀女娲、伏羲的场所遗址，是人祖山景区的核心景点，建在海拔 1 742.42m 的人祖山主峰之巅。院内有伏羲殿、娲皇宫、地藏殿、唐代石碑等。

图 4-257　伏羲殿

作为人类祖先生活痕迹的保留地,通过实地参观人祖庙,可以了解女娲、伏羲的文化象征意义,以及他们在中国古代神话中的地位,解读人祖山与中华文明起源的联系,理解其在中华民族文化认同中的角色。

人祖庙内精美的雕刻艺术,如摩崖石刻等艺术作品,不仅展示了古代工匠的技艺,也承载了丰富的历史文化信息。学习人祖山的民俗文化,包括传统节日、民间故事和仪式,可以感受地域文化的独特魅力。

图 4-258　娲皇宫

研学点 5　人祖山森林

人祖山(图 4-259)设有自然保护区,位于吕梁山南端,属于黄土高原丘陵沟壑水土保持生态功能区,该区地处半湿润—半干旱季风气候区,主要植被类型有落叶阔叶林、针叶林、典型

图 4-259　人祖山夏景和秋景

草原与荒漠草原等。森林覆盖率高达91.4%,森林蓄积量丰富,是研究森林生态系统的宝库。区内有94科230属400多种植物,包括油松、刺槐等主要树种,以及丰富的灌木和草本植物,构成了复杂的生态系统。

人祖山自然保护区所在地既是我国气候、植被的南北交错区,也是我国生物多样性保护的重点地区和关键地区,其中辽东栎林、白皮松林生态系统是重点类型。对于研究华北乃至我国北方森林植被变化规律及其环境变迁具有重要的学术价值。

研学点 6　人祖山道教文化

人祖山被誉为"人祖圣地",据传是道教始祖轩辕黄帝修道成仙之地。山上建有多处道教宫观,如人祖庙、黄帝庙等,吸引了大量信徒和游客前来朝拜。人祖山的道教文化源远流长,融合了本土宗教信仰和道教经典,形成了独特的宗教文化氛围。

每年农历四月初八的人祖山庙会,是当地重要的传统节日,吸引了众多信徒参与,进行盛大的祭祀和祈福活动。人祖山的道教仪式包括祈福、禳灾、斋醮等,展示了丰富的道教文化传统和仪式规范。

通过参观人祖山的道教宫观,了解道教的起源、发展和在当地的传承,体验道教的宗教仪式和文化活动;聆听关于黄帝和人祖山的传说故事,探访相关历史遗迹,感受古老文化的神秘魅力。跨学科的综合研学方式,有助于培养研学者的科学精神和人文素养,增强他们探索自然和文化奥秘的兴趣和能力。

研学点 7　云丘山冰洞

云丘山冰洞位于山腰深处,洞内常年保持低温,即使在炎热的夏季,洞内冰柱、冰幔依旧晶莹剔透。冰洞的具体位置和规模尚在进一步勘探中,给研学者提供了丰富的探索空间。冰洞内部温度常年保持在零度以下,形成了一个独特的微气候环境,这种现象在温带大陆性气候区罕见。

冰洞内部结构复杂,多层次的冰柱、冰幔和冰帘交织在一起,形成了奇妙的冰雪世界。随着季节和气候变化,冰柱、冰幔的形态和数量也在不断变化,为研学者提供了观察自然动态演变的机会。

研学点 8　云丘山农耕文化

云丘山风景区(图4-260)属国家AAAAA级旅游景区,位于山西省临汾市乡宁县与运城市和稷山、新绛的交界处,吕梁山南端河汾的夹角地带。它是晋南根祖旅游核心景区,中华农耕文明发源地之一,华夏乡土文化的地理标志,非物质文化遗产地和文化传承地。这里荟萃了美丽的自然景观、悠久的人文历史资源、绝佳的养生环境和集儒释道于一体的宗教建筑,是当地具有悠久历史传承的农耕文化所在地。

云丘山是上古时期羲和观天测时之地,二十四节气的发源地,华夏农耕文化的始发地,夏人朝山拜顶之地。全国规模最大、人数最多的中和节庙会,在这里延续至今。云丘山一带是黄河文化的大摇篮,是汉民族文化以至华夏文明诞生和繁荣的原始载体。云丘山是中华农耕文明发源地之一。

旧石器时代和新石器时代的分野仅仅在于磨制器物的出现,可光是这一点就经历了漫长

图 4-260　云丘山

的 250 万年之久。以此来看,历法在我们进程中的地位更加重要。历法的核心是认识自然、适应自然、驾驭自然,人虽然没有凌驾于自然之上,却不再是无所适从的奴隶。或许,缘此得到启示,农业耕种在把握住播种时节后又来了一个飞跃。这应该是由放任生长,到着手管理的开始,用农家的话说是务植田禾苗。这一步的开始,不可低估一个人的作用。这个人就是帝尧时期的农官后稷。

云丘山民俗农耕文化主要体现在一年一度的中和节和日常的民间歌舞与婚嫁习俗中。中和节在每年的农历二月初一至三月初一,二月十五是中和节活动最繁盛的一天。届时,景区会上演多种多样、民俗风情浓厚的食枣花、送花馍、挑花篮等土俗民情文艺表演活动,来自全国各地的朝山者大多会在神塔、婆婆缝、媳妇缝等象形山体前进香、朝拜、许愿和"摸娃娃",之后参与和体验景区推出的相关民俗活动。另外,在日常的民间歌舞和婚嫁民俗农耕文化旅游资源开发上,景区每日会在塔尔坡古村落分时段上演古老的、极具先民农耕文化特色的民间歌舞及婚俗嫁娶系列演艺活动。

研学点 9　克难坡遗址

克难坡遗址(图 4-261)在距山西省吉县县城西北 30km 处,西与壶口瀑布相邻,本名"南村坡",阎锡山为避讳"难面"而修改。

克难坡是个黄土山头,原住有 6 户人家。这个山头,由西向东并列和从北到南倾斜的 5 条沟梁组成,各梁均有一块冲积平地,或种有庄稼,或栽有桃树。后来阎锡山将这里定为营地,经过两年多的修建,终于将这个弹丸之地修建成了一座窑洞叠立,颇具规模,可容纳两万余人

图 4-261 克难坡遗址

的山巅小城,一时成为第二战区的军事重镇与山西省政治、经济、文化中心。村东西长约1km,南北宽约0.5km,乃一三面临沟河、一面通高原的葫芦状独立山梁,地势险要。1940年至1945年阎锡山的第二战区司令官总部、山西省政府、民族革命同志会等首脑机关曾驻扎在这里,人称"小太原"。建筑有阎公馆、实干堂、田步室、批评室、克难室、竞赛室、检讨室、真理室及望河亭、忠义词等。除满山遍野的土窑洞外,重要建筑均为石头干砌,建筑技巧堪称一绝。

研学点 10　塔尔坡古村落

塔尔坡古村落(图 4-262)因位于神仙峪内神塔附近而得名。此村落已有1500多年的历史,村里共有20多个院落,依山而建,有穴居土窑洞、碹拱石窑洞、石木结构的瓦房,是现存古民居的活化石,住房和城乡建设部同济大学历史文化名城研究中心主任、同济大学教授、博士生导师阮仪山教授考察古村时评价:塔尔坡古民居有很好的建筑价值,富有艺术价值、美学价值。

古村落建筑群和唐代古城(吕香县)具有极高的建筑价值,完整地保存了古代先民的居住理念,保存有石头城门、县衙、监狱、石头院落、石头巷道、石墙、石堡、石楼、石窑、水塘、石磨、石碾等独特景观。村中有多种古树,其中有1棵隋槐、4棵唐槐、元代的皂角树、千年金钱树(栾树)。一条逾越千年的古道,还有人们在这里生活留下的农耕用具,这一切都见证着古村的悠久历史。

古代城市和民宅的完美结合造就了塔尔坡古村落的神韵。交错的古宅院落依山而建,半天然穴居的窑洞、石木结构的瓦房、四方围罗的院落、数千年的历史遗留至今,已然成为古民居的活化石。

图 4-262　塔尔坡古村落

3) 备选研学点介绍

备选研学点 1　洪洞广胜寺泉

洪洞广胜寺泉(图 4-263)位于临汾市洪洞县广胜寺镇广胜寺,又名霍泉。临近霍山南麓,其泉域位于临汾盆地东侧基岩山区,地势北高南低,最高峰海拔 2530m,最低为 600m,山脊呈马鞍状起伏,东坡倾向盆地,西坡切割强烈。

图 4-263　洪洞广胜寺泉眼

广胜寺泉水出露集中，面积80m²，基岩为奥陶纪马家沟组灰白色厚层灰岩。1956—1993年多年平均流量为3.91m³/s，动态稳定。1958年扩泉后，建有长155m、宽5m、深6～7m的截流槽，槽中大小泉眼108个，均从东侧山边灰岩中溢出，属岩溶上升泉。泉水出露标高581.6m，水质良好，矿化度536mg/L，总硬度354.6mg/L，水温14℃。

洪洞广胜寺岩溶大泉属于北方岩溶区的典型代表，北方岩溶资源相对较少，广胜寺岩溶大泉因其独特的岩溶形态和珍贵的水资源，在当地亦有重要地位。这里的岩溶大泉不仅为研究中国北方岩溶地质提供了珍贵资料，还是洪洞县重要的水利资源，对当地居民的生产和生活有着重要的影响。

备选研学点2 洪洞大槐树

洪洞大槐树（图4-264）位于中国山西省临汾市洪洞县，是一棵有着深厚历史和文化意义的古树。这棵大槐树被认为是明代中期移民历史见证者，象征着中国北方人民南迁的历史事件。

图4-264 洪洞大槐树

据说，在明代时期，由于战乱和自然灾害，朝廷为了调节人口分布和促进边疆的开发，组织了大规模的人口迁移，这一历史事件被称为"招南客"。洪洞县因地理位置的优势，成为了这一迁移活动的集散地。大槐树则是人们集合的地点，许多家庭在此辈分簿册，并在树下辨认亲族，拜别亲友，因此它见证了无数家庭的离别与团聚。

如今的洪洞大槐树不仅是一棵古树，也是一个旅游景点，吸引了众多游客前来参观。游客来这里不仅可以了解这棵树的历史和文化，还可以感受到那段历史的氛围。此外，周边还建有纪念馆等设施,进一步讲述了洪洞大槐树的历史重要性和文化价值。

洪洞大槐树寻根祭祖园旅游景区是全国以"寻根"和"祭祖"为主题的唯一民祭圣地。靠近大西高铁、洪洞火车站及大运高速公路,交通便利,使得该景区成为很便捷能到达的文化旅游地点。

洪洞大槐树是华夏儿女对故乡的记忆与牵挂的象征,代表了深厚的根祖文化。这里不仅是移民历史的见证,也是民族情感与文化传承的重要场所。洪洞大槐树景区内的碑亭,是由宦游山东的贾村人景大启集资修建的,主要用于纪念和展示大槐树的历史文化。学生可以通过学习碑亭的建造历史,理解其文化内涵,感受深厚的思乡之情。

洪洞大槐树的移民史展现了一幅背井离乡、诀别故土的悲壮画面,同时也是开疆拓土、筚路蓝缕的创业史。通过研学,学生可以深入了解中国人民的移民历史和根祖文化的重要性。研学者可体会根祖文化的深远意义,这种文化不仅连接了炎黄子孙,也是对故乡的一种牵挂和记忆。这有助于增强学生对传统文化的认同感和自豪感。

作为省级爱国主义教育基地,洪洞大槐树景区通过展示"红色老电影"和其他教育活动,促使学生理解幸福生活来之不易的历史背景,从而培养他们对祖国的热爱和对历史的敬仰。

总的来说,洪洞大槐树不仅在地学上具有其独特的地理和文物价值,其人文研学内容丰富,涵盖了历史、文化、教育等多个方面,为研学游提供了丰富的教育资源和深刻的文化体验。

4.10　晋城市地学研学路线

● 路线19:晋城市陵川县地学研学路线

1. 行政区划范围

路线19分布于晋城市陵川县境内。

2. 研学路线组成

研学路线包括陵川王莽岭碳酸盐岩地貌—锡崖沟峡谷—陵川黄围灵湫洞—陵川红豆杉峡谷—陵川门河大峡谷—棋子山棋子石6处地质遗迹景观研学点;挂壁公路、棋子山国家森林公园等其他自然文化景观研学点。

3. 研学路线主题

以"碳酸盐岩地貌—碎屑岩地貌—沉积构造"为主题,学习地层特征及其地史演化分析、碳酸盐岩地貌与碎屑岩地貌的特征及成因差异、地层接触关系判别、地质构造的野外识别及其与岩石地貌发育的关系。

4. 研学目标与核心研学内容

（1）沉积地层特征及其沉积环境构造演化。
（2）碳酸盐岩地貌与碎屑岩地貌的特征及成因差异。
（3）沉积构造的特征及其指示作用。
（4）地层接触关系判别。
（5）地质构造的野外识别。
（6）地质构造与岩石地貌的成因关系。

5. 科学或实践互动内容

1）问题思考

研学点 1 陵川王莽岭碳酸盐岩地貌

（1）王莽岭中元古界至下古生界地层岩性变化如何反映沉积环境的时空演变，包括沉积物来源、水体性质和古地理格局？
（2）太行山地区地壳抬升演化历史如何展现，包括地层角度不整合、山脉隆升和构造运动？
（3）中元古代和早古生代不同沉积岩相如何反映古地理环境，包括大陆架、深海盆地和三角洲的特征？
（4）岩溶地貌发育的不同阶段及其对应的地貌组合有哪些，包括溶沟、溶洞、喀斯特峰林和溶蚀平原？
（5）地层沉积间断的形成机制是什么，包括构造运动、海平面变化和侵蚀作用，以及如何通过地层对比确定？
（6）鲕粒灰岩、豆状灰岩和核形灰岩的成因机制是什么，包括生物作用、水动力条件和化学沉淀？
（7）叠层石生物灰岩如何反映古环境特征，包括水体氧化还原状态、生物群落和古气候条件？
（8）水平构造滑动面的构造标志有哪些，包括地层错动、剪切带和摩擦痕？
（9）寒武系三山子组与奥陶系马家沟组之间的构造滑动面反映了怎样的地质事件，包括构造运动、地层缺失和古地理变迁？

研学点 2 陵川锡崖沟峡谷

（1）碳酸盐岩峡谷和碎屑岩峡谷的特征差异是什么，包括岩壁结构、侵蚀类型和地貌形态？
（2）碳酸盐岩峡谷和碎屑岩峡谷在河流下蚀和侧蚀作用下形成的地貌有何不同，包括侵蚀速率和侵蚀模式？

(3)片麻岩、变粒岩、斜长角闪岩等变质岩的鉴定方法有哪些,包括矿物组成、岩石结构和化学成分分析?

(4)描述峡谷特征的参数指标有哪些,包括长度、深度、宽度、宽/深比和高/宽比?

(5)峡谷的长度、深度、宽度、宽/深比和高/宽比等指标分别反映了哪些地质过程和环境条件?

(6)鲕粒灰岩、生物灰岩、鲕粒白云岩和结晶白云岩的沉积环境特征是什么,包括水体盐度、生物活动和化学条件?

(7)条带状石英岩状砂岩、砂质泥岩和页岩的沉积环境是什么,包括水流速度、沉积物来源和古地理位置?

(8)地层接触关系的判别依据有哪些,包括地层年龄、岩石类型和构造特征?

(9)不同类型的波痕(如不对称波痕、对称波痕、干涉波痕、舌状波痕、叠加波痕、寄生波痕、涌浪波痕)的识别特征是什么?

(10)泥裂、底模、雨痕等层面构造如何反映古环境条件,包括气候、水体性质和沉积速率?

(11)交错层理(板状、楔状、槽状、鱼骨状)、透镜状层理和平行层理等层理构造反映了怎样的水动力环境,包括水流速度、方向和沉积物搬运方式?

(12)鲕粒灰岩中同心鲕和放射鲕的形成机制是什么,包括生物作用、水流动力学和化学沉淀过程?

(13)张夏组下部灰泥丘的形成机制是什么,包括沉积环境、沉积作用和后期改造过程?

(14)碳酸盐岩和碎屑岩障壁崖的特征差异是什么,以及它们的形成机制有何不同,包括岩石性质、侵蚀作用和构造运动的影响?

研学点 3　陵川黄围灵湫洞

(1)南北方碳酸盐岩岩溶地貌的特征差异是什么,包括地貌形态、发育程度和水文条件?

(2)溶洞在碳酸盐岩中如何延伸扩展,包括沿裂隙、层面和构造带的分布规律?

(3)溶洞内钟乳石、石笋、石柱、石幔、鹅管等岩溶沉积物的结构特征是什么,以及它们如何反映古气候环境?

研学点 4　陵川红豆杉峡谷

(1)灰岩和白云岩的沉积环境特征有何不同,包括水体盐度、生物作用和化学条件?

(2)灰岩和白云岩的鉴别特征有哪些,包括岩石颜色、硬度和化学反应?

(3)碳酸盐岩地区和碎屑岩地区一线天地貌的特征和成因有何不同,包括岩石性质、侵蚀作用和构造运动?

(4)碳酸盐岩地区和碎屑岩地区瀑布的形态特征和形成机制有何差异,包括岩层差异和水流侵蚀作用?

(5)节理如何影响碳酸盐岩地区和碎屑岩地区河流蛇曲地貌的形成,包括节理性质和水动力学?

(6)碳酸盐岩和碎屑岩中波痕的特征差异是什么,包括波痕形态、规模和成因?

(7)碳酸盐岩地区河流分布的规律是什么,包括河流走向、流量变化和地下水补给?

(8)悬泉的形成机制是什么,包括地质构造、水文条件和岩性特征?
(9)支撑南方红豆杉生长的地质条件有哪些,包括土壤性质、水文环境和岩石类型?

研学点 5 陵川王莽岭门河大峡谷

(1)天生桥的形成机制是什么,包括岩溶作用、侵蚀作用和构造运动的影响?
(2)钙华壁式的形成过程是什么,包括地下水的化学作用、蒸发浓缩和沉积作用?
(3)冷水沉积钙华和热水沉积钙华的特征差异是什么,以及它们的成因机制有何不同,包括水体温度、化学成分和生物作用?
(4)叠层石的识别特征有哪些,包括层状结构、微体化石和化学成分?

研学点 6 陵川棋子山棋子石

(1)平行不整合接触的判别依据有哪些,包括地层年龄、岩石类型和构造特征?
(2)砾岩的形成机制有哪些,包括沉积作用、侵蚀作用和构造作用的影响?
(3)底砾岩的形成过程是什么,包括河流沉积作用和侵蚀作用的影响?
(4)奥陶系马家沟灰岩顶部侵蚀面上发育的石炭系太原组角砾岩和砾岩,反映了该区古生代经历了哪些地质事件,包括构造运动、侵蚀作用和沉积环境的变化?
(5)围棋的起源与地质学有何联系,包括古代地形地貌对游戏规则的影响?

研学点 7 挂壁公路

(1)挂壁公路被称为中国乡村筑路史的奇观,它的地质和工程技术特点是什么,以及它对当地交通和经济发展的贡献?
(2)挂壁公路的建设体现了劳动人民在建设祖国过程中哪些精神品质,包括创新精神、坚韧不拔和团队协作?

研学点 8 棋子山国家森林公园

棋子山国家森林公园连翘种植有何有利的地学条件?

2)研学点介绍

研学点 1 陵川王莽岭碳酸盐岩地貌

王莽岭碳酸盐岩地貌(图4-265)位于陵川县王莽岭国家地质公园内,出露面积为10.5km²。该区地层自下而上为中元古界大河组,厚度70~80m,为一套肉红色、紫红色、灰黄色条带状石英岩状砂岩;下古生界寒武系馒头组、张夏组、三山子组。馒头组为砖红色泥岩、泥质白云岩、紫红色砂质页岩。张夏组为一套厚层—巨厚层青灰色鲕粒灰岩,白云质鲕粒灰岩,夹中厚层泥晶灰岩,厚度大于200m。三山子组为一套厚层—块状层理粉晶—粗晶白云岩。下古生界奥陶系马家沟组,下部为近百米厚的灰岩,底部为灰黄色泥质灰岩、泥质白云岩、角砾状泥灰岩,上部为厚层状泥晶灰岩、砂屑灰岩。

该区为研究太行山地区地壳抬升演化史,以及中元古代、早古生代不同时期的岩相古地理特征、地貌特征、岩溶特征的极好地段。同时,每个时期形成的间断面、各类岩石、不同类型的沉积构造、古生物也是科研、教学、科普的经典地段。碳酸盐岩形成的绵延1km以上的大型峰丛,处在河南、山西分水岭,峭壁如屏,十分壮观。该碳酸盐岩地貌主要由峰丛、大型象形

图 4-265　王莽岭碳酸盐岩地貌景观

石、石林(图 4-266)组成,同时伴生平行不整合面、大型水平滑动构造面、峡谷等亚类地质遗迹。

图 4-266　石林

袖珍石林(图 4-267)：发育于奥陶系马家沟组，岩性为砂屑灰岩、泥晶灰岩，是地表水沿灰岩裂隙经岩溶作用而形成的小型岩溶地貌。该石林长约 80m，宽约 50m，面积约 4000m²，石林高度 1~1.5m，直径 0.5~2m 不等，形态各异，仿佛人工造就的盆景。

图 4-267　袖珍石林

峰丛及象形石：主要发育于寒武系三山子组、奥陶系马家沟组中。张夏组鲕状灰岩构成峰丛地貌的基盘，形成下缓上陡的大陡崖(高约 100m)。崖壁发育大量半溶洞，高数十米至上百米，直径 5~20m。峰丛南北延伸约 2km，包括大型象形石峰，如驼鸟峰、一柱擎天峰、姊妹峰、天官赐福峰、老泉宝剑峰、莲花峰、仙女峰等高低错落的五六十个山峰，单个石峰高约 100m，直径约 50m。

峡谷(图 4-268)：由寒武系鲕粒灰岩组成，"V"形峡谷，全长约 3km，谷底宽 5~30m，谷肩宽 30m，谷深 150~200m，谷肩(坡)近于直立。沿途岩溶发育，峡谷植被发育。

图 4-268　王莽岭峡谷

平行不整合面：发育大河组与馒头组平行不整合(加里东运动)，以及三山子组与马家沟组平行不整合(怀远运动)，前者时间跨度约 10 亿年，后者时间跨度约 3 亿年。

特殊岩石：张夏组发育鲕粒灰岩、豆状灰岩、核形石灰岩和生物灰岩，三山子组发育巨厚—块状层结晶白云岩。鲕粒灰岩中的鲕粒直径 0.5~1cm，圆—椭圆状，以同心鲕和放射鲕为主，鲕粒含量 30% 左右，颗粒—基质支撑，泥晶—亮晶胶结，出露厚度达 200m。豆状灰岩的豆粒直径 0.3~0.5cm，圆—椭圆状，成分为泥晶方解石，含量 15% 左右，颗粒—基质支撑，泥晶—亮晶胶结，厚度 1m 左右。核形石灰岩中核形石直径 1~3cm，圆—椭圆状，含量 10% 左右，"核"大多为泥晶灰岩，外层为纹层状包壳，纹层为暗色泥晶灰岩和亮晶灰岩，纹层厚度 0.05~0.08mm。杂基成分为白云石、方解石，亮晶、泥质、铁质胶结。厚度 1~2m。生物灰岩以叠层石灰岩为主，少量的灰泥丘，该岩类呈丘状体横向上断续分布，"丘状体"长 5~30m，厚 1~5m。叠层石以柱状—分叉状为主，主体直径 1~10cm，主体高 10~50cm，柱体垂直岩层层理。巨厚—块状层结晶白云岩为山三子组的主要岩性，为次生白云岩，均由白云石组成，少量泥质，粉晶—粗晶结构。岩层厚度达百米，层理不发育。岩石中局部发现残留原生结构——大型叠层石，其原岩为大型—特大型叠层石礁灰岩。

大型水平滑动构造面(图 4-269~图 4-272)：发育于寒武系三山子组与奥陶系马家沟组之间。其表现为两者之间泥质白云岩中常有 20~60cm 不规则灰绿色白云质页岩团块或透镜体，其中层理或平或斜；还常出现白云岩扁球体，它们大小悬殊或成群相挤，或零散分布；还有的可见泥质白云岩，碎裂成粉末状，几乎全已"黏土化"，包裹着上述两种"砾块"；有的地方显出水平层理，甚至形成小褶皱；宏观上看，在数十米到上百米范围内，这层"黏土化"含"砾"层还斜切下伏岩层，幅度可达 4~5m。

图 4-269　大型顺层滑动构造

图 4-270 峰林

图 4-271 石库天书

图 4-272 灵芝石

研学点 2 陵川锡崖沟峡谷、挂壁公路

锡崖沟峡谷（图 4-273～图 4-275）位于陵川县锡崖沟村一带，分为碳酸盐岩峡谷和碎屑岩峡谷，谷肩大多呈直立状，为"V"形峡谷，面积约 20km²。碳酸盐岩峡谷长 6km，谷底宽 20～100m，平均宽 50m，谷肩之间宽约 100m，谷深 100～900m，平均深度 200m，宽/深比为 0.05。碎屑岩峡谷长 4km，谷底宽 5～30m，平均宽 15m，谷肩之间宽 20～70m，平均宽 25m，谷深 200～800m，平均深 300m，宽/深比为 0.09。组成峡谷地质体自下而上为：新太古界赞皇群，岩性为片麻岩、变粒岩、斜长角闪岩，主要分布在与河南省交界的谷底部位；中元古界长城系大河组、赵家庄组，岩性为肉红色、砖红色条带状石英岩状砂岩、砂质泥岩，主要分布在峡谷的中南部谷肩部位；馒头组、张夏组、三山子组，岩性为一套以碳酸盐岩为主的巨厚层状鲕粒灰岩、鲕粒白云岩，粗晶白云岩，砖红色、紫红色泥岩、砂质泥岩、页岩，主要分布在峡谷的中北部谷肩部位。

锡崖沟峡谷内太古宇—下古生界地层发育连续、完整，各个时代之间的间断面露头好、接触关系清晰，不同时代的岩相古地理特征、地貌特征、岩溶特征发育齐全，各种特殊岩类、碳酸盐岩，以及碎屑岩中的沉积构造、古生物，是科研、教学、科普的经典地段。同时，有碎屑岩、碳酸盐岩两套岩石组合形成的峡谷在国内少见，其中碎屑岩各类沉积构造极为发育、类型齐全，数量大、露头好，张夏组的鲕粒灰岩厚达 200m 以上，三山子组的生物礁灰岩厚达 150m，在国内罕见。该峡谷中主要伴生以下几类地质遗迹。

"四代同堂"地层剖面：峡谷中发育的地层出露完整，露头连续、基本无覆盖、相互接触关系清晰。自下而上为：新太古代赞皇群、中元古代长城纪、早古生代寒武纪、奥陶纪地层，顶部为第四纪黄土。赞皇群和长城纪地层为角度不整合接触，早古生代寒武纪、奥陶纪地层为平

图 4-273　锡崖沟峡谷

图 4-274　锡崖沟峡谷的垂直峭壁

行不整合接触，其他组之间均为整合接触，可谓"四代同堂"。

沉积构造：大河组、赵家庄组的石英岩状砂岩中发育大量的层面构造，以波痕、泥裂、底模、雨痕为主。

波痕：其类型以不对称波痕、对称波痕、干涉波痕（图 4-276）为主，有少量的舌状波痕、叠加波痕、寄生波痕。单个波峰一般高 0.5～2cm。波谷一般宽 2～5cm；张夏组鲕粒灰岩层面局部可见波痕为涌浪波痕，波峰高 20～40cm。波谷宽 1～1.5m。从波痕的类型、形态、丰度等来看，是迄今为止在国内发现碎屑岩地层中最全、数量最多的地段之一。

图 4-275　锡崖沟挂壁公路和碳酸盐岩段

泥裂：平面呈多边形，直径 5～15cm，局部可见大泥裂中套小泥裂、波痕中叠加泥裂的现象。

底模、雨痕：底模一般长 2～10cm。雨痕呈麻点状不均匀分布在砂岩层面，雨痕呈圆形，直径 0.3～1cm，一般为 0.5cm 左右。

层理构造：以交错层理、透镜状层理、平行层理为主。交错层理可见板状交错层（图 4-277）、楔状交错层、槽状交错层、鱼骨状交错层。交错层理细层均由红白相间的条纹状砂岩组成，延长 2～15m；透镜状层理一般由紫红色、砖红色含铁砂岩和灰白色、灰黄色砂岩组成，厚度 1～5cm，长 10～50cm；平行层理由紫红色、砖红色含铁砂岩和灰白色、灰黄色砂岩组成，纹层厚度 0.3～0.5cm。鱼骨状交错层发育于张夏组鲕粒灰岩中。

图 4-276　沉积构造中的干涉波痕

图 4-277　沉积构造中的板状交错层理

特殊岩类：主要包括鲕粒灰岩、豆状灰岩、生物灰岩和巨厚—块状层结晶白云岩。

鲕粒灰岩：发育于张夏组，为张夏组的主要岩性，鲕粒灰岩中的鲕粒直径0.5~1cm，圆—椭圆状，以同心鲕和放射鲕为主，鲕粒含量30%左右，颗粒—基质支撑，泥晶—亮晶胶结。厚度达200m。

豆状灰岩：发育于张夏组下部，豆粒直径0.3~0.5cm，圆—椭圆状，成分为泥晶方解石，含量15%左右，颗粒—基质支撑，泥晶—亮晶胶结。厚度1m。

核形石灰岩：发育于张夏组顶部。核形石直径1~3cm，圆—椭圆状，含量10%左右，"核"大多为泥晶灰岩，外层为纹层状包壳，纹层为暗色泥晶灰岩和亮晶灰岩，纹层厚0.05~0.08mm。杂基成分为白云石、方解石，亮晶、泥质、铁质胶结。厚度1~2m。

生物灰岩：发育于张夏组下部，以叠层石灰岩为主，少量的灰泥丘，该岩类呈丘状体横向上断续分布，"丘状体"长5~30m，厚度1~5m。叠层石以柱状—分叉状为主，主体直径1~10cm，主体高10~50cm，柱体垂直于岩层层理。

巨厚—块状层结晶白云岩：为山三子组的主要岩性，该白云岩为次生白云岩（成岩作用），均由白云石组成，少量泥质，粉晶—粗晶结构。岩层厚度达百米，层理不发育。岩石中局部发现残留原生结构——大型叠层石。根据有关研究资料，原岩为大型—特大型叠层石礁灰岩。

障壁崖：该峡谷中分两类障壁崖，一类为大河组碎屑岩组成，另一类为张夏组、三山子组碳酸盐岩组成。碎屑岩障壁崖主要分布在峡谷南部，为峡谷谷肩部位，岩性为砖红色、紫红色、灰黄色薄层—中厚层状条带状石英岩状砂岩。崖壁陡立，呈90°，高100m左右，长500~1000m，崖壁上无遮盖物。碳酸盐岩壁崖主要分布在峡谷北部，为峡谷谷肩部位，岩性为青灰色厚层—巨厚层状鲕粒灰岩，白云质鲕粒灰岩、白云岩。崖壁陡立，为80°~90°，高200~300m，长500~1000m，崖壁上基本无遮盖物，局部有少量的植被覆盖。

奇迹石：位于张夏组鲕粒灰岩的大型节理缝中，奇迹石岩性为鲕粒白云质灰岩，呈椭球状，夹于节理缝中，a轴约1.5m，b轴约2m，c轴约1.5m，重约5t。

象形石：蘑菇石位于谷肩之上，为奥陶系马家沟组厚层状石灰岩，形状呈蘑菇状，高5~15m，直径5~10m，冠状直径10~20m。孤石峰位于谷肩上，为三山子组厚层状白云岩，孤基座为中厚层白云岩。峰高约30m，底部直径15~20m。

长治市陵川县一个贫困农家1968年出生的一个小孩张国旗，以全县第三名的成绩，考入中国地质大学（武汉）（张锐等，2022）。大学毕业分配时，张国旗本来可以去山西省水利厅工作，但他做了一个让身边所有人都惊讶的决定——回家乡陵川水务局当一名工程技术人员。他一直没有忘记上大学的初心，毕业后回到家乡努力帮助乡亲们告别缺水的生活。他在单位被同事称为"拼命三郎"，每天上班一早赶到单位，肩扛仪器、钻沟爬山再赶往勘测点，翻山越岭，不畏艰难。整整11年，他运用专业知识结束了18个乡镇村民祖祖辈辈"吃水难"的厄运，让乡亲们喝上了干净、放心的甘甜水。陵川县因此被评为"全省农村饮水解困工程建设红旗县"。

1994年，锡崖沟村修建水电站，局里要求他勘测站址、设计工程建设方案。为赶在封冻前完成提水大坝浆砌，他白天在百丈深峡的崖壁上攀来攀去勘测，晚上撰写地质报告，计算各种数据,绘制设计图案,6天时间完成了平时1个月的工作量。1998年,平城镇在南营河煤矿矿井中寻找饮用水水源。为探明采空区储水量和出水量,他头戴矿灯,不顾冒顶的危险,蹚着1m多深的积水,来来回回走遍各个巷道,直到获得完整、准确的科学数据,设计出施工方案。1999年,陵川县城蓄水南池清淤净化。为计算工程量需先行测点,张国旗头顶烈日,蹚着淹没膝盖的淤泥,忍着沼气发臭的刺呛,冒着被熏倒的危险,艰难跋涉两个小时,到达测点26个。2000年,陵川被列为山西省首批农村饮水解困的重点县之一,同时铺开了125处水利工程。作为县水务局工程科科长的张国旗,每项工程的方案制定、工程设计、资料审核、现场勘测都离不开他。1年多的时间里,他没有在家休息过一个整天。年底工程验收期间,他连续工作了6个昼夜,积劳成疾患上了胆囊炎。2001年5月15日,他带领科里技术员到马圪当乡西石门村验看活水机井,以确定提水方案。在进行井下探测作业时,突遇井壁坍塌,为保护他人,他不幸因公殉职,年仅33岁。

张国旗殉职后,山西水利系统号召向他学习。2005年,山西电影制片厂以他找水的感人故事为原型,摄制了电影《红山雨》。与此同时,中国地质大学(武汉)追授张国旗为"优秀毕业生",动员学生学习他献身基层、服务家乡的可贵精神。

在张国旗殉职的这一年,儿子张云飞才10岁。

"向张国旗学习"成为幼年的他耳边听到最多的一句话。母亲教导张云飞:"孩子,你将来长大了,也要成为像你爸爸那样的人。"这句话沉甸甸的,一直记在他的心中。

也许是受到父亲的耳濡目染,张云飞对地理和地质产生了兴趣。2010年高考时,张云飞也想报考父亲的母校,可惜未能如愿,考入云南一所大学的地理信息系统专业。2014年大学毕业后,张云飞并没有依靠父亲曾经的光环,而是独立找工作。他先后在山西的几个水利和设计类单位工作过。

张国旗的故事和精神,也一直激励着母校中国地质大学(武汉)的学生。2018年,学校环境学院组建"张国旗班"及其党支部,旨在培养学生争做"红专能优"的新时代生态环保铁军。校长王焰新院士寄语:永葆赤子情怀,争做时代先锋。"张国旗班"的信息,不时地传到张云飞这里。2021年清明节,张云飞和妻女来到地大张国旗雕像前祭扫。第一次面对面看着父亲的雕像,张云飞泪流不止。他突然意识到,不该满足于现有的小日子。他决定:一边工作一边备考,力争考上父亲的母校,攻读水文地质学专业研究生。功夫不负有心人。2022年,他"过关斩将",成功被中国地质大学(武汉)环境学院录取。

自此,地大不仅是父亲张国旗的母校,也是张云飞的母校。2022年11月7日,这所大学迎来70华诞校庆。在这样的时间节点,他接过英雄父亲的接力棒,开始系统学习水文地质学,阔步人生新征程。

这些年来,环境学院党委书记李素矿,一直关心张云飞及其家人。他欣慰地说:"英雄无愧时代,时代不负英雄。张云飞是英雄的后代,立志走父辈英雄之路来校深造,我们有责任并创造条件帮他圆梦、助其成才,成为新时代的生态环保铁军,更好地建设家乡。"

谈到今后的职业设想，张云飞斩钉截铁地说："从事水文地质工作，成为像父亲那样的人。"20多年前父亲那句意味深长的话，在张云飞耳边回响：只有把知识和才华，献给最需要的地方，这样的人生才最有价值。

研学点3　陵川黄围山灵湫洞

陵川黄围山灵湫洞位于晋城市陵川县马圪当乡黄围山半山腰，陵川王莽岭国家地质公园内，遗迹亚类属于碳酸盐岩地貌（岩溶地貌）。洞口朝向250°，洞内向南东延伸。溶洞发育于马家沟组三段泥质灰岩中。洞口经过改造修建有石墙、石门。洞穴沿岩层的层面和节理扩展，洞内水平延伸100多米，最宽处达40余米，高10～15m，面积约4000m^2，温度在10℃左右。

灵湫洞从入口向内共分为3个大厅。洞内钟乳石密集发育、琳琅满目、各具造型、引人入胜，有石笋、石柱、石幔、鹅管等。从古至今，人们给洞内的钟乳石景观起了许多象形的名称，一直流传到现在的有五祖像、神井、龙王庙、天门、石伞等名称，人们曾在石笋上雕刻造像（图4-278～图4-280）。在洞内灯光效果的烘托下，钟乳石栩栩如生、造型别致，具有极高景观价值。

图4-278　灵湫洞石笋造像——唐代石佛

图 4-279　灵湫洞石柱

图 4-280　灵湫洞石笋

> **研学点 4**　陵川红豆杉峡谷

红豆杉峡谷（图 4-281）位于王莽岭国家地质公园黄围景区。峡谷整体呈"U"形谷，长约 28km，走向 10°，谷底宽 8～50m，谷肩高 200～500m，高宽比 10～24。出露面积 20km²。整个峡谷出露地层由老到新依次为：寒武系张夏组厚层状灰黑色鲕粒灰岩，单层厚度 2～5m，厚 100m；中上部发育三山子组厚层白云岩、白云质灰岩。

该峡谷主要由一线天、岩溶陡壁、灰岩石柱、峰丛地貌组成，并伴有河流景观带、侵蚀凹槽、灰岩节理、波痕（图 4-282）、侵蚀槽、流水侵蚀台、小型悬泉、小型壶口瀑布、"之"字形二级瀑等不同亚类地质遗迹。此外，峡谷两壁还生长着上万株濒危物种"南方红豆杉"（图 4-283），也是南方红豆杉自然保护区的一部分。

图 4-281　陵川红豆杉峡谷

图 4-282　波痕和谷底 X 节理

一线天：位于峡谷北端，两侧岩相为三山子组厚层白云岩，谷底宽 8m，谷肩高 200m，高宽比 24，长约 300m。两侧植被覆盖，走向约 5°。

岩溶陡壁：峡谷两侧发育大型碳酸盐岩陡壁地貌，岩性为张夏组鲕粒灰岩，上部为三山子组厚层白云岩，绝壁千仞，形成宽约 50m 的绝壁。绝壁光滑，节理较少，宽 40～80m，且由于峡谷曲折，形成三面绝壁的思过崖景观，绝壁连绵不绝，沿峡谷两侧分布。

峰丛地貌：峡谷两侧顶部发育峰丛地貌，该地上部出露三山子组厚层灰岩。厚度约 20m，下部为张夏组灰岩，由于断层节理等发育，山体被切割为孤峰。高约 50m，宽 20m。具象形。

河流景观带：位于峡谷北侧流淌漠河，河流于基岩中曲折前行，形成两岸为直立陡壁的蛇曲地貌。共 6 处蛇曲湾，弯角约 65°，两翼长约 100m。

小型悬泉：该点两侧为张夏组鲕粒灰岩，高 50～70m，层厚 3～5m。呈大型陡壁，于陡壁北侧为磨河水库；位于陡壁 20～25m 处有泉水沿灰岩层面渗出，流量约 3m³/s。形成悬泉景观，高 20～25m，宽 1～2m，流入谷底约 100m² 水潭，川流不息，周围发育钙华沉积。

小壶口瀑布（图 4-284）：两侧出露张夏组鲕粒灰岩，单层厚度 0.5m，谷间河流发育，河流沿节理流淌，河水顺河床流动形成瀑布、沟槽和水潭。河道宽 8～10m，河流溯源侵蚀形成台阶状，瀑布高 4～5m，下部形成侵蚀槽和水潭，水潭整体呈长条形，宽 4m，高 5m；向下为侵蚀槽，宽度仅 2m，长 15～20m，水流速度约 3m/s。丰水季节河水汹涌狂泄，数十米高的瀑布浪涛翻腾，其气势可与壶口瀑布比拟，且形成机理类似，故称小壶口瀑布。

图 4-283　红豆杉

图 4-284　小壶口瀑布

研学点 5 陵川王莽岭门河大峡谷

门河峡（图 4-285）位于晋城市陵川县夺火乡与马圪当乡交界处，凤凰村东，王莽岭国家地质公园门河园区（凤凰欢乐谷）内。峡谷整体呈"U"形谷，长 1.5km，平面上呈"S"形延伸，谷底蜿蜒曲折，宽度为 10~30m，一般宽约 20m，谷肩高 50~150m，一般高度为 80m，高宽比一般为 4，出露面积为 0.5km^2。整个峡谷出露的地层由老到新依次为寒武系张夏组厚层鲕粒灰岩、三山子组厚层白云岩。该峡谷地质遗迹景观丰富，主要有天生桥、钙化壁、瀑布、叠层石礁体等。

图 4-285　门河峡

天生桥：由张夏组灰岩厚层鲕粒灰岩构成，由于构造运动造成山崖断裂，经长期流水的侧蚀作用在石灰岩中形成了天然的巨大天生桥（图 4-286）。天生桥高约 20m，上宽 6m，下宽 4m，上部门楣厚仅 3~6m，跨度达 10m，呈石梁高悬于空中，门楣由于侵蚀作用，呈中间薄两端厚的"V"形门楣，两侧厚约 6m，且在门楣北端由于河流侵蚀又形成一小型石门，石门高仅 1m，宽 1.5m，可谓门上有门。

钙华壁：位于石门东侧，发育在寒武系张夏组鲕粒灰岩中，为高 10~15m 的岩壁，岩壁表面发育大量黄色钙华沉积（图 4-287），钙华壁面积约 150m^2，厚约 30cm。钙华呈面状，致密，表面呈瘤状起伏，属于冷水沉积钙华。

瀑布（图 4-288）：峡谷由南向北逐渐抬升，谷底基岩为张夏组鲕粒灰岩，垂直节理发育，在长期的水流侵蚀下形成多级陡坎，流水从陡坎处垂直跌落形成小型瀑布景观。峡谷中常年流水，水流清澈，其中双龙瀑和情侣瀑瀑布落差约 10m，具一定景观效应。

第4章 山西省短期地学研学路线设计

图 4-286 天下第一石门

叠层石礁体：峡谷中发育多处古生物礁体遗迹，一般露头长约 1.5m，高 1m，礁体呈集块状，将上覆灰岩层托起，形成类似褶皱造型。

图 4-287 钙华景观　　　　　　　图 4-288 门河峡中的瀑布

研学点 6　陵川棋子山棋子石

棋子山位于晋城市陵川县，被认为是围棋的发源地。棋子山山势平缓，主峰海拔 1488m。棋子山下部为奥陶系马家沟组灰岩，石炭系太原组湖田段平行不整合于奥陶系马家沟组之上，在奥陶系灰岩顶部侵蚀面上，发育一层角砾岩、砾岩，磨圆较好、分选均匀，该界面凹凸不

225

平，此处砾岩较好，黑白分明，可作围棋使用，故取名"棋子山"。棋子山北东两面山势峻峭，沟峡深邃，山体郁郁葱葱，植被密集覆盖，棋子山最著名的是棋子石（图4-289）。

棋子石是由黑色燧石和白色脉石英构成的扁圆形砾石，厚3~10m，露头长约300m，出露面积约1km²，砾径以1~3cm为主，磨圆度高，分选好，白的以脉石英为主，黑的以黑色燧石为主，也有少量灰岩，白与黑的比例为2∶1，砾石含量40%，基底式胶结。

棋子石的成因具有科学普及价值和地质考察意义，有多种解释，包括地下暗河沉积物、滨海沉积物等。有研究者认为，该砾石为山西省仅有的石炭系底部砾岩，需要长时间的分选、磨圆作用，且砾石为本地基岩，揭示该点当时沉积环境为古代海滨海浪击碎崖变基岩，被潮汐带动磨圆、分选后的沉积物。

图4-289 陵川棋子山棋子石

研学点7　棋子山国家森林公园

棋子山国家森林公园位于山西省晋城市陵川县，距县城10km。相传商周箕子曾隐居于此，摆布石子，推演天文。公园分成棋子山、锡崖沟、红叶3个片区。2005年，经省地质遗迹评审委员会批准，棋子山成为省级地质公园。2014年2月，经国家林业局批准，山西省棋子山省级森林公园成功晋升为国家级森林公园。

箕子本名胥余，是殷商末期哲学家、政治家和卜筮学家，曾隐居于其封地陵川棋子山。他利用棋子山上的天然棋石，以朴素的天象景观和原始的自然观，参悟星象运行、天地四时、阴阳五行、万物循变之理，为围棋的起源奠定了最初的基础。为纪念箕子，2007年8月，陵川在棋子山上竖立箕子像。

公园地处温带大陆性季风气候区，冬暖夏凉，年平均降水量为600~700mm，霜期160天。历史上酷暑季节最高气温没有超过29℃，夏季正常气温保持在22~24℃之间。公园植被类型以人工栽种的常绿乔木和20世纪60年代人工栽植的油松为主，各种灌木、山花、野草、药材密布丛生，森林覆盖率高达78.19%，主峰海拔1488m，公园面积为7 541.14hm²。公园的山林中栖息有山鸡、狍子、野猪、野兔、狐狸等野生动物。

山西棋子山国家森林公园地处太行山脉南主峰部位，山势走向由北而南，北、东两面山势峻峭，沟峡深邃，西、南两面山势趋缓，山下梯田层层。地质构成复杂独特，地表多为寒武系石灰岩箕子洞，深约10m，高4m，洞内有清泉，岩壁上有一处极似围棋棋盘线条的痕迹，并有像围棋棋子印下的凹痕,洞外壁上刻有"箕子洞"。

研学点 8　挂壁公路

开凿最早的要数锡崖沟挂壁公路(图 4-290)。这条路最著名的在于它绵延近 8km,工程量最大,开凿时间最长,外观分为 3 层,最为宏伟壮观。更重要的是,它是太行山脉中挂壁公路的先驱,是锡崖沟人用锤子、钎子,靠自己的一双手在绝壁上抠出的一条挂壁路!锡崖沟挂壁公路也因此成为唯一被编入《中国公路谱》的乡村级公路。

图 4-290　锡崖沟挂壁公路

山西陵川县最东边的小村锡崖沟因传说仙人曾在此冶锡炼丹而得名。这里阡陌纵横,梯田高叠,溪流潺潺,古桥飞架,是美院学生写生的好地方。可是,大山一阻隔,不仅引不来媳妇,连村姑也纷纷远嫁出沟。20 世纪 60 年代开始,锡崖沟人,在村党支部的带领下,凭借滴水穿石的愚公移山精神,30 年箪食壶浆,风餐露宿,几代人前赴后继,从狼道到羊窑,从羊窑到挂壁公路,流血流汗,硬是在北边的王莽岭绝壁上凿出一条明明暗暗 7.5km 长的公路。那挂壁公路在山壁上曲折 3 层,写成"之"字攀上山顶,创造了中国乡村筑路史的人间奇观。

1991 年 6 月 28 日锡崖沟挂壁公路通车。1994 年 6 月 22 日《人民日报》头版头条以《一个几代人用血脉筋骨铸刻成的不朽丰碑——路》为题登载了锡崖沟村人艰苦奋斗 30 年,在悬崖峭壁上用钢钎炮锤和双手凿路的事迹,并评论锡崖沟村"几十年艰苦奋斗的历史,就是中国人民在中国共产党领导下奋发图强,排除万难,建设自己伟大祖国的缩影……"从此,锡崖沟从一个名不见经传的小山村变得家喻户晓。以此为题材还拍摄了《路》《走出大山》《沟里人》等电视剧。

锡崖沟 2006 年被评为中国农业旅游示范点、中国精品红色旅游示范点,2007 年被评为中

国县域旅游品牌百强景区、国家 AAAA 级旅游景区,2009 年成为国家地质公园,锡崖沟挂壁公路同天安门、鸟巢等被评为新中国 60 大地标。2010 年通过评审,正式成为全国首批命名(山西省第一家)的国家级全民健身户外活动基地。2010 年 6 月,第三次全国文物普查中,锡崖沟挂壁公路入选山西三普十大新发现名录。锡崖沟景区还被列为山西省爱国主义和德育教育基地、山西省红色旅游线路等。

我国挂壁公路,主要位于南太行山地区及晋东南。太行山北高南低,山势东陡西缓,西翼连接山西高原,东侧为明显的断层,许多地段形成近 1000m 的断层岩壁,气势雄伟。太行山地区有众多河流发源或流经,使连绵的山脉中断形成"水口",由于断层岩壁,绝大多数"水口"为瀑布,只有少数坡度较小的"水口"能成为华北平原进入山西高原的要道。挂壁公路就修建在华北平原上升到山西高原的断层峭壁上。它们分别是山西陵川:锡崖沟挂壁公路,昆山挂壁公路,陈家园挂壁公路;山西平顺:虹梯关挂壁公路,穽底挂壁公路;河南辉县:郭亮挂壁公路,回龙村挂壁公路。

路线 20:晋城市沁水县—阳城县地学研学路线

1. 行政区划范围

路线 20 分布于晋城市阳城县、沁水县境内。

2. 研学路线组成

研学路线包括沁水舜王坪夷平面—沁水历山白云洞—阳城析城山杨柏大峡谷—阳城析城山岩溶洼地—阳城红砂岭碎屑岩地貌 5 处地质遗迹景观研学点;蟒河自然保护区 1 处其他自然文化景观研学点;阳城皇城相府、垣曲水银沟宋家山群地层剖面 2 处备选研学点。

3. 研学路线主题

以"夷平面—碳酸盐岩地貌—岩溶地貌"为主题,学习夷平面的特征及其对比,碳酸盐岩和碎屑岩地貌的地形、土壤、植被特征差异,高山岩溶地貌成因,岩溶地貌的多样性。

4. 研学目标与核心研学内容

(1)夷平面的特征、时代及其对比。
(2)碳酸盐岩和碎屑岩峡谷地貌、土壤、植被特征差异。
(3)高山岩溶地貌的成因。
(4)砂岩地貌受气候的影响。
(5)碳酸盐岩地区岩溶地貌的多样性及其影响因素。

5. 科学或实践互动内容

1)问题思考

研学点 1 沁水舜王坪夷平面

(1)夷平面的特征有哪些,包括地形平坦度、岩石类型和地层年龄?

(2)夷平面的年代如何确定,包括地层学、放射性同位素测年和地貌学对比方法?

(3)舜王坪夷平面为何被确定为五台期夷平面,包括地层对比和古地理环境分析?

(4)冰缘地貌的类型有哪些,以及它们的发育程度受哪些因素控制,包括温度、湿度和岩石性质?

研学点 2　沁水历山白云洞

(1)各类钟乳石的形成机制是什么,包括化学沉淀作用、滴水频率和水体成分?

(2)是否存在不受重力影响的钟乳石类型,以及它们的形成条件是什么?

研学点 3　阳城析城山杨柏大峡谷

(1)断层地质构造的野外识别标志有哪些,包括地层错动、断层崖和地震液化现象?

(2)峡谷的形成是否对基岩具有选择性,以及选择性体现在哪些方面,包括岩石硬度和化学稳定性?

(3)碳酸盐岩峡谷和碎屑岩峡谷在地貌特征、植被类型和发育过程上存在哪些差异,包括侵蚀作用和岩性影响?

研学点 4　阳城析城山岩溶洼地

(1)高山岩溶洼地的形成机制是什么,包括地下水流动路径和岩溶作用的影响?

(2)圣王坪内外土壤和植被类型差异显著的原因是什么,包括土壤养分、水分状况和微气候条件?

研学点 5　阳城红砂岭碎屑岩地貌

(1)红砂岭碎屑岩地貌与丹霞地貌在岩石类型、地貌特征和成因机制上有何异同,包括侵蚀作用和风化作用?

(2)不同颜色岩层的形成与沉积环境有何关系,包括水体含氧量、生物作用和沉积物来源?

研学点 6　阳城蟒河碳酸盐岩地貌

(1)蟒河碳酸盐岩地貌不发育溶洞的原因是什么,包括岩石的孔隙度、地下水化学性质和侵蚀作用?

(2)岩溶地貌类型多样性的控制因素有哪些,包括地下水流动模式、岩石类型和气候条件?

研学点 7　阳城蟒河国家自然保护区

动植物水体等自然遗产的保护意义是什么,包括生态系统服务、生物多样性保护和地质学研究价值?

2)研学点介绍

研学点 1　沁水舜王坪夷平面

沁水舜王坪(图 4-291)为山西省南部中条山脉最高峰,海拔 2358m,位于翼城、垣曲、沁水三县交界处历山自然保护区内,也位于沁水历山省级地质公园内,传说是上古时代舜帝耕作的地方。

图 4-291　沁水舜王坪夷平面影像图

舜王坪是山西高原隆起的部分，系造山运动褶皱而成，喜马拉雅强烈运动上升和断裂发生，形成了笔直的山峰和深谷。但舜王坪山顶平坦，海拔超过 1800m，面积约 2km^2，为北台期夷平面（图 4-292），是中条山地区夷平面的典型代表，出露岩石主要为中元古界长城系云梦山组厚层石英砂岩，产状平缓近水平，因而可以看到像书本一样形状的"天书石"（图 4-293）等自然景观。植被为亚高山草甸地貌，四周为低矮灌木，夷平面上覆盖一层较薄的土壤，生长着草本植物，在长期的冰缘作用下，舜王坪夷平面已经很难找到夷平过程中发育的砾石等沉积物。山顶南坡可见石流坡（图 4-294）等冰缘地貌。

舜王坪上有舜王庙、舜耕犁沟等许多关于舜帝种粟的古老传说。《史记·五帝本纪》记载："舜耕历山，历山之人皆让畔。"传说尧舜时，舜在这里带领人们开荒种田（图 4-295），使得耕者有其田有饭吃，并能和睦相处。舜以自己的德性善行感化了当地人，名声远播。帝尧知道后，亲自来历山访问舜。舜佐尧执政 20 年，50 岁代行天下事，61 岁登帝位。舜治理天下，知人善任，任人唯贤，惩治邪恶，被历代尊为圣君。《史记》称："天下明德皆自舜帝始。"后来人们把舜耕过的历山山顶，叫作舜王坪（图 4-296）。舜王坪周围山清水秀，浓荫蔽日、绿树遮天的林海，刀削斧劈的峡谷，千奇百态的山石，雄奇壮观的瀑布，奇妙有趣、引人入胜的溶洞，有虚有实，有明有暗，巧夺天工。自然景观和美好传说珠联璧合、相得益彰。由于南邻黄河谷底，北接汾河地堑，这就更加显示出其山势之雄伟、景色之壮观。

图 4-292　舜王坪夷平面

图 4-293　天书石

图 4-294　石流坡

图 4-295　舜耕犁沟

图 4-296 舜王坪一角

研学点 2 沁水历山白云洞

沁水历山白云洞位于沁水历山省级地质公园内,洞内已开发游程千米。代表景观有童子迎宾、神龟探海、玲珑宝塔、江南小景、石莲花、猴子送客等。白云洞内的穴球是国内发现最大的穴球。

研学点 3 阳城析城山杨柏大峡谷

阳城析城山杨柏大峡谷(图 4-297)位于晋城市阳城县杨柏乡马跑泉南 20m,阳城析城山省级地质公园内,遗迹亚类为峡谷(断层崖),遗迹时代为寒武纪—奥陶纪。峡谷北起析城山下跑马泉,南至省界,全长 20km,峡谷山体最高 1800m,最大垂直深度 300m。该峡谷以落差大、景观壮丽而闻名,峡谷内流淌秋川河,谷底宽 5～150m,最窄处仅一人能通过。峡谷内基岩为中元古界长城系和下古生界寒武系、奥陶系碎屑岩层和碳酸盐岩,经历多次造山运动及侵蚀作用形成如今的峡谷。

图 4-297 阳城析城山杨柏大峡谷

研学点 4　阳城析城山岩溶洼地

阳城析城山省级地质公园位于山西省晋城市阳城县横河镇，与蟒河国家自然保护区邻近，西与历山国家自然保护区邻近，南与道教第一洞天的河南省济源市王屋山风景名胜区相邻。公园总面积 167.4km²，地质遗迹景观主要包括地质剖面、地质构造、古生物、矿物矿床类、地貌景观类和水体景观类 6 类。

公园位于山西吕梁-太行断块沁水块坳南端析城山坳缘翘起带与豫皖断块北端王屋山断隆交接地带，两大断块的分界断裂（北西向横河断层）斜穿公园西部而过。

公园位于王屋山北坡，介于历山和蟒河两个国家自然保护区之间，南部紧邻（即王屋山南坡）道教第一洞天的河南省济源王屋山风景名胜区。华夏祖先轩辕皇帝设坛祭天的天坛山即在公园之南 2.5km。有三者的共有自然风光：气势雄壮、峰峦叠嶂、树古石奇、泉瀑争流。因有珍奇动植物而比三者更原生态。

析城山体呈南北走向，长达 20km。主峰海拔 1888m，属太行山脉西南端。岩溶地貌发育，多溶洞、溶蚀洼地、石柱、平谷、岩溶泉等。

析城山属典型的喀斯特地貌，坪上遍布大大小小的石灰岩溶漏斗，民间有"72 个独龙窝、124 个鬼推磨、360 个小铁锅"之说。山腰多溶洞，最大的溶洞——老洞，可容纳万人以上。每遇降水，除娘娘池外，其余的雨水多顺"漏斗"渗入地下。权威地质专家推测，坪下可能是一个大渔场。1977 年秋，在连续几天降水后，析城山根水头泉的泉水向上冒出 2m 有余，成百上千条盲鱼从泉眼中跃出，盲鱼通体透亮，大的约有尺余，小的约有寸许，此奇观持续了 1 天多。

析城山岩溶地貌景观，是在地球漫长的地质历史发展过程中，多次强烈的造山运动形成的。早在 4.8 亿年前，这里还是一片汪洋大海，沉积生成了一套厚约 450m 的可溶性碳酸盐岩，此后受加里东造山运动的影响，区域整体上升形成高山，随后长期遭受风化剥蚀及溶蚀作用。受到燕山运动的影响，区域发生褶皱和断裂，随着古太行山的隆起，位于县南的析城山等诸山也再次随之隆起成山。到喜马拉雅造山运动，析城山等诸山又再次继续隆起，在长期气候湿热、降水量充沛的条件下形成了现在的岩溶地貌景观。

析城山被造山运动抬升（还有一种观点为冰川作用形成）后保留下来的岩溶地貌景观目前是华北地区保存较好的具有一定科研价值的高山岩溶洼地（图 4-298）。它不仅具有岩溶地质学的科研价值，而且具有较高的美学观赏价值。

图 4-298　析城山岩溶洼地

研学点 5　阳城红砂岭碎屑岩地貌

在山西与河南交界处的阳城横河镇也有一座赤红色的"火焰山"。红砂岭碎屑岩地貌区植被覆盖稀少,红色岩层经风化作用变成红沙,沉积过程中不同颜色的岩层相间分布,形成了"披彩带""系腰带"的地貌景观(图4-299)。

图 4-299　阳城红砂岭碎屑岩地貌

研学点 6　阳城蟒河碳酸盐岩地貌

蟒河碳酸盐岩地貌位于晋城市阳城县蟒河镇钓鱼台村。其分布面积为58km^2,出露地层由老到新依次为中元古界常州沟组石英岩状砂岩、寒武系馒头组泥页岩、张夏组厚层—巨厚层鲕粒灰岩、三山子组厚层白云岩、奥陶系马家沟组薄层—中厚层泥质灰岩。蟒河是省内少有的集深涧、峡谷、奇峰、瀑潭四位于一体的景区,最壮观的有峡谷底部绵延10km的钙化景观,以及山顶广泛发育、连亘起伏的碳酸盐岩峰丛景观。海拔最高的砥柱山1 572.6m,最低的拐庄沟300m。蟒河地区有"奇、幽、秀、险"四大特点,素有北方小桂林之称,蟒河水清如碧玉,山秀如诗画,有山皆奇,有水皆秀,鬼斧神工,妙境天成,是一幅仙山圣水的自然画卷,自然景观资源十分丰富,有小黄果树瀑布、流银飞瀑等。主要石峰有莲花峰、孔雀峰(图4-300)、望蟒孤峰(图4-301)、石人山等。该碳酸盐岩地貌主要由多处大型象形石和峰丛组成,同时伴生峡谷、河流景观带,以及瀑布等多种地质遗迹。

图 4-300　蟒河孔雀峰和神龟峰

象形石及峰丛：由三山子组白云岩及马家沟组灰岩组成的象形石及峰丛（图4-302）景观。峰顶奇峰矗立，延绵起伏，密集度高，单体高度30～50m，形态各异，部分石柱形成象形石景观。望蟒孤峰发育在马家沟组灰岩中，孤峰高30m，峰顶面积仅50多平方米。孔雀峰发育在三山子组白云岩之中，山体边部沿节理风化的石柱，因外形酷似孔雀而得名。

峡谷：蟒河峡谷整体呈"U"形，长约4km，整体东西向曲折延伸。谷底20～40m，一般为30m；谷肩高50～200m，一般为150m；高宽比一般为5；出露面积约3km²。

河流景观带：蟒河多年平均天然径流量为0.92亿 m³，年最大径流量为1964年的2.3亿 m³，年最小径流量为1972年的0.37亿 m³，二者相差62倍多。汛期6—9月天然径流量只占全年总流量的46%，森林对径流的调节作用

图4-301　孤峰

比较明显。蟒河穿碳酸盐岩区而过，水流向下深切到鸡蛋坪组石英岩状砂岩层中，地面上河流呈九曲十八湾形态（图4-303）。

图4-302　蟒河峰丛

图4-303　蟒河河道

瀑布：瀑布发育地层为寒武系张夏组鲕粒灰岩（图4-304），有流银瀑布（图4-305）、黄龙瀑布、黑龙瀑布、天龙瀑布等。其中流银飞瀑高差40m，宽15m，从岩壁落下汇入河道。

图 4-304　钙化景观

图 4-305　流银瀑布

研学点 7　阳城蟒河国家级自然保护区

山西阳城莽河猕猴国家级自然保护区(图 4-306)位于山西省晋城市阳城县境内,总面积 5600hm²,是一个以猕猴等珍稀野生动物和森林生态系统为主要保护对象的自然保护区。

阳城蟒河猕猴自然保护区四季分明,光热资源丰富。年均气温 14℃,无霜期 180～240 天,

图 4-306　莽河国家级自然保护区

年降水量 600～800mm。发源于保护区的后大河和洪水河,河水清澈见底,终年不断,在黄龙庙汇集后称为蟒河,全长 30km,经河南省注入黄河。位于保护区腹地的出水洞(后大河源头),年出水量 933 万 m^3,水质纯净,富含硅、锶等多种微量元素,是矿泉水中的珍品。

阳城蟒河猕猴自然保护区地处晋南太行山区,地形呈东西走向,西高东低,海拔 300～1572m,地貌特征多以深涧、峡谷、奇峰、瀑潭为主,沟壑纵横,复杂壮观。保护区的岩石多系太古界和元古界的产物,主要组成为结晶岩和变质岩系,土壤主要为山地褐土,山麓河谷一带为冲积土,海拔 1500m 以上为山地棕壤,机械组成以沙壤为主。

初步调查,保护区内高等植物有 882 种,脊椎动物有 70 科 285 种,昆虫有 600 余种,属于国家重点保护的野生动物有金雕、黑鹳、金钱豹、猕猴、林麝、大鲵等 28 种。阳城蟒河猕猴自然保护区与河南太行山保护区毗邻,都是当今世界猕猴分布的最北限,其主要保护对象太行猕猴属猕猴的华北亚种,为中国特有,区内现有猕猴 6 群,约 400 只。保护区还是黄河支流蟒河的重要水源涵养地,也是太行山区少数森林植被保存完好的地区之一。

3) 备选研学点介绍

备选研学点 1　阳城皇城相府

阳城皇城相府(图 4-307)是一座集军事防御设施和官宅民居于一体的城堡式建筑群落,被誉为"中国北方第一文化巨族之宅"。它由内城和外城两部分组成,依山而建,层楼叠院,错落有致。

地学研学内容:皇城相府的建筑依山就势,利用地形进行布局,体现了先人对地势、水源等自然环境的深入理解和巧妙运用。具体可从以下方面进行地学方面的研学探究。

建筑地理位置:皇城相府的选址考

图 4-307　阳城皇城相府

虑了地形、气候,以及方位等地理因素。建筑材料:可以探究皇城相府使用的建筑材料,如当地石材、木材的来源,以及与地质环境的关系。环境适应性:可以探究古建筑如何适应当地气候特点,如冬暖夏凉的设计,如何与周围的自然环境和谐共存。

人文研学内容:皇城相府是康熙帝师、大清相国陈廷敬的府邸。陈廷敬是《康熙字典》的总阅官,是著名的文学家和书法家。皇城相府会定期举办大型汉字闯关活动,开展文学主题教育,展示其丰厚的历史文化。据资料记载,康熙帝曾两次下榻于此,皇城相府因此而得名。相府主人还曾获得康熙帝赐予的匾额和楹联。具体可从以下进行人文方面的研学探究。

家族文化:可以探讨皇城相府作为曲家宅邸,其中的家族文化和规矩礼节,以及与当地社会结构的关系。建筑艺术:可以探究皇城相府中的建筑布局、雕刻艺术,以及园林造景等,反映了当时工匠的艺术水平和审美趋向。历史背景:皇城相府作为明清时期官宦人家的代表,可以了解到当时的政治背景、社会结构及其所带来的影响。文物及遗产:博物院内的文物和历史资料为研究山西地区的历史和文化提供了丰富的资源。传统礼仪和习俗:通过对宅邸结构与功能的了解,可以探究明清时期的家庭生活和各种礼仪习俗。

皇城相府不仅是研学地学和人文知识的宝地,也是体验中国传统文化、建筑艺术和家族史的绝佳场所。通过实地考察与学习,普通游客、学生或研究者可以更深入地了解中国的传统文化和历史发展。

备选研学点 2　垣曲水银沟宋家山群剖面

宋家山群剖面位于运城市垣曲县同善镇朱家沟村北的水银沟向西至大梨沟西侧。根据《山西省岩石地层》,垣曲水银沟宋家山群剖面(图4-308)为宋家山群正层型剖面,自下而上包括绛道沟组和大梨沟组。该剖面为1980年徐朝雷、张平等实测,1992年补测。1980年徐朝雷等创名绛道沟组(图4-309),该组厚3 537.4m,由长石石英岩、石英岩、绢英片岩、大理岩构成多旋回的沉积变质岩夹三大层基性火山岩组成。大理岩含叠层石,泥砂质岩石含食盐假晶,与下伏虎坪岩群角度不整合接触,与上覆大梨沟组整合接触。1993年,山西省地质勘查局二一四地质队的区调分队创建了大梨沟组,该组厚度大于1 842.6m,由巨厚的长石石英岩、碳质绢云片岩、厚层大理岩和基性火山岩组成,夹不稳定的磁铁石英岩,与下伏绛道沟组整合接触(图4-310),与上覆熊耳群火山岩角度不整合接触。

图4-308　水银沟宋家山群剖面露头

图 4-309　大梨沟组—绛道沟组剖面绛道沟组地层

图 4-310　大梨沟组—绛道沟组剖面熊耳组地层

4.11　运城市地学研学路线

● 路线 21：运城市地学研学路线

1. 行政区划范围

路线 21 分布于运城市盐湖区、永济市境内。

2. 研学路线组成

研学路线包括永济五老峰—永济水峪口神潭大峡谷—永济水幽汝阳群剖面—运城盐湖 4 处地质遗迹景观研学点；蒲州古城遗址、蒲津渡黄河铁牛、垣曲寨里动物群化石产地 3 处备选研学点。

3. 研学路线主题

以"岩溶地貌—构造地貌—沉积地层—湖泊"为主题，学习不同基岩岩溶地貌特征差异，地壳垂向运动及其产物，断层构造的识别与断层峡谷，沉积地层变化与沉积环境演化，地层接触关系识别，盐湖的特征、类型、形成及其物质来源。

4. 研学目标与核心研学内容

（1）白云岩岩溶地貌特征及其与灰岩岩溶地貌的差异。
（2）地壳的垂向升降运动与产物。
（3）断层的野外识别。
（4）断层峡谷与岩溶峡谷的特征差异。
（5）沉积地层岩性变化与沉积环境演化。
（6）地层接触关系识别。

(7)盐湖的特征、类型及形成。
(8)盐湖的盐类物质来源。

5. 科学或实践互动内容

1)问题思考

研学点 1　永济五老峰碳酸盐岩地貌

(1)比较并分析白云岩岩溶地貌与灰岩岩溶地貌的形态特征、发育机制及环境条件的异同。

(2)详细描述白云岩区域岩溶地貌的多样性,包括不同地貌类型的分布、形态特征及其与环境因素的关系。

(3)探讨地壳上升的多方面证据,包括但不限于地形地貌特征(如山地隆起)、地质记录(如沉积物厚度变化)、地球物理数据(如重力异常),以及生物地理学指标。

(4)分析并总结地质历史中多次地壳抬升、剥蚀作用、夷平作用和堆积作用的证据,探讨这些过程如何影响地表形态的演变。

研学点 2　永济水峪口神潭大峡谷

(1)阐述在野外识别断层的步骤和方法,包括断层面的特征、断层带内的构造变形、地层错位,以及地震活动的迹象。

(2)综合讨论峡谷的多种成因,包括河流侵蚀、断层运动、冰川作用、风化剥蚀等,以及这些因素如何相互作用形成了特定的峡谷地貌。

(3)对比分析断层峡谷与岩溶峡谷的特征,包括它们的形成机制、地貌特征、地质背景,以及生态环境的差异。

研学点 3　永济水幽汝阳群剖面

(1)解读该地质剖面自下而上的岩性变化序列,分析其反映的沉积环境转变,包括气候变化、海平面升降、生物演化等因素的影响。

(2)讨论地层接触关系的判别标准和方法,包括整合接触、不整合接触、角度不整合等概念及其在野外识别的关键特征。

(3)描述叠层石的识别特征,包括其层理结构、生物成因纹理、化学成分及与其他岩石类型的区分要点。

(4)分析叠层石的环境指示意义,探讨其在古环境重建中的作用,包括古海洋、古气候、古生态等方面的信息。

研学点 4　运城盐湖

(1)探究盐湖形成时代的确定方法,包括放射性同位素测年、地层学证据、古地磁学等技术的应用。

(2)解释盐湖中芒硝为主的盐类矿物形成机制,涉及蒸发浓缩、气候条件、水源补给等因素。

(3)分析盐湖中盐类物质和重金属的来源,包括大气沉降、地下水输入、岩石风化及人类活动的影响。

(4)确定运城盐湖的成因类型,分析其形成过程中关键的地质、水文和气候条件。

(5)综述盐湖的形成机制,从盐分积累、水分蒸发、地质构造、气候变迁等多个角度进行阐述。

2)研学点介绍

研学点 1 永济五老峰碳酸盐岩地貌

永济五老峰碳酸盐岩地貌位于运城市永济市五老峰风景名胜区。五老峰山体最高海拔1 809.3m,最低位于五老峰景区风柏峪村东,海拔432m,山体相对高差达1 477.3m。山体地层主要由中元古界长城系及蓟县系组成,北坡主要为长城系白草坪组、北大尖组砂岩,南坡及山体顶部主要为崔庄组泥页岩、洛峪口组白云岩、蓟县系龙家园组白云岩。五老峰主要的峰丛、石柱(图 4-311、图 4-312)地貌发育于洛峪口组与龙家园组白云岩中,由玉柱峰、东锦屏峰、西锦屏峰、棋盘山和太乙峰组成。

图 4-311 五老峰峰丛(一)

图 4-312 五老峰峰丛(二)

五老峰所处的中条山在喜马拉雅运动及新构造运动期间强烈上升,经多期间歇性抬升和断裂,多次剥蚀、夷平和堆积,形成目前的山地地貌。五老峰风景秀丽宜人,生态环境优美,动植物种类繁多。奇特的喀斯特地貌造就了许多罕见奇观,山体宏伟、峰丛林立,具有雄、险、奇、秀、仙的特点。主峰玉柱峰又名云峰、灵峰,恰似一根立地的玉柱直插云霄,又如亭亭玉立的天官玉女下凡,在全国的名山大川中,玉柱峰绝无仅有,被称为天下奇峰。其他四峰罗列于四隅,远望犹如5位彬彬有礼的老人,列座厅堂,侃侃而谈,故称"五老峰"。五老峰层层峰峦,森森古木,各种生物覆盖着整个山野,花红草绿,山光水色,风光旖旎非凡,故有"北有五台观庙宇,南在五老看风光"之说(图4-313、图4-314)。

图 4-313　五老峰双壁夹石

图 4-314　五老峰石柱

研学点 2　　永济水峪口神潭大峡谷

永济水峪口神潭大峡谷(图 4-315)是山西永济市东南方向中条山北麓的一个山谷，它的范围包括整个水峪口村，以及村后的深山、峡谷和森林。奇石、瀑布、特殊的地质地貌、溪水、森林、自然的民俗村落，构成了神潭大峡谷景区的独特魅力。

图 4-315　永济水峪口神潭大峡谷

神潭大峡谷风景区山区出露岩性为太古界片麻岩及花岗岩侵入体、中元古界石英砂石、寒武系及奥陶系灰岩。峡谷处于涑水盆地，受燕山时期形成的汾渭堑地的控制，运城凹陷贯穿包括永济在内的整个涑水河盆地，呈东南-西北向展开。从重力测量和地震测量资料看，北西侧沉降小，南东侧沉降大。沉降中心位于本市东部与运城市接壤地带。

中条山北麓大断裂在燕山期以后受喜马拉雅期构造运动的影响，断裂大大加剧，第四纪仍有剧烈活动，该断裂在全市境内长达 50km，走向呈北东东，为一高角度正断层，断面倾角在 67°以上，断距近千米，控制了盆地的基本特征，即南浅北深、南陡北缓的地势。

研学点 3　　永济水幽汝阳群剖面

水幽剖面位于永济市虞乡镇三窑村南沟中，自下而上出露长城系汝阳群白草坪组、北大尖组、崔庄组、洛峪口组，蓟县系洛南群龙家园组和震旦系罗圈组(图 4-316)。白草坪组主要岩性为紫色、灰白色中厚层状石英砂岩和紫红色砂质泥页岩，厚 161.78m；北大尖组主要岩性为紫红色、肉红色、灰色、灰白色薄—厚层中细粒石英砂岩、石英岩状砂岩，厚 288.63m；崔庄组主要岩性为灰绿色、黑色页岩、砂质页岩，厚 181.9m(图 4-317)；洛峪口组主要岩性为浅紫红色、肉红色中晶登层石白云岩(图 4-318)，厚 62.9m；龙家园组主要岩性为灰白色薄—中厚层白云岩、含石条带、叠层石白云岩，厚 223.82m；罗圈组主要岩性为紫红色夹灰绿色含砾泥岩，厚 18m。汝阳群与下伏解州片麻岩角度不整合接触，龙家园组与下伏洛峪口组平行不整合接触，与上覆罗圈组角度不整合接触，其余组均为整合接触，剖面总厚 922.05m。

图 4-316　龙家园组—洛峪口组—崔庄组

图 4-317　北大尖组与白草坪组界线

图 4-318　洛峪口组白云岩

研学点 4　运城盐湖

运城盐湖（图 4-319）位于运城市盐湖区，盐湖东西长 25～30km，南北宽 3～5km，面积约 130km²，四周皆高，中间低陷（湖面海拔 320m），最深处约为 6m，自然形成一个狭长凹陷带，湖岸地质体岩性为第四纪砂—砂土质沉积物。

图 4-319　运城盐湖

运城盐湖诞生于新生代喜马拉雅构造运动时期,约有 5000 万年历史。盐湖属于现代沉积,固液共存以芒硝为主的盐类矿床,矿产资源总量 1 亿 t,其中硫酸钠 7000 万 t,硫酸镁 990 万 t,氯化钠 1500 万 t,每年汇入盐湖的盐类矿物储量 11.8 万 t,此外,还有溴、碘、锂、铯等多种稀有元素。湖水属于硫酸盐型的硫酸钠亚型,与美国犹他州大盐湖、俄罗斯西伯利亚库楚克盐湖并称为世界三大硫酸钠型内陆盐湖(表 4-3)。

表 4-3 世界三大硫酸钠型盐湖对比

序号	对比项	运城盐湖	美国犹他州大盐湖	西伯利亚库楚克盐湖
1	长/km	30	120	19
2	宽/km	3~5	63	12
3	面积/km²	130	3525	181
4	深度/m	6	15	3.3

作为省内唯一的盐湖,运城盐湖不仅具有观赏价值,而且具有极大的工业价值。目前,主要开发的矿物种类为钠盐、镁盐,以及卤水的综合利用(图 4-320)。对运城盐湖水的重金属含量检测表明,运城盐湖含有丰富的盐分,铅、汞、镉等重金属含量均低于死海。运城盐湖已有 5000 年的产盐历史。

图 4-320 盐结晶

喜马拉雅造山运动时期到新生代第四纪初,地壳发生变化,中条山出现垂直升降运动,其北面出现大面积地面沉陷,逐渐形成了运城盆地。盐湖为运城盆地的最低处。运城市属暖温带大陆性季风气候,光热资源丰富,其特点是冬季寒冷、雨雪少。年蒸发量为降水量的 4 倍,在这种蒸发量大大超过降水量的气候下,封闭的地形使流域内的径流向湖泊汇集,且不外泄,盐分通过径流源源不断地从流域内向湖泊输送。强烈的蒸发使湖水不断浓缩,水去盐留,含盐量日渐增加,经过长期自然蒸发作用,盐类沉淀,沉积成矿床。

运城盐湖为中国四大盐湖之一、世界三大硫酸盐湖之一,盐湖含盐量类似于中东死海,人在水中可以漂浮不沉,湖中黑泥可以美肌活肤,被誉为"中国死海"。现已开发有盐湖养生城。盐湖湖面水域面积广阔,运城盐湖阡陌纵横、银岛万千,湖内银岛奇景是常年展现于眼前的硝堆,环绕盐湖的数十平方千米湿地常年栖息着数十种候鸟,是人们休闲纳凉的好去处。

2016年5月运城盐湖部分湖面突然变成"玫瑰红色"(图4-321)。横贯盐湖的盐湖大道两侧,湖水一半呈现绿色,一半呈现罕见的玫瑰红色。引来众多市民观赏。经检测,引起湖水变红的原因是湖水中滋生了耐盐的藻类"杜氏盐藻"。杜氏盐藻会产生血红素,藻体呈红色,因此造成了盐湖的色彩差异。湖面还可呈现天蓝色(图4-322),其颜色的变化更增加了湖水的景观效应。行走于穿湖大道,两侧湖水颜色截然不同,构成一道亮丽的风景线,游客戏称之为"鸳鸯锅"。

盐湖很早就以盛产"潞盐"而闻名于世,是中国最古老、人类最早开发利用的盐硝资源之一。2002年南风集团斥巨资精心打造了运城盐湖——中国死海这个集"绿色、生态、健康、休闲"为一体的时尚旅游品牌。2008年11月盐湖被评为国家AAAA级景区。

图4-321 玫瑰色湖面

图4-322 天蓝色湖面

3) 备选研学点介绍

备选研学点 1 蒲州古城遗址

永济市蒲州古城遗址（图 4-323）位于运城永济境西南黄河东岸，是国内外研究中国古城垣历史发展不可多得的实物资料，传说中的舜都蒲板就在此，长期是山西通往长安的枢纽、北方重镇，引城始建于周时，以后屡有重建扩修，历为州治府治，为唐代至明代的遗址。明代蒲州城砖砌城墙保存完好，东、南、西、北 4 座城门都保存较好，在古代城市发展史上占有重要地位。

图 4-323 永济市蒲州古城遗址

蒲津渡是一处具有丰富遗存的大型遗址，也是我国第一次发掘的大型渡口遗址，它展现了我国古代桥梁交通、黄河治理、冶铸技术等各方面的科技成就，也直观地揭示出黄河泥沙淤积、河水升高、河岸后退的变迁过程，从而为历史地理、水文地质、环境考古及黄河治理提供了许多有用资料。

地学方面：蒲津渡遗址对中国古代桥梁史的研究具有极为重要的价值。遗址的发现，为历史地理、水文地质、环境考古，以及黄河治理等方面的研究提供了宝贵资料。可从以下方面开展地学研学。①考察古城遗址所在区域的地形地貌类型及其历史演变过程；根据河流搬运和堆积特性，探究周边地形对古城规划建设的影响。②通过河流沉积物可以分析古城遗址所在地区河流的泛滥记录，以及洪水频发对城市防御及居民生活的影响。

人文方面：蒲州古城遗址是北朝至明代时期的重要城址，保存有近 1600 年的府、州、县治史迹，为了解古代中国政治、经济、文化等方面的发展提供了珍贵的实物依据。另外，该地区还有新石器时期早期的考古遗存，可以研究当时人类社会的生产生活方式。

总的来说，永济市蒲州古城遗址是一处极为重要的文化遗产，不仅为地学研究提供了丰富的实物依据，也蕴含着古代中国社会发展的重要信息。我们应该加大保护和开发利用的力度，让这些宝贵的文化资源为当代社会发展提供新的助力。通过地学和人文研学可以更加深刻地理解遗址的历史价值、文化内涵，以及与自然环境的互动关系，对传承与保护文化遗产具有重要的学术和实践意义。

备选研学点 2　　蒲津渡黄河铁牛

古代黄河上的著名渡口——蒲津渡位于山西省永济市古蒲州城西门外黄河东岸,历史上著名的蒲津桥和唐开元铁牛也位于此处。后因黄河东移,开元铁牛等没入水中,悄然消失,后经勘查,被发掘出土。

黄河铁牛(图 4-324)将雕塑艺术与建桥科技相结合,体现了中国古代人对自然的深刻认知和超越性的创造力。它综合了冶金学、力学、建筑学、道路工程学等多种原理,在黄河上承担了 500 年的蒲津渡浮桥的安全使用。黄河铁牛作为蒲津铁索桥的索桩,将黄河两岸连接在一起。这座独特的铁索桥为当时的交通和经济发展做出了重要贡献。

图 4-324　蒲津渡黄河铁牛

可考虑从以下方面开展相关地学研学。黄河冲积扇与泥沙沉积特征分析:探究铁牛附近区域的沉积物特性,可为黄河历史上多次泛滥和改道对冲积扇的形成及变迁的影响提供相关信息;地质结构对工程的影响:分析铁牛作为防洪设施在建设与维护中对地质结构的适应性,如何面对黄河复杂的地质条件进行防洪工程的规划与建设;防洪工程与河流地形:考察铁牛如何借助黄河特定的河流地形进行防洪,比如在扭曲的河道、河流弯曲等地点的筑堤效应。

从文化符号的角度来看,黄河铁牛具有很强的标志性。它不仅体现了人与自然的和谐,也凝聚了中国古代建筑、工艺美术的独特审美追求。此外,对黄河铁牛的发掘和研究也揭示了渡口遗址的历史变迁,为我们了解中国古代交通、建筑技术的发展提供了宝贵的文物资料。

可考虑从以下方面开展相关人文思政研学。防洪历史与文化:黄河铁牛作为防洪设施的一部分,具有深厚的防洪历史和文化内涵,象征着人类不断与自然灾害抗争的智慧与勇气。黄河文明与社会发展:铁牛的存在和应用与黄河流域的人类文明进程紧密相关,黄河汹涌澎湃的河水见证了中国文化的诞生并孕育了华夏文明。工程技术进步的标志:黄河铁牛不仅是防洪工程的一部分,也体现了不同时期黄河治理技术的进步,以及相关工程设计和实施的演变。

黄河铁牛作为一种极为珍贵的文物,其地学和人文研学价值可谓独一无二。通过对它的进一步探索,我们不仅能认识古老文明的魅力,也能更好地理解中国传统文化的内在精神。黄河铁牛的研学不仅局限于铁牛本身的材料和结构,也涉及与黄河沉积、地貌、流域演变等紧密联系的综合性地学问题。同时,在人文思政研学方面,它体现了黄河流域作为中华民族重要的文化摇篮,对中国文化乃至世界文化产生了深远影响,可以帮助人们更好地理解人类与自然的关系,以及文化遗产的重要性和传承价值。

"黄河铁牛"是兴修于19世纪末的黄河大堤,当时被誉为"黄河永固"。这条堤坝通过人工修筑,希望能够永久性地遏制黄河的泛滥与改道。黄河由于泥沙淤积,每隔三十年左右就会改道一次。这种现象反映了黄河的多变性和难以彻底控制的特点,尽管"黄河铁牛"曾经成为黄河上游防洪的主力,但是大约三十年后,它还是被黄河的泥沙淤积和改道所"击败"。这说明对于黄河这样一条变幻莫测的大河,即使依靠人类的科技和力量也难以全面掌控。黄河的改道和泛滥往往出现在一个周期性的时间节点上,反映了这条"中华水脉"的独特性质。"黄河铁牛"的兴建及其最终被淘汰,生动地说明了"黄河三十年河东、三十年河西"这一自然规律的存在,折射出黄河的不可掌控性。

备选研学点3　垣曲寨里动物群化石产地

垣曲寨里动物群化石产地(图4-325)位于运城市垣曲县华峰乡河堤村、西滩村、白水河村等,为古近纪古动物化石产地,面积约$10km^2$,寨里动物群发现于寨里组,原称为河堤组寨里段,为一套浅红棕色泥岩,底部有厚度不等的砾石层,下部夹褐黄色不等粒砂岩及层状石膏。早在1916年,瑞典科学家安特生便在寨里村发现了第一块始新世哺乳动物化石。垣曲县河堤村及寨里村为原有的重要化石地点,小型哺乳动物化石特别丰富,这里不仅化石众多,保存完好,种类多样而且产有珍贵的曙猿化石(图4-326),尤其是在1995年发现的一对相当完整的下颌骨(图4-327)。本地共发现11目30科近80个种的化石。

图4-325　垣曲寨里动物化石产地化石赋存地层

图4-326　曙猿化石纪念碑

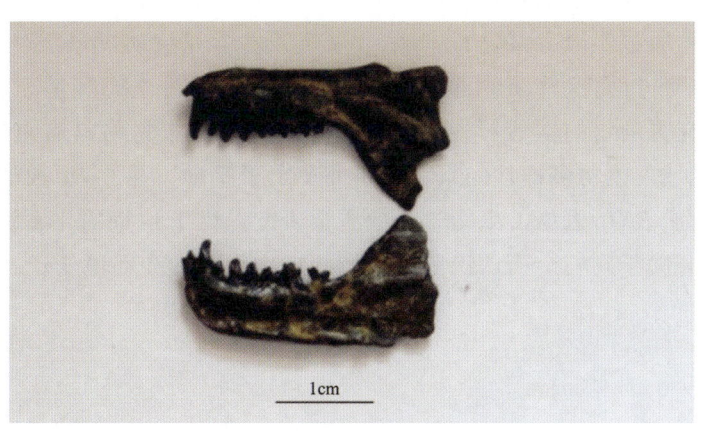

图4-327　世纪曙猿下颌骨模型

曙猿的发现动摇了过去人们普遍接受的观点，即高等灵长类起源于始新世兔猴类的假说。因为在垣曲盆地和江苏溧阳找到的曙猿化石无论在时代上还是在解剖特征上都对此提出了疑问。然而，国际上不少灵长类学者持不同的看法，认为曙猿是高等灵长类的证据不足。原因是溧阳化石产在洞穴内，用筛洗法所得多不完整。山西垣曲寨里土桥沟发现的相当完整的下颌骨，使曙猿是高等灵长类的可信度大为增加。其主要表现为下颌骨联合部前后短，背腹深；下门齿垂直生长；犬齿大，突出；最后两上前臼齿的外侧齿尖基部增大部分在齿列中略斜置；最后一个下臼齿三角座宽于跟座；最后一个下臼齿的唇舌面和中远面衰退；下颌角突圆形，为翼肌提供了更大的附着区。所有上述特征都说明曙猿是一种基类型的高等灵长类。该化石是世界上迄今为止发现的最完整的有关曙猿的生理材料。20 世纪末在中国的这次重大发现，适逢美国卡耐基博物馆建馆 100 周年，为了纪念自然科学领域这双重的"盛事"，中美科学家把这种曙猿取名为"世纪曙猿"（图 4-328）。因修建水库，主要的化石点寨里村已被淹没，但是含化石层位分布较广。

图 4-328　世纪曙猿复原图

垣曲寨里动物群化石具有以下几个方面的科普、研学及科研意义：①科普方面，展示了生物在地质历史演化过程中的多样性变迁，这些化石向公众展示了远古时期黄河流域的生物面貌，具有较强的科普和教育价值，引发公众对地质演化和古生物的兴趣，增进社会大众对自然史的认知。②研学方面，为学生和科普参访者提供了生动的教学素材，有助于提高地质和生物方面的认知水平，通过实地考察化石产地、开展实践性学习活动，增进学生对地质和古生物知识的理解。③科研方面，这些动物群化石为研究该地区的古生态环境、气候变迁等提供了宝贵依据，对于探究古动物的生活习性、演化规律等，这些化石材料具有重要的学术价值，为进一步开展黄河流域古生物多样性的系统性研究奠定了基础。总之，垣曲寨里动物群化石不仅有利于科普和地质教育，更为古生物学和地质学研究提供了独特的化石资源。深入挖掘和研究这些化石，将有助于我们全面认识黄河流域的古生物地理和环境变迁。

第5章

山西省深度地学研学路线设计

深度研学路线游览周期为7～10天,所包含的地质遗迹及其他景观呈线状分布,路线较长。根据山西省重要地质遗迹的分布规律、重要价值和地质遗迹类型,结合上述短期地学研学路线,设计了5条深度研学路线。

● 路线一:大同火山群—北岳恒山地学研学路线

1. 行政区划范围

深度地学研学路线一分布于大同市云州区、阳高县、浑源县、广灵县、灵丘县,朔州市右玉县境内。

2. 研学路线组成

深度地学研学路线一为短期地学研学路线3、1、2由西向东的有机串联。路线1:大同市云州区—阳高县地学研学路线;路线2:大同市浑源县地学研学路线;路线3:朔州市右玉县地学研学路线;并增加云冈石窟、草原、西口古道森林公园3处地学自然文化景观研学点。

包括10处地质地貌遗迹景观研学点,分为5种类型,分别如下。

(1)火山地貌遗迹3处:大同火山群—大同阁老山剖面—右玉火山颈群。

(2)黄土地貌遗迹1处:大同杜庄土林。

(3)岩石地貌遗迹3处:阳高六棱山汉白玉石林—浑源恒山碳酸盐岩地貌—浑源千佛岭花岗岩地貌。

(4)碳酸盐岩地层剖面遗迹1处:浑源悬空寺剖面。

(5)构造地貌遗迹2处:阳高黄羊尖夷平面—阳高甸顶山夷平面。

包括9处其他地学自然文化景观研学点:桑干河国家级湿地公园、阳高黄羊尖和阳高甸顶山亚高山草甸、悬空寺、杀虎口、右玉植树造林成果、云冈石窟、西口古道森林公园、灵丘草原。

具体研学点内容详见短期地学研学路线1、2、3。

3. 研学路线主题

以"玄武岩火山群—花岗岩—碳酸盐岩—大理岩"三大岩类岩石地貌—黄土地貌—夷平面构造地貌为主题,主要学习火山岩鉴定与火山机构地貌识别及火山作用、花岗岩类的鉴定及其岩石地貌的形成过程、碳酸盐岩的鉴定及其岩石地貌的形成过程、大理岩(汉白玉)与石林的形成,黄土地貌及其成因、夷平面的特征及其成因。

以"河流湿地—亚高山草甸(林线)—悬空寺—杀虎口—右玉植树造林成果"为思政教育载体,主要学习河流湿地生态安全屏障、气候变化指示器与"双碳"目标、古代高空建筑技艺与佛道儒文化、"走西口"文化及右玉精神。

4. 研学目标与核心研学内容

1）主要地学研学目标与核心研学内容

（1）认识火山岩、识别火山地貌（火山机构）、理解火山作用。
（2）认识黄土的特征与成因，理解以土林为代表的黄土地貌的形成过程。
（3）鉴定花岗岩亚类。
（4）认识花岗岩地貌，并了解其形成过程。
（5）认识大理岩（汉白玉）、理解石林的形成机制，了解大理岩的用途。
（6）认识白云岩、泥晶灰岩、竹叶状灰岩等碳酸盐岩。
（7）理解碳酸盐岩地貌的形成机制。
（8）认识叠层石，并了解其形成和保存环境。
（9）识别夷平面，理解夷平面的成因。
（10）理解亚高山草甸和林线可以作为气候变化指示器的机制。

2）主要思政教育目标与核心研学内容

（1）了解桑干河流域生态安全屏障功能。
（2）了解应对气候变化的全球和国家"双碳"目标。
（3）了解"走西口"文化。
（4）学习右玉精神。

5. 科学或实践互动内容

1）地学研学问题思考

火山地貌遗迹

研学点 1-1 大同火山群

研学点 1-2 大同阁老山剖面

研学点 3-1 右玉火山颈群

（1）火山喷发过程中会产生哪些主要的火山产物？
（2）火山喷发后形成的地形地貌有哪些类型及其特征？
（3）识别火山形成的地形地貌（如火山锥、熔岩流等）有哪些方法和标志？
（4）岩浆的来源及其在地球内部的生成过程是什么？
（5）岩浆冷却固结后形成的岩石类型及特征有哪些？
（6）岩浆在地表和水下流动时形成的形态差异是什么？
（7）火山岩的主要特征及鉴别方法是什么？
（8）玄武岩柱状节理的形成机制是什么？

黄土地貌遗迹

研学点 1-3 大同杜庄土林

（1）黄土的形成过程和主要成因是什么？

(2)黄土的主要来源和成因机制是什么？
(3)除了土林，黄土地区常见的地貌类型有哪些？
(4)黄土地貌的形成过程及其地质背景是什么？
(5)防治黄土地区水土流失的有效措施有哪些？
(6)黄土高原地区如何因地制宜地实施水土保持措施？
(7)杜庄土林与其他黄土林在特征和形成机制上有哪些区别？

岩石地貌及剖面遗迹

研学点 1-4 阳高六棱山汉白玉石林

(1)汉白玉的岩石类型及其主要成分是什么？
(2)汉白玉的形成过程及地质条件是什么？
(3)汉白玉形成石林的地质和环境条件有哪些？
(4)汉白玉的主要用途及其在各领域的应用有哪些？

研学点 2-1 浑源北岳恒山碳酸盐岩地貌

研学点 2-2 浑源悬空寺剖面

(1)恒山风景区内志留系和泥盆系地层缺失的地质原因是什么？
(2)碳酸盐岩峰丛的形成过程及主要影响因素是什么？
(3)白云岩的主要特征及识别方法有哪些？
(4)白云岩与石灰岩的主要区别及鉴别方法是什么？
(5)金龙峡的形成过程及其地质背景是什么？
(6)灰岩层面上"果老仙踪"坑洞的成因及其地质过程是什么？

研学点 2-3 浑源千佛岭花岗岩地貌

(1)花岗岩的形成过程及其地质背景是什么？
(2)不同水热气候条件下花岗岩地貌的形成及差异有哪些？

构造地貌遗迹

研学点 1-5 阳高黄羊尖夷平面

研学点 1-6 阳高甸顶山夷平面

(1)夷平面的定义及其地质意义是什么？
(2)夷平面的形成过程及主要影响因素是什么？

2）思政育人问题思考

研学点 1-5 阳高黄羊尖夷平面

研学点 1-6 阳高甸顶山夷平面

扩增研学点 3 灵丘草原

应对气候变化，实施"双碳"目标的重要性和必要性是什么？

研学点 1-7 桑干河国家级湿地公园

河流湿地在维护区域生态安全中的作用机制及其生态功能是什么？

研学点 3-2 杀虎口

扩增研学点 2 西口古道森林公园

"走西口"现象的历史背景及其地理经济原因是什么?

研学点 3-3 右玉植树造林成果

通过今昔对比,植树造林对右玉地区的生态和社会经济带来了哪些具体好处?

3)扩增研学点介绍

扩增研学点 1 云冈石窟

云冈石窟(图 5-1)位于山西省大同市城西 16km 的武周山南麓,东西绵延约 1km。石窟开凿于北魏时期(460—525 年),现存大小窟龛 254 个,主要洞窟 45 座,造像 51 000 余尊。

云冈石窟作为中国第一个皇家授权开凿的石窟,反映了北魏王朝的政治雄心。与我国诸多石窟寺相比,云冈石窟最具西来样式,即胡风胡韵最为浓郁。其中既有印度、中西亚艺术元素,也有希腊、罗马建筑造型、装饰纹样、相貌特征等,反映出与世界各大文明之间的渊源关系,这在中华艺术宝库中是独一无二的,对后世中国文化艺术的发展具有重要意义。

图 5-1 云冈石窟

扩增研学点 2 西口古道森林公园

西口古道国家森林公园位于山西省朔州市右玉县,于 2019 年批准建立。西口古道(图 5-2)是一条由山西通往内蒙古、西域的陆路关口通道,"走西口"是一部辛酸的移民史,更是一部艰苦奋斗的创业史,是用血泪开创的一条晋商发迹辉煌的大道,打通了中原腹地与内蒙古草原经济文化的通道,带动了落后的北部地区农耕文化繁荣发展。

图 5-2 西口古道

扩增研学点 3　　灵丘草原

山西省大同市灵丘县柳科乡有一处高山之巅的草甸,因其高峻平坦而被称为"空中草原"(图 5-3)。它东西狭长,南北广阔,面积达 3 万亩;这里四周峰峦叠嶂,夏季无暑期,春秋无尘沙,空气湿润。

图 5-3　大同灵丘草原

● 路线二:忻州五台山—芦芽山地学研学路线

1. 行政区划范围

深度地学研学路线二分布于忻州市五台县、繁峙县五台山地区,宁武县芦芽山地区。

2. 研学路线组成

深度地学研学路线二包含 3 条短期地学研学路线,为路线 4、5、6 由东向西的有机串联,在五台山地区根据受众的情况,选择相应的地质内容深度,分为普通游客路线(路线 4:忻州市五台山研学路线 1)和地质科考路线(路线 5:忻州市五台山地学研学路线 2);还包括另一条忻州市的短期地学研学路线 6:忻州市宁武县地学研学路线。

包括 17 处地质地貌遗迹景观研学点,分为 8 种类型,分别如下。

(1)构造剖面遗迹 3 处:五台明月池平卧褶皱、繁峙茶坊角度不整合面(高于庄组剖面)、五台铁堡不整合面。

(2)构造地貌遗迹 3 处:五台山东台夷平面—五台山北台夷平面(冰缘地貌)—五寨荷叶坪夷平面。

(3)地层剖面遗迹 3 处:繁峙太平沟柏枝岩组剖面、五台石咀金岗库组剖面、五台班老窑滹沱群剖面。

(4)地层化石遗迹 1 处:五台回龙底村河边村组叠层石。

(5)地质灾害遗迹 1 处:五台香炉石崩塌。

(6)岩溶地貌遗迹 2 处:五台黄土咀佛母洞、宁武冰洞。

(7)岩石地貌遗迹 2 处:清凉石(清凉寺)、宁武芦芽山花岗岩地貌。

(8)水体地貌遗迹 2 处:宁武天池高山湖群、宁武雷鸣寺泉。

包括 6 处其他地学自然文化景观研学点:五台山佛教建筑群(佛教文化)、五台黄土咀佛母洞、五台山(东台)植被垂直分带和生物多样性、芦芽山马仑草原(亚高山草甸)、荷叶坪亚高山草甸、汾河源头。

具体研学点内容详见短期地学研学路线 4、5、6。

3. 研学路线主题

以"地质构造—夷平面(冰缘地貌)—(变质)地层剖面—岩溶地貌—岩石地貌—水体地貌—植被分带"为主题,主要学习褶皱构造的特征与类型,不整合面的特征、识别及成因;夷平面的特征、识别及其形成过程;冰缘地貌的类型及特征;变质岩的特征、类型与鉴定,变质地层的划分与对比;叠层石等古生物的特征、识别及其环境指示意义;冰洞的特征与成因机制;花岗岩类的鉴定与花岗岩地貌的形成;高山湖泊的类型与成因,泉水的分布与补给;植被垂直分带的特征与影响因素;崩塌地质灾害的形成机制、产物及其防治。

以"五台山佛教建筑群—五台黄土咀佛母洞—五台山(东台)植被垂直分带、林线不同类型森林生态系统及生物多样性—芦芽山马仑、荷叶坪亚高山草甸—汾河源头"为思政教育载体,主要学习佛教(建筑)文化,气候变化指示器与"双碳"目标及措施,植被与水体保护的生态、环境及经济意义。

4. 研学目标与核心研学内容

1)主要地学研学目标与核心研学内容

(1)认识褶皱构造。

(2)识别不整合面及其成因。

(3)认识夷平面,并理解其形成过程。

(4)认识冰缘地貌。

(5)认识五台群、滹沱群等变质或沉积地层、岩石特征。

(6)认识叠层石及其成因。

(7)认识冰洞特征,理解溶洞形成冰洞的机制。

(8)认识花岗岩类岩石和花岗岩地貌。

(9)理解花岗岩地貌的形成过程。

(10)认识并理解植被垂直分带。

(11)理解亚高山草甸、林线作为气候变化指示器的机制。

(12) 认识崩塌的特征,理解其形成机制。
(13) 了解崩塌地质灾害的防治。
(14) 认识天池高山湖泊类型、特征、排泄及成因。
(15) 认识泉水和地下水的分布、形成、运移特征。

2) 主要思政教育目标与核心研学内容

(1) 了解佛教(建筑)文化。
(2) 了解应对气候变化的全球和国家"双碳"目标。
(3) 理解不同类型森林生态系统在"双碳"目标及措施中的作用。
(4) 理解植被与水体保护的生态、环境及经济意义。

5. 科学或实践互动内容

1) 地学研学问题思考

构造(地层)剖面与构造地貌遗迹

研学点 4-1 五台明月池平卧褶皱

(1) 褶皱的主要特征及识别方法是什么?
(2) 褶皱的形成过程及其地质背景是什么?

研学点 4-2 五台山东台夷平面、亚高山草甸

研学点 4-3 五台山北台夷平面(冰缘地貌、亚高山草甸)

研学点 6-3 五寨荷叶坪夷平面

(1) 夷平作用的定义及其地质意义是什么?
(2) 山西地区的夷平面有多少级及其形成原因是什么?
(3) 区域内的多级夷平面如何进行对比和确定?
(4) 五台山和荷叶坪地区发育的冰缘地貌类型有哪些?

研学点 4-4 繁峙太平沟柏枝岩组剖面

研学点 4-5 繁峙茶坊角度不整合面(高于庄组剖面)

(1) 角度不整合面的主要特征及识别方法是什么?
(2) 角度不整合面的形成过程及其地质背景是什么?

研学点 5-1 五台石咀金岗库组剖面

(1) 金岗库组地层中"下部富铁、上部富铝"的成因是什么?
(2) 地层不整合接触关系的主要判别标志有哪些?

研学点 5-2 五台铁堡不整合面

(1) 角度不整合的成因及其地质意义是什么?
(2) 逆冲推覆构造的识别特征和方法是什么?
(3) 韧性剪切带的主要特征及其识别方法是什么?

(4)五台铁堡不整合面的地质意义是什么？

研学点 5-3 五台回龙底村河边村组叠层石

研学点 5-4 五台班老窑滹沱群剖面

(1)叠层石的主要特征及识别方法是什么？
(2)叠层石的环境指示意义是什么？
(3)野外识别各类沉积岩的主要方法和特征是什么？

地质灾害遗迹

研学点 5-5 五台香炉石崩塌

(1)崩塌的形成过程及主要影响因素是什么？
(2)判断崩塌地质灾害危险程度的主要指标和方法是什么？
(3)防治崩塌地质灾害的有效措施有哪些？

岩石地貌遗迹

研学点 5-6 清凉石（清凉寺）

四集庄组砾岩的主要特征及其地质意义是什么？

研学点 6-2 宁武芦芽山花岗岩地貌

(1)花岗岩在南北方不同气候条件下形成的地貌特征有哪些差异？
(2)花岗岩峰林景观的形成过程及其地质背景是什么？
(3)花岗岩风化球、风蚀柱和风蚀洞的形成过程及其地质原理是什么？

岩溶地貌遗迹

研学点 6-1 宁武万年冰洞

(1)岩溶洞穴形成冰洞的条件及其地质环境是什么？
(2)冰洞形成年龄的主要测定方法有哪些？

水体地貌遗迹

研学点 6-4 宁武天池高山湖群

(1)高山湖泊的水位受哪些主要因素的控制？
(2)高山湖泊群的形成过程及其地质背景是什么？

研学点 6-5 宁武东寨雷鸣寺泉

(1)泉水流量受哪些主要地质和环境因素的控制？
(2)泉水硬度受哪些因素的影响及其成因是什么？

其他地学遗迹

研学点 6-6 马仑草原（亚高山草甸）

(1)亚高山草甸分布面积的主要影响因素有哪些？
(2)林线分布除了受气候因素影响外，还受哪些地质与生态因素的控制？

2)思政育人问题思考

| 研学点 4-2 | 五台山东台夷平面
| 研学点 4-3 | 五台山北台夷平面
| 研学点 5-3 | 五寨荷叶坪夷平面

应对气候变化的全球和国家"双碳"目标的具体措施有哪些？

| 研学点 4-8 | 五台山（东台）植被垂直分带和生物多样性
| 研学点 6-3 | 五寨荷叶坪夷平面、亚高山草甸

阔叶林、针叶林和亚高山草甸等植被生态系统在"双碳"目标中的作用是什么？

| 研学点 4-8 | 五台山（东台）植被垂直分带和生物多样性
| 研学点 6-4 | 宁武天池高山湖群
| 研学点 6-5 | 宁武东寨雷鸣寺泉、汾河源头
| 研学点 6-6 | 马仑草原（亚高山草甸）

生物多样性、植被与水体保护的生态、环境及经济价值是什么？

● 路线三：太行山中段嶂石岩地貌地学研学路线

1. 行政区划范围

深度地学研学路线三分布于长治市黎城县、武乡县，晋中市左权县、昔阳县，阳泉市、平定县、盂县境内。

2. 研学路线组成

深度地学研学路线三为短期地学研学路线 14、12、10、11 由南向北的有机串联。路线 10：阳泉市盂县地学研学路线；路线 11：阳泉市—平定县地学研学路线；路线 12：晋中市左权县—昔阳县地学研学路线；路线 14：长治市黎城县—武乡县地学研学路线。

包括 15 处地质地貌遗迹景观研学点，分为 6 种类型，分别如下。

(1) 嶂石岩地貌遗迹 5 处：黎城金鸡寨嶂石岩地貌—黎城洗耳河嶂石岩地貌—黎城黄崖洞嶂石岩地貌—左权麻田嶂石岩地貌—昔阳龙岩大峡谷嶂石岩地貌。

(2) 沉积地层剖面遗迹 1 处：黎城彭庄赵家庄—常州沟组碎屑岩地层剖面。

(3) 碳酸盐岩地貌遗迹 4 处：板山碳酸盐岩地貌—武乡太行龙洞岩溶地貌—盂县藏山碳酸盐岩地貌—盂县燕子崖碳酸盐岩地貌。

(4) 构造地貌遗迹 1 处：盂县十八盘峡谷断层崖—碳酸盐岩地貌。

(5) 水体地貌遗迹 3 处：左权龙泉瀑布—娘子关泉群—娘子关瀑布。

(6) 化石产地遗迹 1 处：阳泉太原组木化石。

包括 6 处其他地学自然文化景观研学点：黄崖洞八路军兵工厂、麻田八路军总部旧址、龙

泉森林公园,藏山风景区,固关长城、娘子关村。

具体研学点内容详见短期地学研学路线 10、11、12、14。

3. 研学路线主题

以"嶂石岩地貌—碳酸盐岩岩溶地貌—水体地貌—化石产地"为主题,主要学习嶂石岩地貌特征及其成因;碎屑岩沉积构造的识别、成因及其环境指示作用;碳酸盐岩岩溶地貌类型、发育过程及其影响因素,碳酸盐岩地区土壤植被分布特征;河流(瀑布)溯源侵蚀作用,地下水的类型、埋藏与迁移作用规律;断层峡谷的特征及其成因;古植物化石的形成与保存。

以"黄崖洞八路军兵工厂、麻田八路军总部旧址、龙泉森林公园,藏山风景区,固关长城、娘子关村"为思政教育载体,主要学习八路军依托有利地质条件进行抗日战争历史的爱国主义教育,感受藏山自然风景,体会历史传说文化,以及固关长城和娘子关历史文化。

4. 研学目标与核心研学内容

1)主要地学研学目标与核心研学内容

(1)嶂石岩地貌特征、形成过程及其控制因素。

(2)嶂石岩地貌与碳酸盐岩地貌的差异。

(3)沉积岩中沉积构造的环境指示意义。

(4)三大类型砂岩地貌的形成过程。

(5)沉积构造的岩相古地理指示作用。

(6)灰岩和白云岩的特征与区别。

(7)岩溶地貌的气候和岩性影响机制。

(8)碳酸盐岩地区溶洞、峡谷、泉水的分布与形成机制。

(9)碳酸盐岩地区地下水的埋藏与运移。

(10)碳酸盐岩地区的土壤发育规律和植被分布特征。

(11)河流溯源侵蚀作用与瀑布的形成过程。

(12)泉水的类型、分布、补给、排泄及作用。

(13)植物化石的形成、保存及其环境指示意义。

2)主要思政教育目标与核心研学内容

(1)学习八路军抗战历史,进行爱国主义教育。

(2)感受自然风景大好河山,体会历史传说文化,增强民族自信。

(3)了解固关长城和娘子关历史文化,塑造常怀远虑、居安思危意识。

5. 科学或实践互动内容

1)地学研学问题思考

嶂石岩地貌遗迹

研学点 12-1 左权麻田碎屑岩(嶂石岩)地貌

研学点 12-3 昔阳龙岩大峡谷

研学点 14-1 黎城金鸡寨嶂石岩地貌

研学点 14-2 黎城洗耳河嶂石岩地貌

研学点 14-4 黎城黄崖洞嶂石岩地貌

(1)嶂石岩地貌的主要独特特征是什么？

(2)嶂石岩地貌中的象形石和峡谷与碳酸盐岩地貌的区别是什么？

(3)嶂石岩中发育的主要层理构造和层面构造有哪些？

(4)嶂石岩地貌的形成过程及其地质背景是什么？

(5)嶂石岩中长墙和孤峰的形成机制有什么不同？

(6)嶂石岩地貌在全国的分布情况如何？

(7)嶂石岩地貌的发育是否受到气候因素的影响？

(8)为什么黄崖洞被选为抗日战争的兵工厂？

(9)嶂石岩地貌中的赤壁丹崖、峡谷、象形石、瀑布、天然洞穴与碳酸盐岩地貌的差异是什么？

(10)嶂石岩地区的风蚀蘑菇、风蚀城堡、风蚀立柱等风蚀地貌的形成过程及其反映的气候环境是什么？

(11)砂岩地区和碳酸盐岩地区的一线天地貌景观有哪些差异？

(12)砂岩中具有同沉积环境指示意义的沉积构造有哪些？

(13)砂岩中具有沉积期后环境指示意义的沉积构造有哪些？

(14)嶂石岩地貌、张家界峰林地貌和丹霞地貌如何区分？

(15)流水波痕、波浪波痕、紊流波痕、泥裂、楔状交错层理、板状交错层理等沉积构造的古地理环境指示意义是什么？

(16)砂岩地貌和灰岩地貌中形成的峡谷或一线天景观有哪些差异？

研学点 12-5 龙泉国家森林公园

(1)山西的森林公园一般分布在什么基岩之上呢，是否有规律？

(2)什么基岩上发育的土壤更利于植被的生长？

沉积地层剖面遗迹

研学点 14-3 黎城彭庄赵家庄－常州沟组剖面

(1)石英岩状砂岩的形成过程及其地质背景是什么？

(2)石英岩状砂岩的主要矿物成分有哪些？

(3)为什么石英岩状砂岩为主的地层地貌上常常形成大陡坎？

碳酸盐岩地貌遗迹

研学点 10-1 盂县藏山碳酸盐岩地貌

研学点 10-2 盂县燕子崖碳酸盐岩地貌

研学点 14-5 武乡板山碳酸盐岩地貌

研学点 14-6 武乡太行龙洞岩溶地貌

(1) 岩性对节理穿透性、贯通性和延伸性的影响有哪些？
(2) 碳酸盐岩地区和砂岩地区的长墙特征及发育过程有哪些不同？
(3) 南方与北方岩溶地貌特征的主要差异是什么？
(4) 白云岩和灰岩中的溶洞特征有哪些不同？
(5) 溶洞的水平分布和垂向分布规律是什么？
(6) 碳酸盐岩地区峡谷的形成过程是什么？
(7) 不同地层中的碳酸盐岩地貌有哪些差异？
(8) 碳酸盐岩地区陡坡和缓坡地形的形成机制有哪些不同？

研学点 10-3 盂县十八盘峡谷

(1) 影响峡谷走向的主要地质和环境因素有哪些？
(2) 当前地貌组合揭示了该地区岩溶地貌处于哪个演化阶段？

研学点 11-1 阳泉太原组木化石

(1) 哪些沉积地层有利于木化石的保存？
(2) 木化石的形成过程是怎样的？
(3) 除了硅化木，木化石还有哪些类型？

水体地貌遗迹

研学点 11-2 平定娘子关泉群

(1) 泉群通常出现在何种地形地貌环境中？
(2) 泉水的主要补给水源包括哪些类型？

研学点 11-3 平定娘子关瀑布

(1) 瀑布的形成机制是什么？
(2) 控制瀑布溯源侵蚀的因素有哪些？

研学点 12-2 左权龙泉瀑布

(1) 瀑布通常在哪种岩石地层中形成？
(2) 瀑布发育的岩石有何特征？

2) 思政育人问题思考

研学点 12-4 麻田八路军总部旧址

从地理学角度分析，麻田为何在抗日战争期间成为八路军总部的理想选址？

研学点 11-4 固关长城

研学点 11-5 娘子关村

(1)修建长城的历史背景是什么？娘子关为何在历史上成为军事战略要地？
(2)历史教训是否强调了我们应时刻保持警惕和忧患意识？

路线四：太行山南段峡谷地学研学路线

1. 行政区划范围

深度地学研学路线四分布于长治市平顺县、壶关县，晋城市陵川县、阳城县、沁水县境内。

2. 研学路线组成

深度地学研学路线四为短期地学研学路线 16、15、19、20 由北向南的有机串联。路线 15：长治市壶关县地学研学路线；路线 16：长治市平顺县地学研学路线；路线 19：晋城市陵川县地学研学路线；路线 20：晋城市沁水县—阳城县地学研学路线。

包括 22 处地质遗迹景观研学点，分为 6 种类型，分别如下。

(1)峡谷构造地貌遗迹共 9 处，其中碳酸盐岩峡谷 6 处：壶关八泉峡—壶关红豆峡—平顺通天峡—平顺神龙湾天瀑峡—陵川红豆杉峡谷—陵川门河大峡谷；碎屑岩峡谷 1 处：壶关青龙峡；兼具碳酸盐岩峡谷和碎屑岩峡谷 1 处：锡崖沟峡谷；断层峡谷 1 处：阳城析城山杨柏大峡谷。

(2)碳酸盐岩地貌遗迹 7 处：壶关鹅屋天生桥—平顺张家凹碳酸盐岩地貌—陵川王莽岭碳酸盐岩地貌—陵川黄围灵湫洞—沁水历山白云洞—阳城析城山岩溶洼地—阳城蟒河碳酸盐岩地貌。

(3)沉积地层剖面遗迹 1 处：壶关大河组剖面。

(4)水体地貌遗迹 2 处：平顺霓虹瀑布—平顺天脊山瀑布。

(5)构造地貌遗迹 1 处：沁水舜王坪夷平面。

(6)碎屑岩地貌遗迹 2 处：陵川棋子山棋子石、阳城红砂岭碎屑岩地貌。

包括 3 处其他地学自然文化景观研学点：棋子山国家森林公园、挂壁公路、蟒河国家自然保护区。

具体研学点内容详见短期地学研学路线 15、16、19、20。

3. 研学路线主题

以"峡谷和夷平面构造地貌—碳酸盐岩岩石地貌—水体地貌"为主题，主要学习峡谷和嶂谷的特征与成因差异，碳酸盐岩与碎屑岩峡谷构造地貌的特征及成因差异；夷平面的特征及其对比。地下水地质作用与多种岩溶地貌的特征与形成、岩溶地貌组合及其发育演化，岩溶地貌的多样性，高山岩溶地貌成因；碳酸盐岩和碎屑岩地貌的地形、土壤、植被特征差异。断层的类型、识别及其成因，地质构造的野外识别及其与岩石地貌发育的关系。地质体（地层）的接触关系及其判别，沉积岩特征的环境指示意义，地层特征及其地史演化分析。河流地质作用与多种河流地貌的特征与形成、瀑布的形成与演化及其控制因素。

以"棋子山国家森林公园、挂壁公路、蟒河国家自然保护区"为思政教育载体,主要学习围棋起源的地学渊源,增强民族自豪感;感受中国乡村筑路史的人间奇观,树立奋发图强、排除万难建设祖国的精神;认识动植物水体等自然保护的重要意义。

4. 研学目标与核心研学内容

1)主要地学研学目标与核心研学内容

(1)碳酸盐岩地貌特征及其成因。

(2)碳酸盐岩和碎屑岩峡谷地貌、土壤、植被特征差异。

(3)碳酸盐岩地区岩溶地貌的多样性及其影响因素。

(4)高山岩溶地貌的成因。

(5)岩溶地貌组合与演化。

(6)碳酸盐岩地貌与碎屑岩地貌的特征及成因差异。

(7)峡谷和嶂谷的特征与成因差异。

(8)河流地质作用与峡谷、嶂谷、瀑布、深切河曲等河流地貌的特征与形成。

(9)瀑布的形成与演化及其影响因素。

(10)地下水作用及岩性的影响。

(11)地下水地质作用与石林、石柱、峰丛、岭脊等岩溶地貌的特征与形成。

(12)断层等地质构造的类型、识别及成因分析。

(13)地质构造与岩石地貌的成因关系。

(14)地质体(地层)的接触关系及其野外识别。

(15)沉积岩的鉴定、特征及其环境指示意义。

(16)沉积地层特征及其沉积环境构造演化。

(17)沉积构造的特征及其指示作用。

(18)夷平面的特征、时代及其对比。

(19)砂岩地貌的形成受气候因素的影响。

2)主要思政教育目标与核心研学内容

(1)学习围棋起源的地学渊源,增强对民族历史文化的自豪感。

(2)感受挂壁公路的人间奇观,重温红色历史,传承奋斗精神。

(3)认识动植物水体等自然保护的遗传生态环境价值,尊重自然、顺应自然、保护自然,树立和践行绿水青山就是金山银山的理念。

5. 科学或实践互动内容

1)地学研学问题思考

峡谷构造地貌遗迹

研学点 15-1　壶关八泉峡

(1)分析碳酸盐岩峡谷、壶穴、泉水、崩塌、天生桥、象形石、瀑布、溶洞等地貌的成因机制。

(2)列举并解释透水层与隔水层岩石的类型及其特性。
(3)描述叠层石的识别特征和鉴定方法。
(4)探讨叠层石在古环境重建中的指示作用。

研学点 15-2　壶关大河村青龙峡

(1)解释断层崖的形成原理。
(2)讨论确定断层形成年代的方法。
(3)阐述不整合面的判别依据及其标志性特征。
(4)分析崩塌的成因及预防措施。
(5)对比分析峰丛、峰林地貌在碳酸盐岩地区的形成机制。

研学点 15-5　壶关红豆峡

(1)对比峡谷与嶂谷的特征,并解析嶂谷的形成机制。
(2)简述碳酸盐岩地区峡谷、象形石、一线天、嶂谷、瀑布等地貌的成因。

研学点 16-1　平顺虹梯关通天峡

(1)探究深切河曲的形成过程。
(2)分析峡谷、峰丛、瀑布、岭脊、深切河曲等碳酸盐岩地貌的特征与成因。

研学点 16-4　平顺神龙湾天瀑峡

(1)揭示直角一线天的形成机理。
(2)解析峡谷内溶洞、瀑布、惊心石、陡崖、崩塌石窟等地貌的形成过程。
(3)讨论石钟乳、石笋等碳酸盐沉积物在气候变化研究中的指示作用。

研学点 19-2　陵川锡崖沟峡谷、挂壁公路

(1)分析碳酸盐岩峡谷与碎屑岩峡谷的特征差异及其形成机制。
(2)比较碳酸盐岩峡谷和碎屑岩峡谷中河流下蚀与侧蚀作用的差异。
(3)描述片麻岩、变粒岩、斜长角闪岩等变质岩的鉴定方法。
(4)列举并解释用于描述峡谷特征的参数指标。
(5)分析峡谷长度、深度、宽度、宽/深比、高/宽比等指标的地质意义。
(6)探讨鲕粒灰岩、生物灰岩、鲕粒白云岩、结晶白云岩的沉积环境条件。
(7)分析条带状石英岩状砂岩、砂质泥岩、页岩的沉积环境。
(8)列举并解释地层接触关系的判定标志。
(9)描述不对称波痕、对称波痕、干涉波痕、舌状波痕、叠加波痕、寄生波痕、涌浪波痕的识别特征。
(10)讨论泥裂、底模、雨痕等层面构造的地质指示意义。
(11)解析交错层理、透镜状层理、平行层理等层理构造反映的水动力条件。
(12)阐述鲕粒灰岩中同心鲕和放射鲕的形成机制。
(13)探讨张夏组下部灰泥丘的成因。
(14)对比分析碳酸盐岩和碎屑岩障壁崖的特征与形成机制的差异。

研学点 19-4　陵川红豆杉峡谷

(1) 分析灰岩与白云岩在沉积环境方面的对比,探讨其形成条件的差异。

(2) 阐述灰岩与白云岩的鉴别方法,包括矿物组成、结构特征及化学反应等方面的差异。

(3) 探讨碳酸盐岩地区与碎屑岩地区一线天地貌的特征差异及其形成机制。

(4) 比较碳酸盐岩地区与碎屑岩地区瀑布的特征与成因,分析岩石性质对瀑布形成的影响。

(5) 分析节理在碳酸盐岩地区与碎屑岩地区对河流蛇曲地貌控制作用的差异。

(6) 比较碳酸盐岩与碎屑岩中波痕的特征,探讨其成因机制的差异。

(7) 描述碳酸盐岩地区河流分布的规律,分析其与地质构造的关系。

(8) 解释悬泉的形成机制,探讨其与地质构造和地下水流动的关系。

(9) 分析南方红豆杉生长所需的地质条件,探讨其与土壤类型、气候和地形的关系。

研学点 19-5　陵川王莽岭门河大峡谷

(1) 描述天生桥的形成过程,分析其与河流侵蚀和岩石性质的关系。

(2) 解释钙华壁的形成机制,探讨其与地下水化学成分和温度的关系。

(3) 比较冷水沉积钙华与热水沉积钙华的特征,分析其成因机制的差异。

(4) 阐述叠层石的识别特征,包括其结构、纹理和化石记录。

研学点 20-3　阳城析城山杨柏大峡谷

(1) 列举并解释断层地质构造在野外的识别标志。

(2) 探讨峡谷侵蚀对不同基岩类型的响应,分析其选择性侵蚀的机制。

(3) 比较碳酸盐岩峡谷与碎屑岩峡谷在地貌、植被覆盖和发育阶段等方面的差异。

碳酸盐岩地貌遗迹

研学点 15-4　壶关鹅屋天生桥

(1) 分析天生桥的形成机制,探讨其与岩溶作用及其他地质过程的关系。

(2) 探讨天生桥在地质历史中的指示作用,包括环境变迁和构造运动的信息。

(3) 分析除岩溶作用外,哪些地质过程也能导致天生桥的形成。

研学点 16-5　平顺张家凹碳酸盐岩地貌

(1) 描述碳酸盐岩地区岩溶地貌发育不同阶段的地貌组合特征。

(2) 解释石芽和峰丛组合在岩溶地貌发育中的阶段指示意义。

研学点 19-1　陵川王莽岭碳酸盐岩地貌

(1) 分析王莽岭中元古界至下古生界地层岩性变化揭示的沉积环境演变历程。

(2) 探讨太行山地区地壳抬升的演化历史及其地质动力学机制。

(3) 描述中元古代与早古生代不同阶段的岩相古地理特征。

(4) 阐述岩溶地貌发育的各个阶段及其典型地貌组合。

(5) 解释地层沉积间断的成因及确定方法。

(6) 探讨鲕粒灰岩、豆状灰岩、核形灰岩的形成机制。

(7)分析叠层石生物灰岩的环境指示意义。
(8)列举水平构造滑动面的构造标志。
(9)探讨寒武系三山子组与奥陶系马家沟组间构造滑动面的地质意义。

研学点 19-3　陵川黄围灵湫洞
(1)分析碳酸盐岩在南北方发育的岩溶地貌特征差异及其成因。
(2)描述溶洞在碳酸盐岩中的延伸扩展位置及机制。
(3)分析溶洞内岩溶沉积物钟乳石、石笋、石柱、石幔、鹅管等的构造特征及其气候环境指示意义。

研学点 20-2　沁水历山白云洞
(1)阐述各类钟乳石的形成机制。
(2)探讨是否存在不受重力影响形成的钟乳石类型。

研学点 20-4　阳城析城山岩溶洼地
(1)解释高山岩溶洼地的形成机制。
(2)分析圣王坪内外土壤和植被类型差异显著的原因。

研学点 20-6　阳城蟒河碳酸盐岩地貌
(1)探究蟒河碳酸盐岩地貌不发育溶洞的原因。
(2)讨论岩溶地貌类型多样性的控制因素。

沉积地层剖面遗迹

研学点 15-3　壶关大河组剖面
(1)分析底砾岩的形成机制及其在地质学中的指示意义。
(2)描述不整合接触的判别方法及其地质学意义。
(3)探讨条带状石英岩状砂岩中红白相间条带的形成机制。

水体地貌遗迹

研学点 16-2　平顺霓虹瀑布
(1)阐述瀑布发育的地质条件及其对地貌演化的影响。
(2)解释石林和石柱的形成机制及其地质学意义。
(3)列举并解释断层识别的主要标志。

研学点 16-3　平顺天脊山天泉瀑布
(1)分析瀑布的形成机制及其与地质环境的关系。
(2)探讨岩性对瀑布发育的影响及其地质学意义。

构造地貌遗迹

研学点 20-1　沁水舜王坪夷平面
(1)描述夷平面的特征及其在地貌学中的地位。
(2)解释夷平面时代的确定方法及其对比原则。

(3)分析舜王坪夷平面被确定为五台期的依据。

(4)讨论冰缘地貌的类型及其发育程度的控制因素。

(5)确定亚高山草甸分布的海拔下限及其环境条件。

碎屑岩地貌遗迹

研学点 19-6 陵川棋子山棋子石

(1)阐述平行不整合接触关系的判定依据。

(2)列举并解释砾岩的成因类型。

(3)描述底砾岩的形成机制及其地质学意义。

(4)分析奥陶系马家沟组灰岩顶部侵蚀面上发育石炭系太原组角砾岩、砾岩所反映的古生代地质演化历史。

研学点 20-5 阳城红砂岭碎屑岩地貌

(1)比较红砂岭碎屑岩地貌与丹霞地貌的异同点。

(2)探讨不同颜色岩层与沉积环境之间的关系。

2)思政育人问题思考

研学点 19-7 棋子山国家森林公园

探索围棋起源与地质学之间的潜在联系。

研学点 19-8 挂壁公路

(1)解释挂壁公路被称为中国乡村筑路史的人间奇观的原因。

(2)讨论挂壁公路建设体现了劳动人民在建设祖国过程中的何种精神。

研学点 20-7 阳城莽河国家自然保护区

论述动植物水体等自然资源保护的意义及其对生态系统的重要性。

路线五：山西沿黄地学研学路线

1. 行政区划范围

深度地学研学路线五分布于忻州市偏关县，吕梁市石楼县，吕梁市临县—方山县，临汾市永和县、隰县、吉县，运城市盐湖区、永济市境内。

2. 研学路线组成

深度地学研学路线五为短期地学研学路线 9、17、18、21 由北向南的有机串联。路线 9：吕梁市临县—方山县地学研学路线；路线 17：临汾市永和—隰县地学研学路线；路线 18：临汾市吉县—乡宁地学研学路线；路线 21：运城市地学研学路线；增加偏关老牛湾蛇曲地貌、石楼马家畔蛇曲地貌 2 处地质遗迹研学点；偏关老牛湾蛇曲地貌、保德动物群化石产地 2 处备选研学点。

包括17处地质遗迹景观研学点,分为5种类型,分别如下。

(1)水体地貌遗迹5处:乾坤湾黄河蛇曲地貌、偏关老牛湾蛇曲地貌、石楼马家畔蛇曲地貌、黄河壶口瀑布、运城盐湖。

(2)岩石地貌遗迹共6处,其中碎屑岩地貌3处:临县碛口黄河画廊、十里龙槽、人祖山碎屑岩地貌;花岗岩地貌1处:方山北武当山花岗岩地貌;碳酸盐岩地貌2处:云丘山碳酸盐岩地貌、永济五老峰碳酸盐岩地貌。

(3)黄土地貌遗迹3处:临县冯家会黄土林—临县霍家堨黄土地貌、隰县黄土地貌。

(4)地层剖面遗迹2处:午城组剖面、永济水幽汝阳群剖面。

(5)构造地貌遗迹1处:永济水峪口神潭大峡谷。

包括9处其他地学自然文化景观研学点:碛口古镇,北武当山;红军东征纪念馆,隰县小西天,晋西革命纪念馆;云丘山农耕文化,克难坡遗址,人祖山森林、人文景观及道教文化,塔尔坡古村落。

具体研学点内容详见短期地学研学路线9、17、18、21。

3. 研学路线主题

以"水体地貌—岩石地貌—黄土地貌"为主题,主要学习河流(侵蚀)地质作用与河流地貌,瀑布的特征、控制因素及形成过程,盐湖的特征、类型、形成及其物质来源;砂岩风化地貌特征与多种侵蚀作用,风的地质作用与风蚀地貌;花岗岩类鉴定与花岗岩地貌的形成机制;冰洞的特征及形成机制,不同基岩岩溶地貌特征差异,地壳垂向运动及其产物;黄土特征、黄土地层、黄土地貌及其形成过程;沉积地层变化与沉积环境演化,地层的接触关系及其识别;断层构造的识别与断层峡谷。

以"碛口古镇,北武当山;红军东征纪念馆,隰县小西天,晋西革命纪念馆;云丘山农耕文化,克难坡遗址,人祖山森林、人文景观及道教文化,塔尔坡古村落"为思政教育载体,主要了解道教文化;学习红军东征抗日历史,晋西革命斗争历史,了解佛教文化,了解明清悬塑彩绘和建筑文化;了解黄河农耕文化,二战区抗战历史,古代建筑景观文化。

4. 研学目标与核心研学内容

1)主要地学研学目标与核心研学内容

(1)砂岩风化地貌特征。

(2)砂岩风化作用及其研究。

(3)风砂作用与砂岩风化风蚀地貌。

(4)黄土地层特征。

(5)黄土地貌的形成过程。

(6)黄土的形成、分布、成分及其气候环境指示意义。

(7)午城组、离石组、马兰组等黄土地层。

(8)黄土地貌特征与演化。

(9)沉积地层岩性变化与沉积环境演化。

(10)地层接触关系及其识别。
(11)花岗岩亚类鉴定。
(12)花岗岩地貌的形成机制。
(13)河流(侵蚀)地质作用与蛇曲、阶地、河漫滩、边滩、心滩、河心岛等河流地貌。
(14)瀑布的形成原因及过程。
(15)岩性和地质构造对河流(瀑布)形成的控制作用。
(16)冰洞特征及其形成机制。
(17)白云岩岩溶地貌特征及其与灰岩岩溶地貌的差异。
(18)地壳的垂向升降运动与产物。
(19)断层的野外识别。
(20)断层峡谷与岩溶峡谷的特征差异。
(21)盐湖的特征、类型及形成。
(22)盐湖的盐类物质来源。

2)主要思政教育目标与核心研学内容

(1)了解道教文化。
(2)学习红军东征抗日历史。
(3)学习晋西革命斗争历史。
(4)了解佛教文化。
(5)了解明清悬塑彩绘和建筑文化。
(6)了解黄河农耕文化。
(7)了解二战区抗战历史。
(8)了解古代建筑景观文化。

5. 科学或实践互动内容

1)地学研学问题思考

水体地貌遗迹

研学点 17-1　乾坤湾黄河蛇曲地貌

扩增研学点 1　偏关老牛湾蛇曲地貌

扩增研学点 2　石楼马家畔蛇曲地貌

(1)分析河流曲率受哪些地质和水文因素控制,以及这些因素如何影响河流形态。
(2)描述河流阶地的判别方法,包括地形特征、地层序列和沉积物类型的分析。
(3)探讨厚层砂岩上洞穴的形成机制,包括风化、侵蚀和地下水流动的作用。
(4)解释河漫滩、边滩、心滩、河心岛的形成过程,以及它们与河流动力学的关系。
(5)阐述砂岩风蚀壁龛、风蚀洞穴、风蚀蘑菇的识别标志,以及风蚀作用的证据。

研学点 18-1　吉县黄河壶口瀑布

(1)分析除岩性软硬相间外,哪些地质和水文条件促进瀑布的形成。
(2)讨论瀑布形成的主要岩性和构造地质条件,包括岩石类型、断层和节理的作用。
(3)解释如何通过地质年代学方法确定瀑布的形成时间。
(4)描述瀑布形成的地质过程,包括侵蚀、构造运动和河流下切的作用。
(5)列举瀑布形成过程中的主要地质营力,如河流侵蚀、构造抬升和岩石风化。
(6)分析瀑布形成过程中的具体侵蚀作用类型,如下切侵蚀和侧向侵蚀。

研学点 21-4　运城盐湖

(1)说明如何通过地质年代学和沉积学方法确定盐湖的形成时代。
(2)解释盐湖中盐类矿物以芒硝为主的成因,包括盐湖的水化学环境。
(3)探讨盐湖中盐类物质和重金属的来源,包括大气沉降、地表径流和地下水的影响。
(4)分析运城盐湖的成因类型,是内陆盐湖还是沿海盐湖,以及其形成机制。
(5)描述盐湖的形成机制,包括蒸发浓缩、盐分积累和封闭盆地的条件。

2)岩石地貌遗迹

研学点 9-1　临县碛口黄河画廊、碛口古镇

(1)解释如何区分砂岩风蚀、水蚀和岩风化作用的成因,包括地貌特征和地质证据。
(2)分析砂岩中结核的形成机制,包括矿物沉淀和胶结作用的过程。
(3)讨论砂岩结核对砂岩风化过程的影响,包括对岩石稳定性的作用。

研学点 18-2　十里龙槽

(1)解释十里龙槽"谷中谷地貌"的形成机制,包括河流侵蚀和地壳抬升的作用。
(2)探讨河流下切的其他原因,如气候变化、构造运动和岩石性质的变化。

研学点 9-4　方山北武当山花岗岩地貌

(1)描述根据成分和结构对花岗岩亚类进行分类和命名的方法。
(2)解释花岗岩球状风化、象形石和风动石的形成过程,包括岩石的物理风化和化学风化。

研学点 18-3　人祖山碎屑岩地貌

研学点 18-4　云丘山碳酸盐岩地貌

(1)阐述溶洞的形成机制,包括地下水的溶解作用和岩石的可溶性。
(2)讨论洞穴形成冰洞的条件,包括气候、洞穴结构和地下水温度。
(3)解释反季节冰洞群和风洞群的形成机制,以及它们与洞穴微气候的关系。
(4)说明如何通过地质年代学方法确定冰洞的形成时间。
(5)探讨冰洞群内冰柱、冰笋、冰钟乳、冰石花在古气候和古环境研究中的应用,包括它们如何反映过去的气候条件和环境变迁。

研学点 21-1　永济五老峰碳酸盐岩地貌

（1）比较白云岩岩溶地貌与灰岩岩溶地貌的差异，探讨它们在地貌形态、发育机制和环境条件上的不同。

（2）探讨白云岩地区岩溶地貌的多样性，包括不同类型地貌的形成机制和特征。

（3）分析地壳上升的多种证据，包括地貌、地质构造和地球物理观测数据。

（4）阐述多次地壳抬升、剥蚀、夷平和堆积的证据，探讨其对地貌演化的影响。

黄土地貌遗迹

研学点 9-2　临县冯家会盖帽黄土林

研学点 9-3　临县霍家塌黄土地貌

（1）探讨盖帽黄土林黄土地貌的形成机制，包括黄土沉积、地形演化和水文条件的影响。

（2）分析离石黄土和马兰黄土的特征差异，包括颜色、结构、成分和古土壤层的存在与否。

（3）描述彩色黄土柱的形成过程，解释不同色彩带的成因及其对古气候的指示意义。

（4）探讨不同颜色黄土反映的古气候条件，包括温度、降水和风化作用。

研学点 17-2　隰县黄土地貌

（1）对比新近系（保德组和静乐组）和第四系彩色黄土（午城组、离石组、马兰组）的特征，包括岩性、结构和沉积环境，以及它们的区别。

（2）分析不同地层黄土和古土壤记录的构造运动和古气候环境变化。

（3）解释黄土的成因，包括风成沉积和地形、气候条件的作用。

（4）列举黄土的主要成分，包括矿物颗粒和有机质的含量。

（5）探讨地质历史早期黄土的存在和保存情况，以及影响其保存的因素。

（6）分析黄土空间分布的控制因素，包括风向、地形和气候条件。

（7）列举黄土地貌的主要类型，包括黄土梁、黄土峁和黄土塬等。

（8）描述黄土地貌的演化过程，包括侵蚀、沉积和地形变迁的作用。

（9）提出黄土高原地区治理水土流失的有效策略，包括植被恢复和水土保持工程。

地层剖面遗迹

研学点 17-3　隰县柳树沟午城组剖面

（1）描述午城组黄土的岩性分层特征，包括颜色、结构和钙质结核的分布。

（2）分析午城黄土记录的第四纪气候环境变化，包括温度和降水模式。

（3）解释黄土中钙质结核的形成机制，包括地下水化学和沉积环境的作用。

（4）列举不整合接触的判别标志，包括地层顺序、沉积间断和岩性变化。

研学点 21-3　永济水幽汝阳群剖面

（1）描述剖面岩性变化反映的沉积环境转变，包括水文条件和生物活动的变迁。

（2）阐述地层接触关系的判别方法，包括地层顺序、岩性对比和化石记录。

（3）解释叠层石的识别特征，包括层理构造和生物痕迹。

（4）探讨叠层石对古环境的指示意义，包括水体条件和生物活动。

构造地貌遗迹

研学点 21-2　永济水峪口神潭大峡谷

(1) 描述断层在野外的识别方法,包括地形特征、地层错动和构造标志。
(2) 列举峡谷的主要成因,包括河流侵蚀、构造运动和岩性差异。
(3) 对比断层峡谷和岩溶峡谷的特征差异,包括地貌形态和发育机制。

2) 思政育人问题思考

研学点 18-5　云丘山农耕文化

分析二十四节气成为黄河文化重要组成部分的历史必然性,包括农业社会的需求和自然环境的影响。

3) 扩增研学点介绍

扩增研学点 1　偏关老牛湾蛇曲地貌

偏关黄河老牛湾蛇曲谷(图 5-4)位于偏关县西部万家寨镇境内,面积约 48km²,属于国家级地质遗迹。区内地层简单,主要为下古生界寒武系—奥陶系亮甲山组中厚—薄层灰岩,冶里组薄层灰岩、竹叶状灰岩夹灰绿色页岩。老牛湾蛇曲谷呈南北向展布,河床形态整体呈"S"形,河流长 11.5km,直线距离 5.5km,平均曲率 2.09,河床落差 7m,河床纵比降 0.6‰,河床宽 350~600m,部分谷坡发育侵蚀崖和河流阶地(图 5-5),河流三级阶地距河床高差为 250~350m,一般约 300m。此外还有杨家川小峡谷,全长 5.5km,宽 10~160m,谷坡高 180~210m,沿线人文景观众多,包括长城、古堡、古村、古庙、栈道、码头等,构成一道地质遗迹与人文景观相互交融的风景线。

黄河从这里入山西,内外长城从这里交汇,长城文化与黄河文化、北方少数民族文化与汉文化、塞外游牧文化与中原农耕文化不断交流、碰撞与融合,形成了老牛湾独特的民族风情与历史人文景观。晋陕蒙大峡谷以这里为开端,我国黄土高原的地貌特征在这里彰显,这里是长城与黄河"握手"的地方。

图 5-4　偏关老牛湾黄河蛇曲地貌

图 5-5 偏关老牛湾侵蚀崖

扩增研学点 2　石楼马家畔蛇曲地貌

"天下黄河第一湾"(图 5-6)位于山西省石楼县辛关镇马家畔和陕西清涧县玉家河镇舍峪里村之间的黄河段,最佳观景点为山西省石楼县辛关镇马家畔。

距石楼、清涧县城约 40km,距正在建设中的石清二级公路山西段连接陕西的黄河大桥 6km,黄河在晋陕谷段,总体流向为由北向南,自辛关黄河大桥以南 6km 处,徒然向东,转了一道极为奇特的大圆湾。若从高处俯视,该湾西窄东宽、尾部圆满,宛如葫芦状,两面基本对称。入湾处至出湾处水流总距离为 8000m。湾内陆地以入湾与出湾处最窄,仅为 700m,最宽处为 1700m,最高处与水面垂直距离为 196m。站在马家畔观看,远窄近宽、远低近高,水流酷似 360°的圆圈。山体极像一只悠然自得的神龟,山上枣林密布,黄绿相间,清秀婉约。

第一湾雄伟壮观而又清秀婉约,在万里黄河上独一无二,确实是一处极致美景。第一湾养在深闺人未识,一朝成名天下闻。山西电视台报道时称为"万里黄河上最美丽的湾"。凡看到过第一湾图片或实景的人,无不称奇。前中共中央主席、中央军委主席、国务院总理华国锋于 2007 年 6 月欣然题词:黄河奇湾。被中央四台采用作为长期固定画面。

这一景观蕴含了太多的美学元素:曲与直、高与低、陡与缓、满与缺、宽与窄、天与地、山与水、土与石、黄与绿、雄与秀、朴与奇、历史与现实、人文与自然达到了高度和谐。在九百九十九道湾的万里黄河上独一无二,与雄浑豪迈、磅礴大气的吉县壶口瀑布,与古建独具特色、文

图 5-6　石楼马家畔黄河蛇曲地貌

化底蕴深厚的临县碛口镇,与黄河无定河交会飞两河口,与文化底蕴同样深厚的清涧王宿里民俗文化村、独具特色的千年古枣园、传说中黄河鲤鱼和黄河神龟幻化的鱼儿峁相映生辉,两省四县交会处的黄河母亲峰构成气势恢宏、妙趣横生的黄河峡谷旅游资源。自柳林县三交镇出发,瞻仰两省四县交会处的黄河母亲峰,漂土金碛,览峡谷奇观,仰黄河大桥漂黄河第一湾,极具情趣。

4) 备选研学点介绍

备选研学点 1　忻州偏关万家寨引黄入晋工程

万家寨水利枢纽(图 5-7)为引黄入晋工程的起点,位于黄河北干流上段,主要任务是供水、发电、防洪、防凌。万家寨水库总库容为 8.96 亿 m^3,每年向内蒙古供水 2 亿 m^3,向山西供水 12 亿 m^3,水电站装机容量为 108 万 kW。

万家寨水利枢纽位于山西省忻州市偏关县的黄河干流上,坝高 90m,坝长 438m,为混凝土重力坝;电站装机 108 万 kW,年发电 27.5 亿 kW·h;库容 8.96 亿 m^3。

工程处于黄河北干流托克托至龙口河段峡谷内,是黄河中游规划开发的 8 个梯级中的第一个工程,也是山西省引黄入晋工程的起点,左岸隶属山西省偏关县,右岸隶属内蒙古自治区准格尔旗。坝址控制流域面积 39.5 万 km^2,水库总库容 8.96 亿 m^3,调节库容 4.45 亿 m^3。工程由拦河坝、泄水建筑物、电站厂房、开关站、引黄取水口等组成,具有供水、发电、防洪、防凌等综合效益。

万家寨水利枢纽工程由中华人民共和国水利部(简称水利部)、山西省和内蒙古自治区共同投资兴建,是中国第一个由中央和地方合作建设的大型水电工程。万家寨水利枢纽是国家"九五"重点工程,是山西省"引黄入晋"水源龙头工程,是黄河中游梯级开发规划的第一级。

图 5-7　万家寨水力枢纽

工程主要任务是供水结合发电调峰,同时兼有防洪、防凌等作用。工程位于山西省和内蒙古自治区接壤地区,周边地区是国家重点能源、化工基地。该地区因水土流失严重,水资源严重匮乏问题已成为工农业生产、经济发展和生态环境改善的制约因素。同时,由于枢纽所处华北电网以火电为主,缺少水电调峰。因此,万家寨水利枢纽工程的建设将缓解山西省和周边地区 21 世纪的水资源短缺、优化华北电网能源结构,对促进西北地区乃至北方地区经济社会的发展都具有十分重要的意义。

万家寨水利枢纽水土保持工程的实施,极大地改善了枢纽施工区的生态环境。万家寨已不再是"天高愁涧壑,荒边无树无鸟窝"的景象。8 万多平方米的绿地和 10 多万株油松、垂柳,点缀着大坝厂房和生活区,点缀着黄河两岸的山坡;过去的荒山秃岭长满了绿树,过去的乱石滩变成了美丽的绿草坪。

万家寨工程建成后,水库运行采用"蓄清排浑"的运行方式,每年向内蒙古自治区和山西省供水可达 14 亿 m^3,引黄入晋工程从万家寨枢纽取水,年引水总量 12 亿 m^3,其中向山西平朔、大同供水 5.6 亿 m^3,向太原供水 6.4 亿 m^3。建成后可为以火电为主的华北电力系统提供调峰容量,对改善华北地区电网运行条件起到了重要的作用。截至 2024 年 1 月,万家寨引黄入晋工程 2023 年累计向永定河调引黄河水约 2.17 亿 m^3,生态补水大大缓解了晋、冀、京、津四省市的生态环境压力。

整体的万家寨引黄入晋工程途经偏关、平鲁、朔州、神池、宁武、静乐、娄烦、古交 8 个县(市、区),穿过吕梁山区,万家寨引黄入晋工程经过地区的主要河流有黄河水系的偏关河、县川河、朱家川河、汾河和海河水系的恢河。万家寨引黄入晋工程是山西省2002年建成的大型调水工程,工程艰巨,技术难度高,被誉为"具有挑战性的世界级工程"。

引黄入晋工程由总干线(万家寨大坝向东至偏关县下土寨分水闸)、北干线(下土寨分水闸向东和向东北至大同市赵家小水库)、南干线(下土寨分水闸向南至宁武县头马营)和连接段(头马营向南至太原呼延净水厂)组成。总干线引水总量12亿m^3,其中由南干线向太原市供水6.4亿m^3,由北干线向大同市、朔州市供水5.6亿m^3。山西省万家寨引黄入晋工程是解决山西省太原市、大同市、朔州市工业及生活用水的一项大型引水工程。

备选研学点 2　忻州保德动物群化石产地

保德三趾马动物化石群是在忻州市保德县晚中新世保德组红土[即三趾马红土(图5-8)]中发现的哺乳动物化石群,以三趾马和大唇犀化石为典型代表。这一地区的化石非常丰富,近年来发现的三趾马动物群头骨标本不下6000件。保德阶为中国中新统的最后阶段,岩性为棕红色黏土、亚黏土,富含哺乳类、鱼类、介形类、软体,以及孢粉等化石。

图5-8　保德组红土(三趾马红土)地层

保德阶为中国中新统的最后一个阶,其层型剖面位于保德县腰庄乡冀家村南主沟南侧支沟中,三趾马红土共分13层,总厚约60m。保德阶底界被确定为与海相墨西拿阶底界一致,年龄为725万年。这条界线位于冀家沟剖面第九层之内,恰好在化石层之下,首次出现的福氏三趾马可以作为保德阶底界的生物标志。

三趾马起源于北美,大约距今11.1百万年时通过白令海峡进入欧亚大陆,并迅速扩展至非洲,成为旧大陆最具代表性的马类动物。在青藏高原发现的三趾马化石曾经为研究高原的隆升历史提供了坚实的证据。

保德期盛产三趾马动物群化石,主要为大、中型哺乳动物,以鼬鬣狗类、大唇犀类和中等体型三趾马为典型代表。根据已记述的哺乳类化石,保德地区的典型代表有 *Hipparion dermatorhinum*、*Chilotherium wisconsinense* 等(图5-9)。此外,小哺乳动物的始鼠科、山河狸科和林跳鼠科继续衰退或绝灭,跳鼠科有所发展,仓鼠科和鼠科出现了高度分化,种类和数量达到空前的繁荣。

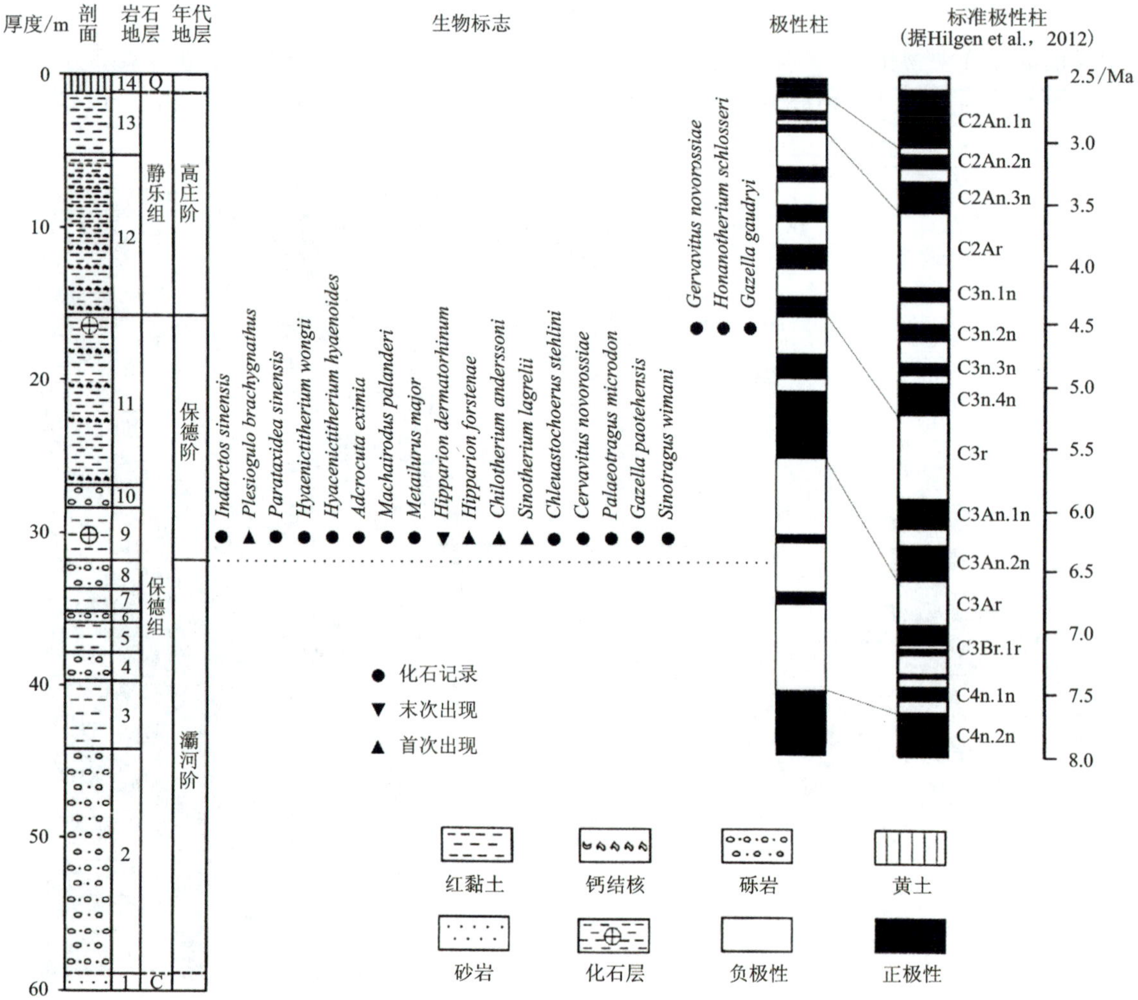

图 5-9　保德动物群化石产出剖面及其时代

第6章

山西省地学研学可持续发展建议

6.1 山西省地学研学重点工作建议

6.1.1 配套研学设施，完善地学研学手册

完善的配套设施是开展地学研学的基础保障(李俊磊等，2023)。经过思想理论的指导，设计出具有明确主题和科学问题的地学研学路线后，最后的落地实施需要完善的配套设施和研学教材提供基础保障。具体而言，至少包括研学旅行营地(基地)、研学手册(指南)及相关基础设施。

研学旅行营地，应能够接待一定规模的研学团体集中食宿的服务场所。研学团体一般会超过20人，酒店或宾馆往往只提供住宿，无法满足研学团体开展实验、交流活动的功能。旅行营地的位置应交通便利，周围的城镇基础设施完善，靠近研学路线集中区域。此外，为了研学活动的顺利开展，研学路线应满足大场地的要求，沿线应有指示牌、解说牌等科普解说设施，公共厕所、休憩场所等服务设施。

目前，研学手册作为研学活动的标准配置，已成为研学行业中的普遍共识。但目前很多研学公司编制的研学手册质量良莠不齐，其中出现基础概念错误、没有科学研究内容、如同科普读物等问题，需要旅游地学、地学专业人士指导，纠正研学教材中出现的一些低级错误、完善和丰富地学研学手册的内容。

6.1.2 依托地学资源，打造特色地学产品

近年来，各类研学旅行发展较快，但在科普教育方面的工作还不够深入(张炜强等，2020)。特别是美学观赏价值大的地质地貌景观资源，可以通过设计科普宣传片、科普解说牌、科普长廊、游步道等有地学特色的研学旅行产品，充分融入科学、文化，以及知识普及的理念，使研学路线处处体现出科普的特色，并运用先进的科学技术增强地学研学旅行的体验度与参与度。

建议着手培育打造一批"地学文化创意产业园"，以"商养闲情学奇"为主题，创意产业园内容包含：①地学知识普及园。②地学旅游娱乐、表演园。③地学旅游休憩园。④地学文化主题酒庖。⑤地学文化主题美食园。⑥地学文化养生园。⑦地学旅游纪念品制作与销售点等。

采用"产学研"相结合的方式，提高地学旅游纪念品在旅游商品中的特色，培育打造一批"地学旅游商品研发生产基地"；从精准扶贫和普及地学知识出发，培育打造一批"地学文化特色小镇""地学文化村"。

6.1.3 注重地学研学旅行专业人才培养

目前我国从事研学旅行的经营主体主要包括旅行社、旅游网站、教育培训企业、研学基地

和营地、学校等机构,许多经营主体专业性人才不足,缺少专业技术支撑,导致研学旅行品质出现良莠不齐的现象,特别是地学研学旅行过程中对地质地貌等自然遗迹景观的科普讲解宣传对地学专业知识水平要求更高,应加强培养旅游和地学专业等综合性人才,才能更好地服务于地学研学旅行。建议以省旅游地学研究会和各研究中心为平台,建立地学文化旅游导游培训体系。

启动地学旅游人才培训工程:①地学旅游高级管理人才培养与队伍建设方面:要统筹建设旅游业人才队伍建设,全面提升旅游教育质量,健全旅游继续教育激励机制,构建网络化、开放式、自主性继续教育体系。②有序开展地学景区导游从业人员的培训,要大力发展旅游职业教育,分类制定在职人员定期培训办法。

6.1.4 加强本土地学研学旅游宣传推广

(1)组织编写一批地学旅游的专业书籍和科普读物:如《山西地质旅游精品胜景》、《山西地学旅游研学基地科学导游指南》系列丛书、《山西省国家地质公园经典导游词》、《山西省100条地学旅游线路科学导游词》。

(2)建设地学旅游的导游解说系统:选择地学研究意义大、科普教育作用大,观赏性强、与公园文化密切、游客关注度高的地质遗迹/景观进行解说。

(3)积极组织旅游交易会和地学旅游国际大会:如旅游推介会、旅游友好年、重大节庆赛事的旅游营销和宣传、中国地质旅游科普大会。

(4)建设申报"中国地质旅游精品线路、精品景区和研学基地":科普线路和教学实习线路选取以吸引广大游客为目的,线路的景点设置要综合考虑地质遗迹、生态资源和历史文化、特色民俗、古老村落等。科研科考线路针对的主要目标对象是广大科研院校和地勘单位,以及专题会议考察人员。

(5)与多方媒体合作拍摄旅游地学科普宣传片:如国内旅游交易会、地学旅游资源十大美景发现活动、与媒体合作拍摄地学知识电视科普片等。

6.1.5 创设互联网地学研学旅游网络平台

发展"互联网+地学研学旅游",创新与新一代互联网特征相适应的多元化地学旅游营销模式;加强新技术与地学旅游文化的对接融合,推进信息技术在节能环保和地学旅游资源开发中的应用;建立地学旅游信息化应用示范体系构建目的地旅游信息服务模式;提升地学旅游行业管理信息化水平;建设旅游目的地信息评价机制等将成为未来建立互联网地学旅游平台的发展方向。构建优化互联网地学旅游平台管理体制机制,全力打造地学旅游 2.0 新模式,迈向"智慧地学旅游"新境界。

6.1.6 建立地学研学旅游实践教育基地

地学研学旅游实践教育基地的建立,可以吸引更多高校和地学单位等相关机构加入地学研学旅行的研究,提供研究开发平台,为地学研学课程开发、地学研学产品设计等加强科学技术力量的支持。

建议未来整合地学旅游资源,培养地学科普专业队伍,增加科研投入,通过论著出版、媒体宣传等途径提高知名度;同时需要注意培训社区科普队伍,与高校共建实习基地协议,可为后期地学研学旅行课程开发与实现提供技术支持。

6.1.7 申报精品地学研学路线、课程和基地

中国地质学会于2022年起开展精品地学研学路线、精品地学研学课程,以及地学科普研学基地(营地)的评选工作,中国地质学会已于2022年公布了一批精品地学研学课程、两批精品地学研学路线、三批地学科普研学基地(营地)的评选结果(孙莉莉和高梦瑶,2022),目前山西省该项工作尚处于起步阶段。

建议省内相关机构地学(教育)工作者认真研读中国地质学会第40届理事会第三十七次常务理事会议(通讯)审批通过的《中国地质学会精品地学研学路线、课程评选办法(试行)》和《中国地质学会地学科普研学基地(营地)评选授牌和监督管理办法(试行)》,依托地质公园、矿山公园、旅游景区创建一批地学内涵丰富、功能多样、有一定规模和较高管理服务水准的"地学研学旅游基地",积极推进国民旅游休闲基础设施建设。此外,规划推动一批"地学旅游精品路线"和"地学研学精品课程",并划分地学旅游区,建立深受广大旅游者欢迎的地学旅游路线,重点打造无障碍区域合作示范区。

满足相关评选要求和申报条件的路线、课程或科普基地(营地)要创新工作形式,完善工作机制,增强科普研学功能,积极准备申报、推荐和评审等相关工作,在被评为精品地学研学路线和课程及地学科普研学基地(营地)后,充分发挥其示范作用,为推动山西省地学科普研学工作的开展和增加山西省地学研学资源的影响力和吸引力做出新贡献!

6.1.8 积极推动全省自然教育高质量发展

中国林学会牵头组织十余家高校、科研院所、社会组织30多位专家历经1年多时间编制完成的《全国自然教育中长期发展规划(2023—2035年)》(简称《规划》)在2023年11月22日通过专家评审。《规划》提出,到2035年,全社会参与自然教育人数大幅增长,自然教育高质量发展格局基本建成,参与主体更加多元、场域建设更加规范、人才队伍更加壮大、课程资源更加丰富、标准体系更加健全、交流合作更加繁荣,自然教育社会普及度和影响力持续提升,成为全面增强人民获得感和幸福感、实现美丽中国目标、推动人与自然和谐共生的重要力量。

根据山西省各地自然教育发展状况和水平,发挥以国家公园为主体的各类自然保护地的社会功能,利用城市公园、郊野公园、动植物园、自然博物馆、乡村田园等自然教育场域,大力开展自然教育,具体建议:积极开展各级各类自然教育活动;打造自然教育示范基地、示范点、示范径;建设自然书屋;申报自然教育机构和自然教育专家;培训自然教育师;招募自然教育志愿者;撰写申报各类自然教育标准规范。

与该《规划》相匹配,对应具体化山西省促进自然教育高质量发展的六大重点任务。

(1)多元主体培育:坚持政府主导、推动学校参与、促进融合发展,强调将自然教育纳入课堂教学、课外活动和研学实践相关环节,促进自然教育和学校课程有机融合;引导学生走出课堂就近就便开展自然教育,在与校园生活不同的环境中拓宽视野、丰富知识、了解自然;推动

大中小学生走进国家公园、自然保护区、自然公园等各类自然保护地,在自然大课堂中参与体验,深化认识,提升素质。

(2)规范场域发展:增加场域供给、提升服务能力、加强场域评估,鼓励国家公园、自然保护区、自然公园等各类自然保护地严格遵守有关规定,在不影响自身资源保护、科研任务的前提下,按照功能划分,建立面向青少年、教育工作者、特需群体和社会团体工作者开放的自然教育区域;推动将自然教育场所纳入各类自然保护地重要基础服务设施进行设计建设。不断扩大城市自然教育覆盖面,推动自然教育进乡村。

(3)强化人员队伍:统筹队伍建设、加强队伍培训、推进队伍自律,强调引导大中小学各类优秀教师投身自然教育教学实践,鼓励高等院校和相关职业院校设置自然教育专业,培养自然教育专业人才;着力提升自然教育师资队伍的专业水平和创新能力,打造结构合理、素质优良、水平领先的自然教育师资队伍。

(4)加快课程研发:夯实研发基础、完善课程体系、加强质量保障,强调汇聚行业内外信息,积极推动课程资源建设及相关研究成果的交流共享,逐步形成有影响力的课程资源建设论坛、会议、期刊。以国家公园为主体,形成层次丰富的自然保护地课程资源系列;以国家课程标准为依据,研发类型多样的学校自然教育课程资源系列;基于公众对自然教育的需求,丰富资源所在地指向的社区自然教育课程资源系列。

(5)健全标准体系:构建标准体系、推动标准实施、加强标准管理,强调按照结构合理、系统协调、衔接配套、覆盖全面的要求,构建自然教育强制性标准守安全、推荐性标准保基本、地方性标准显特色、团体标准强引领协同发展的标准体系;通过媒体加强标准宣传推广,鼓励自然教育各类主体以标准为依据开展自然教育活动,提升自然教育参与主体执行标准能力。

(6)深化交流合作:促进对外开放、加强国内交流、构建合作平台。依托"一带一路"倡议,重点推进与共建国家的多层次交流。围绕国家区域协调发展战略、区域重大战略,聚焦重点地区,搭建多形式多渠道的交流合作平台,促进区域自然教育协同创新和融合发展。

 6.2 山西省地学研学管理系统支撑建议

6.2.1 省教育主管部门

要积极响应国家有关政策,尽快启动分别面向小学生、初中生和高中生的研学旅行可行性调研,并进一步开放试点工作。争取早日落实开展全省面向中小学生的研学旅行活动。

6.2.2 地学研学科普相关部门

要在省政府领导下,共同探究全省中小学生研学旅行活动的管理制度,尽快出台并不断修订、完善有关管理办法和规章制度,形成强力有效的山西省中小学生研学旅行管理体制。

6.2.3 省旅游主管部门

要积极督促引导旅游地学资源丰富的自然景区打造、完善地学科普解说设施,有条件的景区要面向不同教育阶层的参观者分别编制地学科普导游词,各景区应逐步开辟专门的研学旅行接待、地学类科普科考旅游功能区,区内要逐步完善接待、安全防护等基础设施。要利用打造较大范围的地学类研学旅行路线机会积极整合区域性旅游地学资源,促进区域联动旅游开发,加快大旅游品牌的创建。

6.2.4 各级地方政府及旅游管理部门

要积极谋划当地面向不同对象的地学类研学旅行产业布局,要根据当地的旅游地学资源特色合理选择、开发研学路线,确定研学内容,在开发过程中要注重对旅游地学资源的保护,要建立"保护先于开发、保护大于开发"的忧患意识,并在研学旅行过程中普及资源保护的相关知识。

6.2.5 各地各级学校

要大力支持开展面向中小学生的地学类研学旅行活动,要制订详细的工作计划和应急预案,在组织实施前要公布活动详细计划和收费标准,操作过程中应遵循自愿性原则、安全性原则、普及性原则、教育性原则和实践性原则。要细致准备、认真对待每一次研学旅行活动,要确保在活动过程中"学"大于"玩",避免活动流于形式。

6.2.6 相关地学科研机构、技术服务单位

要积极为山西研学旅行事业提供技术服务,精心谋划并升级打造已开发的旅游地学资源,深入挖掘资源的科技内涵,创新产品开发方式,创建具有山西特色的精品地学类研学旅行产品和路线。

6.2.7 全省教育系统

要注重对研学旅行专门人才的培养,各大中专院校应鼓励支持发展相关学科,相关从业人员应积极参加国土资源等机构举办的地学类科普导游培训。

6.3 山西省地学研学旅游发展制度保障

6.3.1 制定地学研学旅游标准

(1)加强旅游规划编制工作。集中专业力量,促进社会参与,做好各级各类旅游规划的编制工作。

（2）编制地学旅游系列标准。制定旅游市场监管、资源保护、从业规范等专项法律法规，形成较为完备的旅游法律法规体系，制定与地学旅游紧密相关的系列具体标准。

（3）完善标准体系、强化标准执行。建立和完善旅游标准相互衔接的旅游标准体系，加大旅游标准化宣传推广和贯彻执行力度，提高旅游标准化工作的专业化与制度化水平，规范旅游企业服务质量以更好地保障旅游者权益，积极参与和推动国际旅游标准的研究和制定。

6.3.2　建设地学旅游公共保障体系

（1）加强对旅游企业的财税支持。根据各地区经济发展情况和旅游企业的经营特征，取消针对旅游企业的不合理收费。

（2）合理保障旅游发展用地需求。做好旅游规划与土地利用总体规划的衔接，在土地利用总体规划中合理安排旅游产业发展用地。

（3）推动形成更加公平的旅游产业发展政策环境。全面落实旅游企业与一般工业企业同等的价格政策，创造合理的政策环境、市场环境、社会环境。

6.3.3　提高认知和宣传推广

提高认知和宣传推广。提高对地学旅游的认识，加强组织领导和监督管理，加大政策扶持力度。

6.3.4　多方参与和政策落实

以立法形式明确旅游行政部门的公共服务职能；顺应旅游产业一体化发展的态势，让旅游更普遍施惠于民；认真贯彻落实相关法律法规，各级政府部门要加大地学旅游发展投入；坚持改革开放，加快地学旅游业的市场化进程。

第7章 结论

山西省具有得天独厚的地学研学资源禀赋，本书在全省域范围共规划出26条地学研学路线，主要得出如下研究结论。

1. 山西省拥有类型多样品质优良的地学研学资源

山西省保存了丰富的特色黄土地貌、火山群、花岗岩类地貌、以嶂石岩为代表的砂岩地貌、碳酸盐岩地貌、岩溶地貌，褶皱和断裂地质构造，古夷平面、不整合面和峡谷构造地貌，冰缘地貌，典型沉积和变质地层剖面，河流蛇曲、瀑布、泉和湖泊水体地貌，动物、植物和微体化石产地等重要地质遗迹。

2. 山西省地学遗迹是认知探究诸多科学问题的关键素材

山西省地学遗迹是进行科研、教学、科普山西盆地的地质构造过程、气候变化和亚洲古季风演化，黄土高原地区水土保持和生态建设，华北地区地层划分与对比、吕梁期早期构造运动对区域岩石和海陆格局的改造、第四纪大地构造与岩浆活动、华北古陆块中元古代和第四纪岩相古地理，吕梁—太行山区中新生代隆升剥蚀夷平及冰缘地貌发育的形成过程，三大岩类特征、成因及其风化侵蚀作用（特别是嶂石岩和碳酸盐岩峡谷地貌形成机制），太行山地区地壳抬升演化史，以及中元古代、早古生代不同时期的岩相古地理、地貌及岩溶特征，冰洞特征与成因机制，区域新构造运动与黄河水系演化和盐湖形成，元古代—太古代—寒武纪微体化石、石炭纪—二叠纪古植物化石、新近纪—第四纪古动物化石与古环境恢复等科学问题的关键载体。

3. 山西省大量世界级和国家级地质遗迹可作为典型研学点，并可有机串联组合为主题凝聚的短线和长线研学路线

以大同火山群、北岳恒山碳酸盐岩地貌，五台山北台夷平面、五寨荷叶坪夷平面、铁堡不整合面、宁武万年冰洞、芦芽山花岗岩地貌，榆社动物群化石产地，黎城金鸡寨嶂石岩地貌、黄崖洞嶂石岩地貌、陵川王莽岭碳酸盐岩地貌，壶关八泉峡、平顺神龙湾天瀑峡、陵川锡崖沟峡谷，乾坤湾黄河蛇曲地貌、吉县黄河壶口瀑布、隰县黄土地貌，运城盐湖等世界级和国家级地质遗迹为研学要点，在全省11个地市规划出21条具地区特点的短期地学研学路线，并在此基础上设计了5条主题鲜明的深度地学研学路线，为山西省地学研学和全域旅游的发展提供科学依据。

4. 综合性地提出开展区域地学研学路线规划研究的方法步骤

提出以地球系统科学和人与自然和谐共生为地学研学的指导思想，在地学研学路线规划中要精准理解和应用这两大指导思想，遵循研学路线规划的基本原则，采取科学的实施步骤并运用合适的方法技巧，明确地学科学问题及路线主题，设置思政教学环节并多途径拓展，延伸德育思政教育内容。

5. 为山西省地学研学可持续发展提出重点工作建议

提出了配套研学设施、完善地学研学手册,依托地学资源、打造特色地学产品,注重地学研学旅行专业人才培养,加强本土地学研学旅游宣传推广,创设互联网地学研学旅游网络平台,建立地学研学旅行实践教育基地,申报精品地学研学路线、课程和基地,积极推动全省自然教育高质量发展等;同时,给出了相应的管理系统支撑和政策制度保障措施建议。为其他地区开展地学研学路线规划和地学资源开发提供了参考,对推动地学研学领域高质量发展和理论研究具有一定意义。

6. 创新特色地探索在地学研学规划中融入思政教育的系统方法策略

新时代的地学研学,不仅要重视地学基础知识的建设、地学资源和相关研学产品的开发,也要重视思想政治教育的融入。把握地学研学旅行中思想政治教育的融入优势,在顶层设计中完善路径,在教学内容中积极开拓,在多元文化中挖掘结合,在人才培养中贯彻理念,这是现阶段思想政治教育融入地学研学旅行的最佳策略。

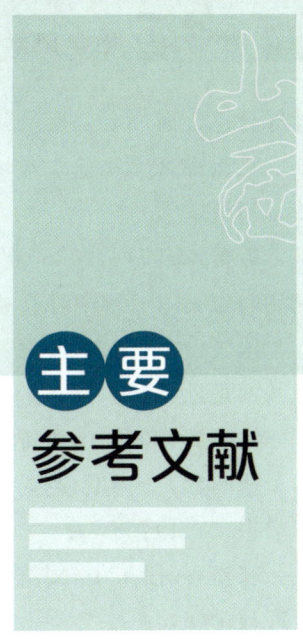

主要参考文献

蔡莹莹,李继彦,屈欣,等,2021.大同土林地貌沉积物粒度特征分析[J].干旱区研究,38(3):892-900.

曹毅,2012.太行山北段忻州—五台—蔚县一带中生代逆冲构造变形[D].北京:中国地质大学(北京).

柴宁磐,2024.汾河流域河水污染的地球化学示踪[D].西安:长安大学.

陈安泽,吴珍汉,郑元,2020.旅游地学与龙岩地质公园建设:旅游地学论文集第二十六集[M].北京:中国林业出版社.

陈光春,2017.论研学旅行[J].河北师范大学学报(教育科学版),19(3):37-40.

陈玲,2019.山西大同新生代火山群碱性玄武岩喷发前状态研究[D].北京:中国地质大学(北京).

陈勇,2021.山西左权县玄武岩开发利用探讨[J].中国非金属矿工业导刊(4):22-24,28.

谌春玲,2020.研学旅游市场的挑战与发展问题研究[J].经济问题(6):88-93.

党史文苑纪实版编辑部,2014.习近平:把培育和弘扬社会主义核心价值观作为凝魂聚气强基固本的基础工程[J].党史文苑(3):1.

邓晨霞,叶张煌,谢冬明,2018.江西省世界地质公园研学旅行产品开发建议[J].老区建设(20):39-43.

地质矿产部地质辞典办公室,2005.地质大辞典[M].北京:地质出版社.

董婷婷,蔡杨,施珂,等,2019.探讨新时代地勘单位如何在研学旅行中发挥重要作用[J].

世界有色金属(14):157-158.

杜裕民,2017.研学旅游动机对体验影响研究——以北京游为例[J].德州学院学报,33(2):77-83.

段蕾,康沛竹,2016.走向社会主义生态文明新时代——论习近平生态文明思想的背景、内涵与意义[J].科学社会主义(2):127-132.

段玉山,袁书琪,郭锋涛,等,2019.研学旅行课程标准(一)——前言、课程性质与定位、课程基本理念、课程目标[J].地理教学(5):4.

高宇辉,2019.山西省洪洞县茹去一带侏罗系的划分及时代探讨[J].华北自然资源(2):8-10.

龚明权,马寅生,赵希涛,等,2010.太行山中段羊角玄武岩形态特征及其地质意义[J].地球学报,31(1):56-64.

郭锋涛,段玉山,周维国,等,2019.研学旅行课程标准(二)——课程结构、课程内容[J].地理教学(6):4-7.

郭贞梅,2022.云南地学旅游资源的特征及其研学产品开发研究[D].昆明:云南师范大学.

韩丽荣,胡炜霞,2021.大同火山群国家地质公园旅游发展路径研究[J].对外经贸(2):5.

何瑶瑶,熊平生,陈婷,等,2023.基于4F教学模式的高中自然地理研学旅行课程设计——以张家界世界地质公园为例[J].地理教育(4):66-69.

胡航舟,2019.研学旅行课程设计研究[D].上海:华东师范大学.

黄建平,刘晓岳,何永胜,等,2021.氧循环与宜居地球[J].中国科学(地球科学),51(4):487-506.

黄思敏,郭云鹏,2022.大同玉的宝石学特征初探及其鉴赏[J].天工(25):64-66.

黄雪丹,2019.基于库伯"学习圈"理论的地学研学旅行研究[D].贵阳:贵州师范大学.

矫炎瑾,黄悦雯,马婧妮,等,2021.文旅融合背景下地学类研学旅行产品开发探究[J].当代旅游,19(33):16-18.

康万春,2019.圆明园研学旅行基地资源整合及课程优化研究[D].北京:首都体育学院.

郎学聪,刘汉斌,李红星,2020.山西煤下铝土矿勘查开发主要地质问题及开采条件分析[J].矿产勘查,11(6):1146-1151.

李建生,刘庆伟,朱祥慧,2018.传承"红色基因"让老区精神代代相传[J].中小学管理(4):3.

李军,2017.近五年来国内研学旅行研究述评[J].北京教育学院学报(社会科学版),31(6):13-19.

李俊磊,张绪教,王一凡,等,2023.青海省化隆县地学研学旅行的路线规划与思考[J].现代地质(5):1-12.

李三忠,刘丽军,索艳慧,等,2023.碳构造:一个地球系统科学新范式[J].科学通报,38(4):309-338.

李守军,田臣龙,徐凤琳,等,2014.山东二叠系石盒子组孢粉特征及古气候意义[J].地质论评,60(4):765-770.

李新,刘丰,方苗,2020.模型与观测的和弦:地球系统科学中的数据同化[J].中国科学(地球科学),50(9):1185-1194.

刘畅,2018.研学旅行目的地选择的影响因素研究[D].昆明:云南财经大学.

刘彭,2020.大同火山活动和许家窑遗址的光释光年代学研究[D].上海:上海师范大学.

刘倩玮,2022.山西右玉:绿色接力 生生不息[EB/OL].[2020-02-33]. https://zrzyt.shanxi.gov.cn/xw/chnl399/202202/t20220223_5080615.shtml.

罗照华,2018.流体地球科学与地球系统科学[J].地学前缘,25(6):277-282.

马俊杰,程捷,2022.自然文化概论[M].北京:地质出版社.

马雪倩,2017.亚丁景区旅游地学资源研学旅游开发研究[D].成都:成都理工大学.

宁志丹,2018.湘潭市中小学生研学旅行参与动机与制约因素研究[D].湘潭:湘潭大学.

沙欧,2019.广东省研学旅行产品开发现状及对策研究[J].南宁职业技术学院学报,24(5):79-83.

山西日报,2023.大河村成为山西首个获授牌建设地质文化村[EB/OL].[2023-07-27]. http://www.sxxingxian.gov.cn/zwdt/szfyw/202307/t20230727_1780097.shtml.

山西省林业和草原局,2020.桑干河国家级湿地公园[EB/OL].[2020-04-05]. https://lcj.shanxi.gov.cn/lczl/zthc/ysdzwbh/bhxx_1972/ysdzwqxd/202107/t20210722_29624.html.

山西省文物局,2015.五台山佛教建筑群[EB/OL].[2015-02-02]. https://wwj.shanxi.gov.cn/wwzy/wwlb/sjwhyc/202109/t20210908_1984072.shtml.

石晓丽,2019.大同火山活动在区域黄土沉积中的记录研究[D].上海:上海师范大学.

石玉颖,2023.基于地理实践力培养的研学旅行活动设计与实施——以中国克什克腾世界地质公园为例[J].科学咨询(科技·管理)(5):239-242.

宋慧波,王芳,胡斌,2015.晋中南地区上石炭统—下二叠统太原组碳酸盐岩中遗迹组构及其沉积环境[J].沉积学报,33(6):1126-1139.

苏德辰,孙爱萍,郑文君,2021.黄土高原上的"魔鬼城"——大同土林[J].知识就是力量(4):68-71.

苏德辰,郑文君,卢美,等,2021.探秘"火山地质博物馆"——大同火山群[J].知识就是力量(3):64-67.

孙国念,2021.指向地理实践力培养的研学旅行活动设计——以韶关丹霞山研学旅行为例[J].中学地理教学参考(8):77-79.

孙鸿烈,吴国雄,郑度,等,2017.地学大辞典[M].北京:科学出版社.

孙继敏,2014.地球系统科学的研究范例——青藏高原隆升的地貌、环境、气候效应[J].中山大学学报(自然科学版)(6):1-9.

孙莉莉,高梦瑶,2022.中国地质学会公布第二批精品地学研学路线、第一批精品地学研学课程评选结果[J].地质论评,68(5):1603-1604.

汤冬杰,史晓颖,李涛,等,2011.微生物席成因构造形态组合的古环境意义:以华北南缘中—新元古代为例[J].地球科学(中国地质大学学报),36(6):1033-1043.

天镇动态,2023.天镇李二口:修错的长城,永恒的经典[EB/OL].[2023-12-12].https://new.qq.com/rain/a/20231212A00WRA00.

汪品先,2003.我国的地球系统科学研究向何处去[J].地球科学进展,18(6):837-851.

汪品先,2014.对地球系统科学的理解与误解——献给第三届地球系统科学大会[J].地球科学进展,29(11):1277-1279.

汪品先,田军,黄恩清,2018.地球系统与演变[M].北京:科学出版社.

王宝军,陈骏,胡文瑄,2022.基于地球系统科学理念的新型地质学人才培养改革[J].中国大学教学(8):27-30.

王吉贵,2020.加大文旅融合力度 推进阳泉地质科普——研学旅游发展的几点思考[EB/OL].[2020-08-23].http://www.yqnews.com.cn/lt/202008/t20200823_1055385.html.

王莉丽,2018.红色旅游资源对接研学旅行课程活动设计——以延安市为例[J].中学地理教学参考(20):3.

王玺童,王怀厂,官玉龙,等,2021.山西黎城中元古界长城系常州沟组岩石学特征和沉积环境[J].海相油气地质,26(1):71-80.

王雪莹,李玉萍,2022.地学研学旅行中思想政治教育融入的优势及策略[J].中国地质教育,31(3):1-4.

吴涛,2017.红色研学旅行中的社会主义核心价值观教育研究[J].湖北理工学院学报(人文社会科学版),34(2):3.

武思琴,朱文晶,刘述德,等,2020.武汉市地学研学课程开发研究初探[J].资源环境与工程,34(Z2):201-204.

夏康平,2022.山西壶关县五大举措推进城乡供水一体化[EB/OL].[2022-09-14].http://nssd.mwr.gov.cn/hhb/dxzf/202209/t20220918_1608810.html.

杨佳丽,姜勇彪,2022.研学旅行视角下旅游地学文化村的建设探索——以梅岭铜源峡为例[J].国土与自然资源研究(4):81-83.

苑伟娟,2023.浏阳市观赏植物园修学旅游研究[D].长沙:中南林业科技大学.

张洪玮,2022.习近平生态文明思想的理论体系和时代价值研究[D].长春:吉林大学.

张慧娟,李志文,李文,等,2021.挖掘旅游地学文化 开辟研学旅行德育新路径[J].中国地质教育,30(2):111-114.

张金萍,2018.地理研学旅行线路规划研究[J].中学地理教学参考(5):66-68.

张锐,夏静,陈华文,2022.为晋城男儿点赞!父亲张国旗以身殉职,儿子考入地大"张国旗班"[EB/OL].[2022-09-03].https://www.sohu.com/a/582145950_121123865.

张睿,2023.山西大同玉的宝石学特征及分级标准研制[J].华北自然资源(2):36-39.

张炜强,郭福生,陈留勤,等,2020.江西宁都地学研学旅行路线的设计与思考[J].江西地质,21(4):204-208.

张文旭,2019.山西铝土矿含矿岩系勘查研究进展及存在问题[J].地质调查与研究,42(1):30-36,44.

赵璧,王镝,陈刚,等,2015.利用湖北优势旅游地学资源推进地学类研学旅行产品开发的建议[J].资源环境与工程,29(S1):43-46.

郑庆荣,黄志刚,王丹丹,等,2018.五台山地理科学综合实习基地建设模式探讨[J].忻州师范学院学报,34(2):38-42.

朱琼琳,2019.我国研学旅行的发展对策研究[J].长春师范大学学报,38(5):4.

BENSON R H,1991. Biodynamics, saline giants and late miocene catastrophism[J]. Carbonates & Evaporites,6(2):127-168.

LIANG H, FU J, ZHANG K, et al., 2023. Stepwise northward compression in the northeastern Tibetan Plateau: Insights from the chronology of the Baima Basin[J]. Global and Planetary Change,220:104 015.

SHEN J, ZHANG K, LIU Z W, 2020. Paleolimnological evidence of environmental change in Chinese lakes over the past two centuries[J]. Inland Waters,10(1):1-10.

TANG Y J, ZHANG H F, YING J F, 2022. Asthenosphere-lithospheric mantle interaction in an extensional regime: Implication from the geochemistry of Cenozoic basalts from Taihang Mountains, North China Craton[J]. Chemical Geology,233(3):309-327.

WAN M L, YANG W, WAN S, et al., 2020. Giant cordaitalean trees in early Permian riparian canopies in North China: Evidence from anatomically preserved trunks in Yangquan, Shanxi Province[J]. Palaeoworld,29(3):271-283.

ZHANG B Y, ZHENG D S, LIU Y G, et al., 2022. Palaeogeography and provenance transition of Precambrian-Cambrian unconformity at the southern margin of the North China Craton[J]. Geological Journal,59(4):1032-1050.